U0877467

空间物理学进展

（第六卷）

史建魁　叶永烜　主编

科学出版社
北京

内 容 简 介

《空间物理学进展》是一部连续丛书。本卷的主要内容如下：第 1 章为吴式灿先生自述的从事科学研究，主要为从事日冕物质抛射研究的文章，第 2 章为吴京生先生自述的从事等离子体基础理论和空间物理研究的文章，第 3 章描述了我国重大科学工程——子午工程建设和有关科学研究的初步成果，第 4 章描述了空间物理的重要课题之一——磁层亚暴物理机制的最新研究进展，第 5 章介绍了我国先进的星载科学探测仪器——中性原子成像仪方面的研究，第 6 章介绍了目前的热门研究课题——地震与电离层的有关研究，第 7 章介绍了大家非常关注的我国南北极地基探测系统和相关研究，第 8 章给出了一个新的概念——低纬度地区等离子体块也能引起显著的电离层幅度闪烁。

本书可供有关高等院校的教师、研究生以及空间物理和空间探测技术方面的研究工作者学习或参考。

图书在版编目(CIP) 数据

空间物理学进展．第六卷 / 史建魁，叶永烜主编—北京：科学出版社，2017.6

ISBN 978-7-03-052958-9

Ⅰ.①空… Ⅱ.①史… ②叶… Ⅲ.①空间物理学-研究进展 Ⅳ.①P35

中国版本图书馆 CIP 数据核字（2017）第 118495 号

责任编辑：张井飞 陈娇娇 / 责任校对：何艳萍
责任印制：肖 兴 / 封面设计：耕者设计工作室

科学出版社 出版
北京东黄城根北街 16 号
邮政编码：100717
http://www.sciencep.com

中国科学院印刷厂 印刷
科学出版社发行 各地新华书店经销

*

2017 年 6 月第 一 版 开本：720×1000 1/16
2017 年 6 月第一次印刷 印张：12
字数：231 000

定价：148.00 元

（如有印装质量问题，我社负责调换）

主编简介

史建魁，男，博士，中国科学院国家空间科学中心空间天气学国家重点实验室研究员，中国科学院大学教授，长期以来一直从事空间物理研究，曾在国内外学术期刊上发表论文260多篇；中国地球物理学会空间物理委员会主任，IAGA中国委员会副主席兼秘书长，国际参考电离层（IRI）科学委员会委员，曾任中国-欧洲航天局（ESA）合作的地球空间双星探测计划卫星的科学数据系统中方负责人；1990年获北京青年优秀论文奖（现茅以升奖），1997年获中国地球物理学会傅承义基金青年优秀论文奖，2005年获ESA对Cluster突出贡献奖，2015年获ESA/中国科学院对双星/Cluster突出贡献奖，2010年获国际宇航科学院（IAA）双星/Cluster团队成就奖，2010年获国家科学技术进步一等奖。

叶永烜，男，博士，“台湾中央大学”天文研究所教授，“中央研究院”院士，澳门科技大学太空研究所特聘访问教授，国际宇航科学院院士，美国地球物理学会会士（AGU Fellow），曾任职（1978~1998）德国马普太阳系研究所（前身是太空大气研究所），曾获中国科学院自然科学二等奖（1998）、亚洲及大洋洲地球科学学会Axford奖章，长期以来一直从事天体物理和日地空间物理研究工作，研究专长为行星、太阳系等离子体物理以及太阳系小天体起源和构造等。曾执行ESA的乔图（Giotto）哈雷彗星任务、NASA的伽利略木星任务、NASA及ESA合作的卡西尼土星任务及ESA的露西达任务的科学实验工作。

前　　言

《空间物理学进展（第六卷）》如期与大家见面。这卷跟往年一样，包括海峡两岸和国外专家的文章，一方面报道重要的空间物理的最新进展，一方面又收录了吴式灿教授和吴京生教授这两位桃李满天下的资深学者叙述的他们在治学的漫长路途上如何锲而不舍的经历。事实上这也是近代太阳物理发展史上的故事，因为处处都可以见到他们的身影和杰出贡献。另一位美国专家，吕达贤博士，其有关地球磁层亚暴事件的分析也是一篇经典文章，告诉我们如何通过正反两面不同的想法，争取共识，以求得到最确切的真相。写到这里，我们必须要感谢吕达贤博士，因为我们今日对亚暴的了解，有部分也是源于他为了追求真理、敢于独排众议的科学精神。

华人学者对磁层物理研究有极深远影响的另一个贡献，便是范章云和谢克强两位教授对载能中性原子（Energetic neutral atoms 或 ENAs）测量技术的创见。年轻一代大概只见到欧美科学家在中性原子成像实验的热心投入和科学成果，但可惜不知道整个相关发展的源头。所以路立教授有关 ENA 成像探测和反演的文章特别有参考价值，除了见到前人一步一个脚印的努力，更认识到这些先进空间物理实验技术已经在自己的土地上生根，让我们期待其对磁层和深空探测的事业有深而广的重要应用。

本卷的一个特色便是有数篇重量级文章对我国地基电离层研究的大型设备，做了系统性的介绍。还有文章深入浅出地描述了对地震前兆如何与电离层电子浓度异常扰动有关的见解，由开始的一些蛛丝马迹的发现，到逐步追查和分析研究，像侦探小说一般曲折。而有关覆盖整个中国大陆以致海南岛的子午工程，南极的长城站、中山站和昆仑站，以及北极黄河站的高空大气和日地空间环境观测系统的建立，则是几代电离层和磁层物理工作者梦寐以求的目标，现在都已初步建成。本卷还介绍了全球关注的电离层中闪烁在低纬度地区发生的另一个物理机制。在此我们特别对有关作者及他们所代表的科学团队致意，祝他们的科学工作早日开花结果。

最后要向大家报告，对中国和国际空间物理均有卓越贡献，并对《空间物理学进展》一直扶持有加的刘振兴院士，因病不幸于 2016 年 3 月辞世；在本卷付印之前，又知悉与海峡两岸空间物理学界都有密切合作关系的吴式灿教授，亦因病于 2017 年 5 月离世。他们的离去是我们的巨大损失。我们会永远怀念这两位良师益友。

还要非常感谢中国国家自然科学基金（编号：41474137，41674145）和中国国家重点实验室专项基金对本卷编写和出版的支持。

叶永烜

2017 年 6 月

目　　录

第 1 章　关于日冕物质抛射（CME）的研究*

吴式灿（S. T. Wu）

美国阿拉巴马大学

1.1 引　　言

孩童时期，我特别喜欢汽车，立志在中国建造所有人都能买得起的汽车，因此，大学时我选择机械工程专业学习。20 世纪 50 年代，当时我正读大四，我设计了一款适合所有人且价格低廉的小型汽车。大学毕业后，我前往美国读研，所选专业仍是机械工程，但我最喜欢的课程变成了流体力学和热传递，该课程开启了我进入基础科学殿堂的大门。

1964 年，我开始研究太阳物理学，当时我是科罗拉多大学的一名博士研究生，同时兼任美国国家大气研究中心（NCAR）和高山天文台（HAO）的研究助理。在此之前，我就参加过美国国家科学基金会（NSF）在普林斯顿大学发起的等离子体物理暑期课程，这项课程让我熟悉了等离子物理和电离气体动力学。该暑期课程是首个引进 1960 年美国刚刚解密的聚变（等离子物理）研究项目的课程，其名称为“Sherwood 项目”（Bishop，1960），是美国受控聚变中的项目。太阳是最好的“聚变机器”，因此，对太阳的研究就是对人类后代可用清洁“能源”的研究。将该解密项目引进科学界旨在吸引年轻的研究生和科学家进入该领域，而我有幸成为其中一员，并在暑期里学习关于该项目的第一手资料。我在 HAO 工作时，我的指导教师 Yoshinari Nakagawa 正致力于实验室等离子实验研究，旨在使用磁流体动力激波管在实验室模拟太阳耀斑。我被派去开发用于模拟太阳耀斑激波管实验的理论模型，该实验也是我博士研究主题的基础。激波管会产生较高温度，并在非热力学平衡条件下产生多种等离子。当时还没有适合的理论模型，于是我开始使用具有量子效应的多分量玻尔兹曼方程将该问题公式化，最终我获得了一组适用于非平衡辐射等离子流的多重特质 N-S 类守恒方程。这项研究是我的博士学位论文的主要内容（Nakagawa and Wu，1968；Wu，1969，1970），同时也是我在太阳磁流体力学（MHD）和等离子体领域研究的开端。我在获得博士学位后，进入了阿拉巴马大学亨茨维尔分校，其位于美国国家航空航

---

* 本文并非评论性文章，仅是本小组对所观测日冕物质抛射（CME）的数值仿真研究论述。

天局（NASA）/马歇尔太空飞行中心（MSFC）附近。这时我已经获得了与太阳物理学小组的科学家共事的机会。后文会描述我进入日冕物质抛射研究的过程。

日冕物质抛射（CME）是指巨大的、携带磁力线的日冕等离子体气泡从太阳抛射出来的过程。尽管从几千年以来的日全食现象中，人们早已观测到太阳的日冕（图 1.1），但日冕物质抛射现象的存在直到太空年代才引起人们的注意（图 1.2）。1971 ~ 1973 年，在执行名为在轨太阳观测站（OSO-7）的卫星任务时，一台星载日冕仪最早观测到了这些动态现象（Tousey，1973；MacQueen et al. ,1974；Howard，2006），人们使用路基望远镜将日全食期间的历史性日冕图像记录下来。虽然其中的动态特点并不明显，但对此观测多年间记录下的图片，便会注意到，日冕低层日冕磁力线的平衡状态随着时间的推移有所提高。例如，1869 年最早拍摄到的日冕仪显示出一个围绕太阳的亮环［图 1.1（a)］，无法识别出磁力线的特点。随着时间的推移，磁力线结构变得可以辨认，突出的磁力线在图 1.1（c）和（d）中更加清晰可见。图 1.1（d）中所示磁力线结构拍摄于 2009 年，该图片展示了磁力线的详细结构，由于地基日冕仪空间分辨率的极大提高，因此图片所示结构几乎与星载日冕仪拍摄到的画面一样。在轨日冕仪能记录下双倍的更详细的动态日冕磁力线结构的显著原因是，该日冕仪不仅具有更高的日冕仪分辨率和图像记录节奏，而且位于地球大气层之外。图 1.2 所示图像来自 SOHO 航空器搭载的大角度日冕光谱仪（LASCO）。LASCO 具有涵盖 1 ~ 3 R_s、2 ~ 6 R_s 和 5 ~ 30 R_s 的三个望远镜。图 1.2（a）为从 2 ~ 6 R_s 获得的日冕图像，图 1.2（b）为从 5 ~ 30 R_s 获得的日冕图像。携带磁力线的日冕等离子体团（如 CME）的动态特点清晰可见。

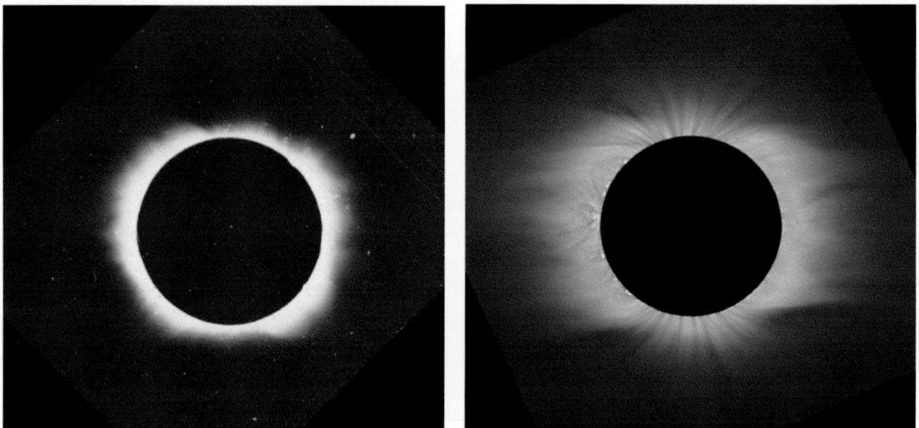

(a) Shelbyville KY, 1869年8月7日, 22:01:05.000　　(b) Padang Sumatra, 1901年3月18日, 05:33:48.000

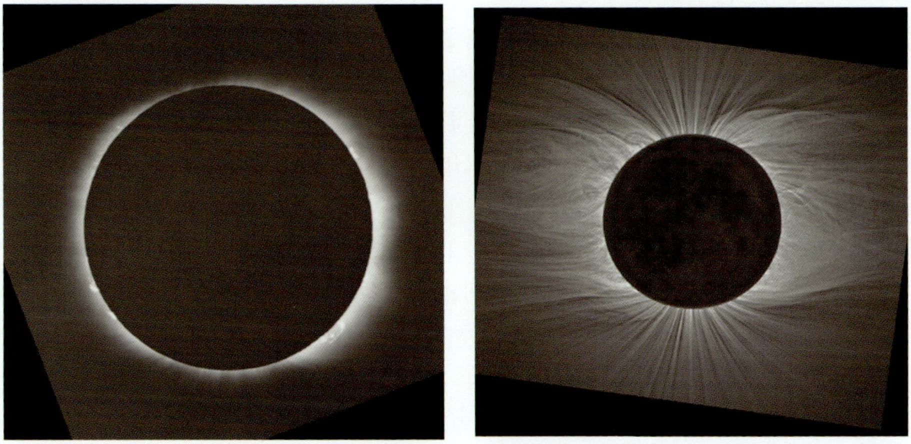

(c) Location unknown, 1932年8月31日, 20:03:41.000　(d) Marshall Islands, 2009年7月22日, 02:36:25.000

图 1.1　1869 年（a）、1901 年（b）、1932 年（c）和 2009 年（d）日全食期间观测到的太阳日冕

资料来源：高山天文台（HAO）和美国国家大气研究中心（NCAR）网站

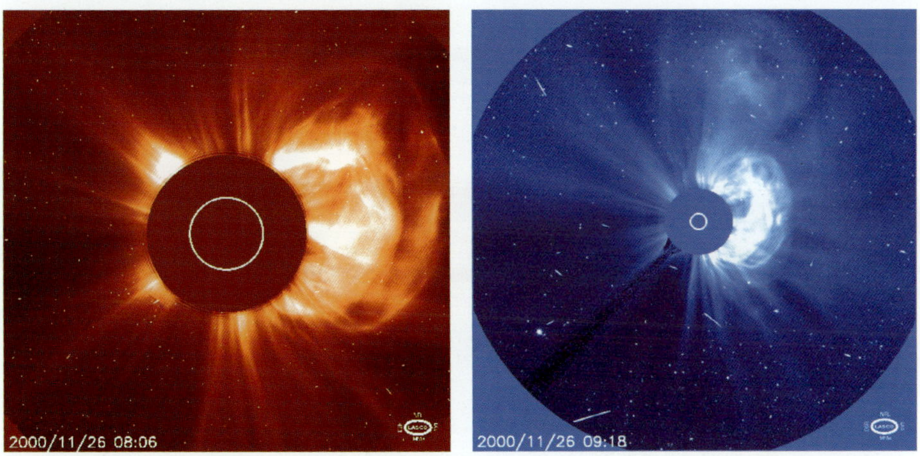

(a)　(b)

图 1.2　SOHO 航空器所载大角度日冕光谱仪（LASCO）拍摄的图片

（a）从 2 ~ 6 R_s 获得的日冕图像；（b）从 5 ~ 30 R_s 获得的日冕图像。图中的 CME 清晰可见

1.2　CME 仿真模型说明

20 世纪 60 年代后期，我在 NASA 的 MSFC 与太阳科学家 Mona Hagyard 合作，并使用光球层矢量磁场记录仪开发了适用于日冕磁场结构的数值模型。这是首个

开发用于支持太空实验室阿波罗望远镜任务（ATM）的可运作矢量磁场记录仪。开发该仪器的目的在于，对太空中影响宇航员健康的太阳耀斑进行预测。当时人们尚未认识到 CME 的存在。现在，我们很容易确认，太阳耀斑和 CME 均属于太阳上发生的高能事件，且均与太阳高能粒子（SEP）相关，该粒子会对航空器和宇航员造成巨大影响。发生 CME 时，日冕等离子体和磁场以极高速度抛入太空，所产生的磁声激波是加速粒子引起 SEP 事件的物质之一。如果太阳系内的磁场方向指向地球，那么这些粒子至少需耗费 1 天的时间才能到达地球，而耀斑引起的相对论粒子仅花费不到 10min 便可抵达地球。由于耀斑和 CME 的发生均依赖于磁场，因此太阳矢量磁力图是检测太空实验室任务中太阳爆发（耀斑和 CME）的关键工具。如图 1.2 所示，在 1973 年太空实验室发射之前，星载日冕仪 OSO-7 的观测结果表明日冕的特性不稳定。我们很容易看到太阳表面冲出大量等离子体和磁场。这些等离子体和磁场与地球磁场和等离子体相互作用，产生极光（美丽的北极光）和地磁暴等壮丽景象。这些因素会造成电网和通信的中断，对社会生活造成影响。更重要的是，耀斑和 CME 增加了地球大气层的辐射剂量，这会对人们乘坐飞机旅游和太空旅游产生影响。50 多年来，我们已经具备空间观测 CME 的能力。表 1.1 概述了通过这种长期观测，我们对 CME 性质的理解。

表 1.1　CME 的性质

Properties of CMEs
Velocity 20～2500 km/s
Mass $10^{14\sim15}$ grams
Energy $10^{31\sim32}$ ergs
Frequency 1/3days to 3/day
Homologous one Active Regioncan produce 2 dozen CMEs
Source regions range from a few× 10^4 to 10^6 km
Originate from regions of high magnetic shear

太阳峰年（SMM）卫星搭载的日冕仪/偏振计（C/P）的观测结果揭示了典型 CME 的三部分结构：明亮的外环、黑暗的空腔、明亮密实的核心（Hundhausen，1993）。为了了解这些观测到的结构的物理性质，本章提出以下问题：①是什么导致 CME 产生并传播？②对地球环境造成什么影响？第二个问题促使人类制定了全世界所谓的“空间天气计划”。要回答这两个问题，就必须了解 CME 形成和传播的物理过程。在此过程中，我们依据磁流体动力学理论，将该问题演变为初始边界值问题。从物理上来说，磁感应可表示该发电过程：

$$\frac{\partial B}{\partial t} = \nabla \times (\vec{v} \times \vec{B}) + \eta \nabla^2 \vec{B}$$

其中，$\vec{B}$ 为磁场矢量，$\vec{v}$ 为等离子流体场，η 为磁扩散率。发电过程产生的电流和逆向磁场会导致磁场重联，随后释放的爆炸能量会引起太阳活动。

20 世纪 70 年代后期，我开始与 MHD 数值解的研究小组合作，使用从 NASA/MSFC 矢量磁场记录仪中测得的矢量磁力图重构日冕磁场。这对于要将研究范围扩展至日冕动力学（Nakagawa et al.，1978）的行为而言，十分合乎逻辑。当时，CME 的名称还未产生，人们将其称为“大气瞬变”（Wu et al.，1978）。从数学上来看，这个问题是高度非线性问题，其中的流场范围包括次声波–次阿尔芬波流、超声波–超阿尔芬波流，且具有多维性，我们无法得出解析解。因此，较为常见的做法是寻求数值解法，现在人们将其称为“数值仿真”。然而，数值仿真却遭遇了唯一性问题，即无法从数字上证明数值解法的唯一性。为解决该问题，我们用观测结果来验证数值结果。同时为确保数值解法的相容性，不能随意强加边界条件，因此我们采用特征方法的基本原理（Courant and Hilbert，1962）开发适用于研究的投射特征（Nakagawa et al.，1987）。说到这里，需要追溯至 1979 年。当时我受中国科学院（CAS）的邀请，在国家空间科学中心介绍我对太阳大气动力学的研究，并在中国科学技术大学开设与该主题有关的为期两周的短期课程。此外，我还在武汉大学、中国科学院紫金山天文台和中国科学院云南天文台举办了多场讲座。我使用数值方法进行太阳大气动力学研究的方式引起了学者的注意。这些组织请求我允许他们年轻的教职员加入我在亨茨维尔的工作小组，从事太阳大气动力学数值研究。这是 30 多年前我与中国科学家合作的开端，现在合作关系仍十分牢固。我十分感谢他们给我提供了与三代中国科学家共事的机会。我与这三代科学家的合作始于 1980 年，第一代分别是中国科学技术大学的王水院士和胡友秋教授，以及武汉大学的王敬芳教授，中国科学院紫金山天文台的许敖敖教授。第二代加入亨茨维尔小组的是第一代科学家的博士毕业生和在我的指导下攻读博士学位的研究生，如中国科学院国家空间科学中心的冯学尚教授，以及来自中国科学技术大学、武汉大学和“台湾中央大学”的许多研究生。这就是我的团队成员。在 20 世纪之交，冯学尚教授（太阳–行星际–地磁链天气团队、空间天气学国家重点实验室和中国科学院国家空间科学中心）带领的大量博士毕业生加入了我的小组，致力于这些课题的研究，这是第三代。

值得注意的是，太阳大气动力学数值研究的中国部分获得了两项享有盛名的中国奖项：①1992 年，中国科学院授予王水、胡友秋和吴式灿教授自然科学成就奖；②中华人民共和国科学技术委员会授予王水、胡友秋和吴式灿教授第六届（1994 年）国家自然科学奖。我很荣幸能成为其中的一员。

本章是从空间物理性质的三元二维几何结构（最初我们将其称为 2.5 维结构）（Hu and Wu，1984）到笛卡儿坐标系统（Wu et al.，2006）和空间坐标系统（Wang et al.，2011）的完全三维和时间边界条件逐步发展而来。数值计算网格是自适应网格（AMR）研究早期阶段中的统一网格，用于获取与观测相符的适当解答（Jiang et al.，2013，2016；Feng et al.，2007）。为取得成果，该研究过程花费了 40 年时间。下文简要概述部分结果。

采用理论初始条件来进行模拟观察，以便理解 CME 基础物理学。在 CME 模拟的初级阶段，我们使用气压脉冲作为激发源（Wu et al.，1978），将其命名为“波浪模型”。然而，尽管 CME 诱导冲击传播研究（Odstricil and Pizzo，2009）中也使用“气压脉冲”，但由于 CME 中没有磁结构，该方法遭到了批评。后续研究应用了特定的磁结构（如通量绳/等离子体团块）来激发 CME，然后调整特定参数来模拟与 1AU 处现场测量匹配的地球环境（即 1AU）中通量绳的到达时间。这种从 1AU 处抵达的通量绳是所谓的“磁云”（MC）。由于 CME 任意产生，因此尽管该类模型对于 CME 产生和传播的物理性质及其对地球影响的研究十分有用，却不能用作空间天气预测模型。在 Wu 等（1999）给出的一个示例中，使用假设的日冕通量绳和粒子束模型描述了通量绳、太阳粒子束、日冕质量抛射和磁云之间动力的相互作用，且该假设由 1997 年 1 月的日地连接事件得以验证。这些结果与表 1.2 所示地球环境下（如 1AU）的现场测试结果较为一致（Plunkett and Wu，2000）。此外，我们还对 CME 的三部分结构进行仿真，发现明亮的正面是振动区域、黑暗的洞穴是高密度磁场区、低密度和明亮密实的区域是核心。该结果与图 1.3 所示的作为通量绳中心的高密度和强磁场区域一致。

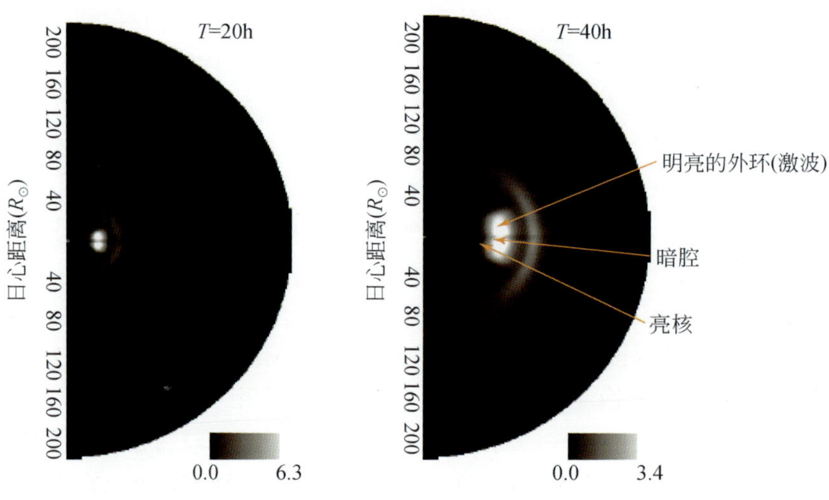

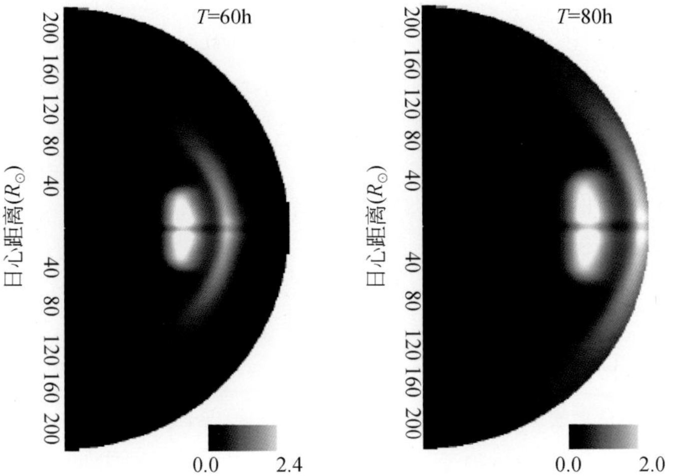

图 1.3　从 1～220 R_s（如太阳星际空间）子午面投射的 CME 分布 ［（ρ-ρ_0）ρ_0］的演变（Wu et al.，1999），$R_\odot$为太阳半径

表 1.2　日地连接事件中观测到的 CME 和磁云之间建立的全球联系

	Propagation Speed（average）	Arrival Time	Duration of Magnetic Cloud（flux-rope）Passing
模拟结果（通量绳）	～502 km/s（at center of flux-rope）（average v 80 ～ 220 R_s）	～88h	24h
观测结果（磁云）	～ 450 km/s	～ 92h	24h

文中所述结果均为二维三元模型，人们将其称为 2.5 维模型。随着计算资源的改进，我们根据图 1.4 演示（Shen et al.，2011；Zhou et al.，2012）实施了使用等离子体团块的完全三维模型激发 CME 实验。

为解答 CME 到达地球的时间问题，我们需要从气象学家用于预测每日天气的方法论中学习经验，即必须将用于预测太阳风暴及其对地球造成影响的数值模型和观测结果加以整合，促进世界范围内“空间天气”计划的发展。我们的最终目标是开发每日预测模型，服务于高科技社会。我们首先需要测量从地面到太空的距离，以测试这种形式体系。因此，我们考虑使用观测到的参数进行研究，以推动模型开发，该模型结果会通过可观测的测量数据加以验证。我们的小组进行了一项研究，使用数据驱动的 3D 磁流体力学（3D MHD）激活区域演化（MHD-DARE）模型（Jiang et al.，2016）创建观测到的通量绳，然后将得出的通量绳输入 3D MHD 全球磁流体力学日冕-日球层全球演化（MHD-GCHE）模型

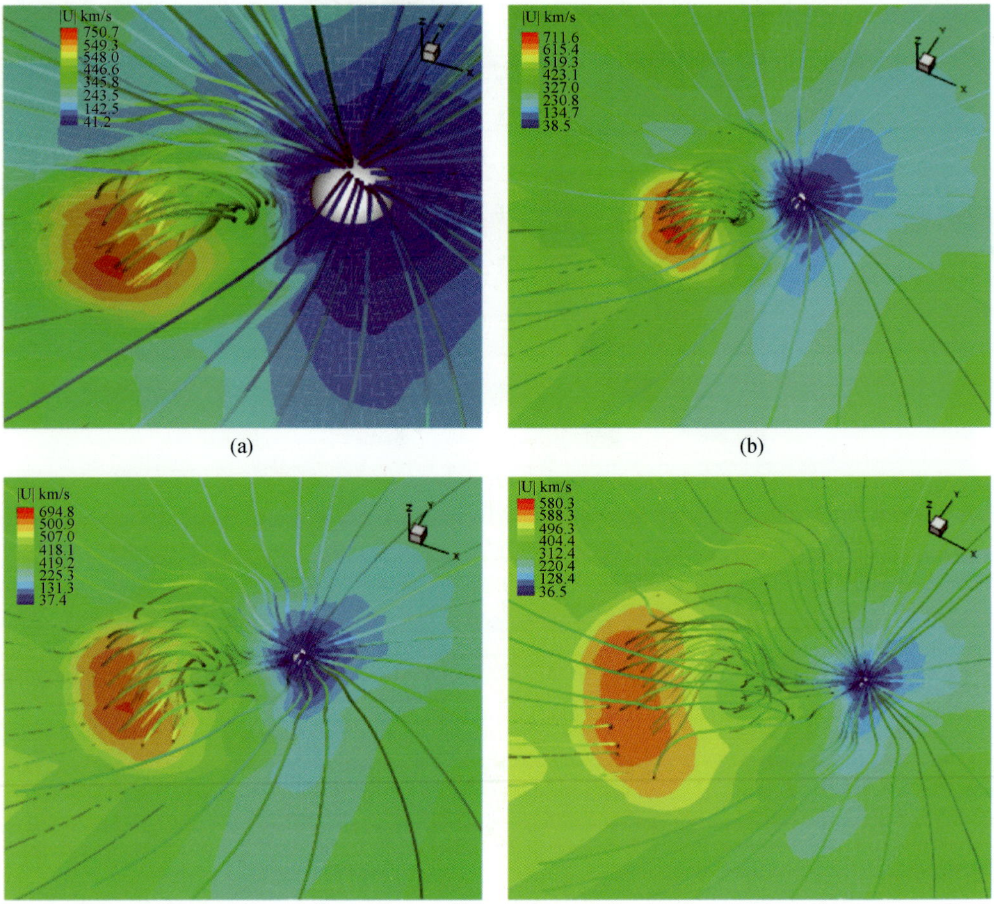

(a)　(b)　(c)　(d)

图 1.4　激发 CME 后 1h（a）、3h（b）、5h（c）和 10h（d）的 3D CME 表现

色码表示 x-y 赤道平面上的速度大小。为说明速度大小，我们用颜色显示 CME 的磁力线，太阳显示为白色球状物（Zhou et al.，2012）

（Feng et al.，2007），以追踪观测到的通量绳的传播。本章使用 2011 年 9 月 6 日的 AR 11283 事件来测试该尝试。图 1.5 为使用 MHD-DARE 模型，输入太阳动力学观测台/日震与磁成像仪（SDO/HMI）测得的矢量磁力图重建的磁拓扑。图中为通量绳的结构。我们还利用该拓扑结构的稳定性，发现由于电流环的不稳定性（TI），该结构也不稳定（Kliem and Torök，2006）。然后，我们在底部边界处将该结果输入 MHD-GCHC 模型，输出结果显示我们创建了一个与图 1.6 所示日地关系天文台 COR-1 图像良好匹配的 CME。

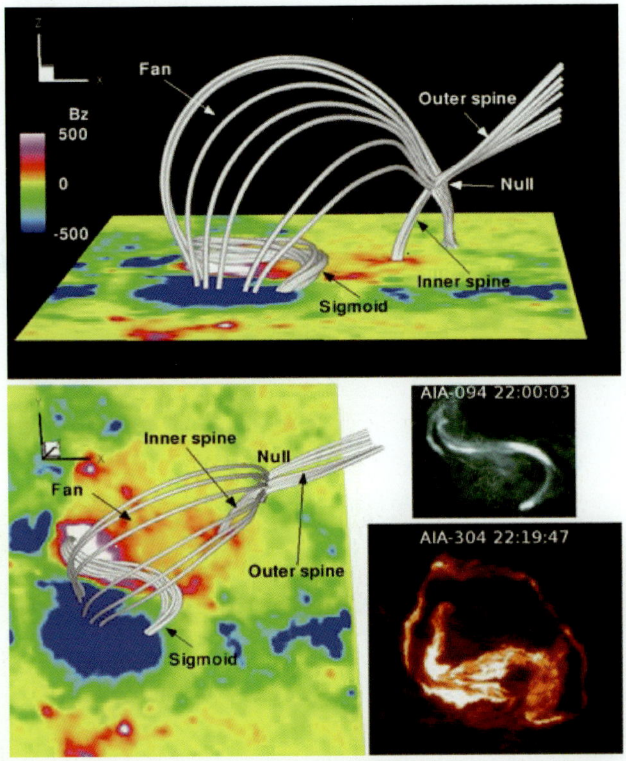

图 1.5　使用零 β 近似 MHD-DARE 模拟的磁拓扑（如非线性无力场）爆发前模型（2011 年 9 月 6 日，22 : 00 UT）。这条 S 形线是凹陷的；与 0 接触的磁力线描绘了为 0 的叶脊拓扑结构，其中线条形成了 *X* 点的结构。0 点位于约 18 弧秒（13×10^6m）处，位于光球层上方，距爆发同一方向的 S 形线约 50 弧-秒。上半部分为侧视图，下半部分为 SDO 视图。左侧为通过 SDO/AIA-194 渠道观测到的 S 形和通过 AIA-304 观测到的圆形耀斑带（Jiang et al.，2013）

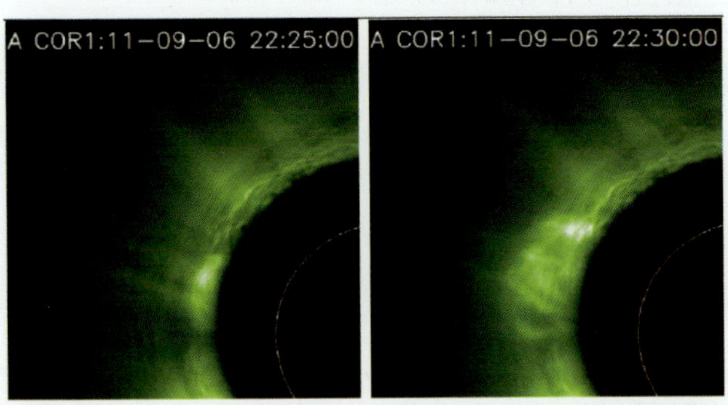

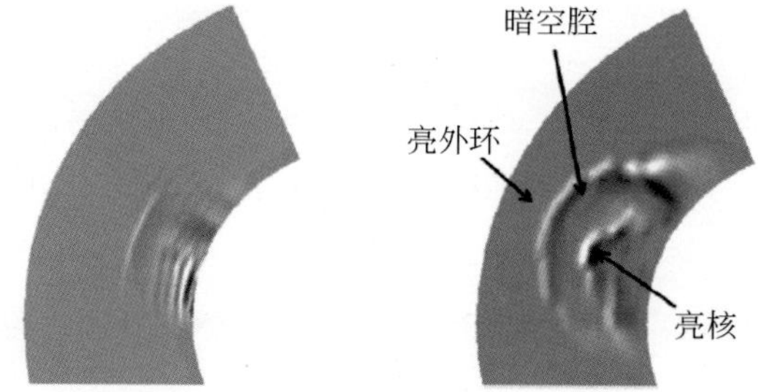

图 1.6　仿真 pb 亮度图像（底部）与 2011 年 9 月 6 日，22：30：18 UT 和 22：35：18 UT COR-1 图像的对比（Wu et al.，2016）

1.3　总　　结

在本章中，我们按年代说明了多维 MHD 数值仿真模型的开发过程，该模型有助于人们理解 1970 年发现的 CME 过程及其对地球的影响。为实现上述目标，我们在边界条件下开发了一种投射特征方法，用于保证数值解的相容性。由于 CME 的根源很有可能是太阳活动区的爆发活动，该模型需要分解太阳活动区结构，因此要将该模型转化为与弧-秒空间分辨率中观测分辨率匹配的笛卡儿坐标系。另外，CME 的传播特征是一个全球性问题，因此本章采用空间坐标系进行 CME 演化研究。基于这些研究，一个复合日地联系模型诞生了，1.2 节说明了本复合模型。迄今为止，我们仅对部分 CME 类型有所了解。例如，在活动区观测到由 S 形特征产生的通量绳 CME，其通过重联过程变得不稳定，然后向外抛射传播，形成 CME（Wu et al.，2016）。CME 在传播过程中形成了磁流体动力振动，这种振动提高了粒子产生太阳高能粒子（SEP）事件的速度。然而，目前存在多项没有答案的问题尚待解决，例如：①CME（振动）的加减速如何与太阳风进行互动（Shen et al.，2012）；②如何利用太阳表面观察到的现象创建真实的太阳风模型。

以科学为基础，开发的“空间天气”预测模型仅仅是一个开发形式主义的开端，其中用到我们在太阳表面观察到的现象（如太阳磁力图）、速度与密度等测量数据，这些数据有助于推动当前模型的发展（Wu et al.，2016）。

总而言之，我们研究中所涉及的活跃区（如通量绳或多重通量绳）是因磁重联而变得不稳定的，从而离开背景源区并产生抛射。正是背景源区将通量绳保持在平衡状态，并将磁力转化为热能，对等离子体和耀斑进行加热。通量绳爆发会激发 CME 并导致其向外传播，影响地球。此外，当前模型还需包括热传导、辐射和湍流等高阶输送效应。

最后是一些早期拍摄的团队照片。图 1.7 是 1981 年访问学者在他们的公寓举办宴会的场景，其中包括王水教授、胡友秋教授、王敬芳教授等，其他人分别是 B. C. Daphne Low、Wu Mai 和我。图 1.8 是 1981 年，王敬芳教授及其夫人和我在武汉黄鹤楼的合影。图 1.9 是 1985 年，宋慕陶教授和我在亚利桑那州图森的合影。图 1.10 是 2011 年拍摄于西班牙巴伦西亚，照片上是冯学尚教授和他的学生以及李波教授等人。

图 1.7　1981 年，访问学者在他们的公寓举办宴会

图 1.8　1981 年，王敬芳教授及其夫人和我在武汉黄鹤楼的合影

图 1.9　1985 年，宋慕陶教授和我在亚利桑那州图森的合影

图 1.10　2011 年，冯学尚教授和他的学生以及李波教授等人在西班牙巴伦西亚的合影

致谢

特别感谢中国科学技术大学的王水教授和中国科学院国家空间科学中心的冯学尚教授提供我与他们学生合作的机会，我才能在空间天气科学上取得今天的成绩。

参考文献

Bishop A. 1960. Project Sherwood：The U. S. Program in Controlled Fusion. New York：Archor Books，

Doubleday and Company.

Courant R, Hilbert D. 1962. Method of Mathematical Physics, Vol. 2, Ch. 5. New York: Interscience.

Feng X S, Zhou Y F, Wu S T, et al. 2007. A novel numerical implementation for solar wind modeling by the modified conservation element/solution element method. Astrophysical Journal, 655 (2): 1101-1126.

Howard R A. 2006. A Historical perspective on coronal mass ejections. American Geophysical Union, 165: 7-13.

Hu Y Q, Wu S T. 1984. A Full-Implicit-Continuous-Eulerian (FICE) scheme for multidimensional transient magnetohydrodynamic (MHD) flows. Journal of Computational Physics, 55 (1): 33-64.

Hundhausen A J. 1993. Sizes and locations of coronal mass ejections: SMM observations from 1980 and 1984-1989. Journal of Geophysical Research: Space Physics, 98 (A8): 13177-13200.

Jiang C W, Feng X S, Wu S T, et al. 2013. Magnetohydrodynamic simulation of a sigmoid eruption of active region 11283. Astrophysical Journal Letters, 771 (2): L30.

Jiang C, Wu S T, Feng X S, et al. 2016. Data-driven magnetohydrodynamic modeling of a flux-emerging active region leading to solar eruption. Nature Communications, 7: 11522.

Kliem B, Torök T. 2006. Torus instability. Physical Review Letters, 96 (25): 255002.

MacQueen R M, Eddy J A, Gosling J T, et al. 1974. The outer solar corona as observed from Skylab: Preliminary results. Astrophysical Journal, 187 (2): L85.

Nakagawa Y, Hu Y Q, Wu S T. 1987. The method of projected characteristics for the evolution of magnetic arches. Astronomy and Astrophysics, 179 (1-2): 354-370.

Nakagawa Y, Wu S T. 1968. On multifluids description of shock structure with radiation. Journal of Quantitative Spectroscopy and Radiatina Transfer, 8 (1): 555-567.

Nakagawa Y, Wu S T, Han S M. 1978. Magnetohydrodynamics of atmospheric transients. I. basic results of two-dimensional plane analyses. Astrophysical Journal, 219 (1): 314-323.

Odstricil D, Pizzo V J. 2009. Numerical heliospheric simulations as assisting tool for interpretation of observations by STEREO heliospheric imagers. Solar Physics, 259 (1): 297-309.

Plunkett S P, Wu S T. 2000. Coronal mass ejections (CMEs) and their geoeffectiveness. IEEE Transactions on Plasma Science, 28 (6): 1807-1817.

Shen F, Feng X S, Wu S T, et al. 2011. Three-dimensional MHD simulation of the evolution of the April 2000 CME event and its induced shocks using a magnetized blob model. Journal of Geophysical Research: Space Physics, 116 (A4): 963.

Shen F, Wu S T, Feng X S, et al. 2012. Acceleration and deceleration of coronal mass ejections during propagation and interaction. Journal of Geophysical Research: Space Physics, 117 (A11): 11101.

Tousey R. 1973. The Solar Corona, Space Research XIII. In: Rycroft M S, Runcern S K (eds.). Berlin: Akademie-Verlag: 713.

Wang A H, Wu S T, Tandberg-Hanssen E, et al. 2011. Utilization of multiple measurements for global three-dimensional magnetohydrodynamic simulations. Astrophysical Journal, 732 (1): 19.

Wang S, Hu Y Q, Wu S T. 1982. Full-implicit continuous eulerian scheme in the spherical coordinates and its applications to solar phenomena. Science China Mathematics, 25 (12): 1305-1318.

Wu C C, Feng X S, Wu S T, et al. 2006. Effects of the interaction and evolution of interplanetary shocks on "background" solar wind speeds. Journal of Geophysical Research Atmospheres: Space Physics, 111 (A12): 104.

Wu S T, Dryer M, Nakagawa Y, et al. 1978. Magnetohydrodynamics of atmospheric transients. II-two-dimensional numerical results for the inner solar corona. Astrophysical Journal, 219 (1): 324-335.

Wu S T, Guo W P, Michels D J, et al. 1999. MHD description of the dynamical relationships between a flux rope, streamer, coronal mass ejection, and magnetic cloud: an analysis of the 1997 January Sun-Earth connection event. Journal of Geophysical Research: Space Physics, 104 (A7): 14789-14801.

Wu S T, Wang A H, Liu Y, et al. 2006. Data-driven magnetohydrodynamic model for active region evolution. Astrophysical Journal, 652 (1): 800-811.

Wu S T, Zhou Y F, Jiang C W, et al. 2016. A data-constrained three-dimensional magnetohydrodynamic simulation model for a corona mass ejection initiation. Journal of Geophysical Research: Spce Physics, 121 (2): 1009-1023.

Wu S T. 1969. Kinetic theory of macroscopic transport phenomena in multifluid systems. Journal of the Physical Society of Japan, 27 (1): 8-19.

Wu S T. 1970. Conservation equations for the non-equilibrium radiative flow. Journal of the Physical Society of Japan, 29 (3): 778-788.

Zhou Y F, Feng X S, Wu S T, et al. 2012. Using a 3D spherical plasmoid to interpret the Sun-to-Earth propagation of 4 November 1997 coronal mass ejection event. Journal of Geophysical Research: Space Physics, 117 (A1): 1102.

第 2 章　从理论认知到现象解释

——回忆一项中断了半个世纪的科研工作

吴京生（C. S. Wu）

美国马里兰大学

《空间物理学进展》的主编从前几年开始陆续邀约一些年岁较长的同行写一些关于他们个人对过去工作的回忆。我趁这个机会也来讲述一下我的一个工作经历：故事开始于 1966 年，结束于 2015 年，间隔了整整半个世纪。

我最早从事的是一项理论工作，它属于等离子体物理的基础理论工作，当时并没有考虑联系实际，也没有关注未来的应用，主要的研究动机是探索和开拓某些当时仍未讨论过的，而且具有前沿意义的理论问题。值得一提的是，在后来的几十年里，在我所有的科研课题中从来没有机会引用过从这项工作中获得的结果。

富有戏剧性的事情发生了：半个世纪后，这项早期工作的内涵和意义忽然启迪了我，让我萌生了一种想法，经过多年的酝酿和探索，这种想法终于引导我找到了一种解释高温日冕的机理。尽管这种解释还只能说是一个开端，但是它涉及的概念和理论方法是以前与太阳物理有关的文献中从来没有采用或考虑过的。正因为如此，对不少太阳物理界的同行来说，他们可能需要一段时间才能消化与认同这一理论的内涵。这项结尾的工作使我的科研生涯延续了很多年，在这个过程中我依靠不少年轻朋友的协助和鼓励，最终完成了这项工作，在此向他们表示感谢。

回想半个多世纪前，在这个故事开始的时候，我刚步入社会不久，如今已经是耄耋之年，不过这个故事也让我真正感到“往事并不如烟”！

对任何一项常规科学的理论研究工作来说，我们总是先选择主题和目标，再收集有关的参考资料和理论知识，立足于这样的基础才进行“探索和思考”。一般研究工作的目标无非是延伸和拓展对现存知识的理解，从而解释未知现象的科学内涵。就我们想要研究的问题而言，前提是它需要具有相当程度的理论基础与可以延续的前期工作。科学史大师托马斯 · 库恩（Thomas S. Kuhn）教授在他的名著《科学革命的结构（第四版）》（北京大学出版社，2012 年）中提出了一个观点：常规科学工作与解谜很相似。他还说这种“谜”很像许多人常玩的“拼图谜”和“纵横字谜”，他说得非常好，我们破解“拼图谜”和“纵横字谜”的关键就是凭借谜底的延续性和连续性，这也是常规科学（所谓常规科学是指具有坚实理论基础的科学）的特征。

可是本章中回忆的故事完全不是这么回事，从开始到结束都充满了偶然和转折，没有目标和逻辑可言。最早开始的理论研究发生于基础等离子体物理快速发展的年代，那时日地空间物理仍未萌芽，我对太阳物理更是一无所知。难以想象的是 50 年后这份属于基础理论的工作却引导我察觉到与某些太阳现象有关的理论解释。说起来这一切似乎有点滑稽，甚至荒唐。也许这正好反映了自然科学的包罗万象和丰富内涵。

本章包括四个部分，分别叙述了整个过程的几个层次：首先，介绍了我对 Klimontovich 在 20 世纪 50 年代后期创建的微观等离子体物理理论方法的认识；其次，我应用这种理论方法来讨论磁化等离子体中包含涨落场效应的准线性理论；再次，从准线性理论认识到“热化”过程的微观理论；最后，联想到日冕现象的可能解释。在第一部分我介绍了一些关于 Klimontovich 理论方法的基本概念和摘要，因为它关联到第四部分的讨论。

在文章中每一部分的前端，都有一段提要，叙述这一部分的主要内容和我的经历。

研究的整个过程让我认识到一条真理：基本概念与基础理论对认识自然现象的解释是不可或缺的。其中关键的问题是我们是否掌握了应当掌握的物理知识和科学概念。由于日地空间物理还不具有坚实的理论基础，因此自然现象的理论解释工作会遭遇一些根本性的困难。说得更坦率些，我们对日地空间等离子体的基本“物理性质”了解得还很不够。

如果我们对高温日冕的理论解释是对的，那么至少可以说明“阿尔文涨落”的存在对太阳物理具有重要的现实意义，因为它可以改变我们对许多发生在日冕等离子体内基本物理过程的认识。由于这些过程可以影响与辐射和增能有关的自然现象，因此“阿尔文涨落”应当受到广泛的关注。关于太阳射电现象的理论研究，我们已经开始有一些初步的探讨。

2.1　新的理论知识和影响

20 世纪 60 年代早期，非常偶然的机会我发现在苏联的《实验与理论物理》杂志上刊载了一系列非常重要的科学论文，作者是 Yu. L. Klimontovich（简称 YLK），内容是讨论关于非热平衡等离子体物理的理论方法。这是与我当时的工作有紧密联系的领域，我认识到这些论文的重要性和前沿性，并立即投入不少时间来消化这些论文的内涵，YLK 创建的方法远远优越于当时美国普遍沿用的方法。它不但启发了我对微观等离子体物理的基本认识，还引导和影响了我对不少问题的思维方法和想法。2015 年我们关于解释高温日冕来源的理论基础就是从这里开始的，这是我要讲的整个故事的开端。它发生得偶然，结束得有些意外和突然，我竟然会在耄耋之年去探讨一个从来没有想到要关心的重要问题。关键的是，最根本的概念和方法确实来自50年前的那份具有启蒙作用的工作。

为了方便2.4节的讨论，本节介绍了YLK方法的基本框架与概念，特别是弗拉索夫（Vlasov）波动和内在涨落（intrinsic fluctuations）这两种物理现象的根本区别。

2.1.1　偶然的发现

在我还是研究生时，美国的大学里还没有等离子体物理的课程。即便普林斯顿大学有研究热核聚变的重大项目，也有从事等离子体物理研究的一流实验室和理论团队，但1959年以前这方面的所有工作都是不对外开放的，所以不可能设置与这一学科有关的课程。当时只有一本L. Spitzer教授写的关于电离气体的小册子（Spitzer，1956），无论从参考文献还是教科书的角度来说，都是不够用的。

当时我正在从事毕业论文的研究，我自己选择的论文题目是“关于磁流体力学方面的问题”。我的导师同意并支持我的选择，不过他也表达了他的看法：“气体电离以后，它的基本属性改变了，粒子间的相互作用取决于长距离的库仑（Coulomb）力场，我总怀疑流体力学的近似描述是否合适。等离子体是新东西，这方面的问题我没有想过，但是这是一个很复杂的问题，我建议你毕业以后朝这个方面去探索并寻求发展。”

我答应导师我一定会记在心里，但是应当承认当时我并没有“谱”。

毕业时我有两个工作机会：一个是去波音（Boeing）公司，从事高超声速空气动力学的研究，这与我研究生学习专业的领域比较符合。另一个是去加利福尼亚理工学院的喷气推进实验室（Jet Propulsion Laboratory，JPL）刚成立不久的物理科学部（Physical Science Division），工作任务是研究微观等离子体物理学中的某些理论问题，这正好是我的导师曾经鼓励我进修的方向。从理智谨慎的角度考虑，我倾向选择前者，因为对我来说后者是一个十分陌生的领域，风险较高。可是“初生牛犊不怕虎”，最后我还是选择了后者。应当承认，这一选择有很大的盲目性，是导师当年的鼓励让我最终选择了这一份工作。

在我还是研究生时，美国的大多数大学要求博士生必须通过两种外语的科技文献阅读能力考试，大多数的同学选择德文和法文。这样的要求对美国同学来说并不困难，因为他们在中学里多多少少都学过一些德文和法文，但是对亚洲学生来说就是一种沉重的负担。导师建议我如果选修俄文的话，另外一种外国语可以选中文。我心里有数，这是一种照顾，同时也鼓励我学习俄文。总的趋势已经显示，俄文越来越重要。

后来，事实证明这一选择对我的影响确实非常深远。毕业以后，开始找工作时其就对我起到了重要的作用。后来我急需学习新的微观等离子体物理，在很大程度上俄文书籍和评论文章带给了我很多的益处。也是这一缘故，几年以后我从文献中认识了 Klimotovich 的理论方法，这个方法在几十年后引领我对太阳日冕现象产生了一种与众不同的想法。

世界各国的科学家在经历了 20 世纪 50 ~ 60 年代核聚变研究的各种挫折以后，开始调整对等离子体物理的理论研究方法，将重心从流体理论转向运动学理论。当时最受重视的是 Bogoliubov、Born、Green、Kirkwood、Yvon 这 5 位统计物理学界知名学者首创的方法［Montgomery 和 Tidman（1964）简称其为 BBGKY 方法］。20 世纪 60 年代初大家都学习这一方法，因为这是当时唯一被普遍认同的方法，但是这种方法存在两个严重的缺点：第一，理论比较繁琐，数学方程往往掩盖了重要的物理意义；第二，不能描述等离子体中的电磁效应。

在一次偶然的机会中，我发现莫斯科大学的 Yu. L. Klimontovich 于 20 世纪 60 年代初在《实验与理论物理》杂志上发表了一系列讨论等离子体统计物理理论的文章，提出了一套自成体系的基础理论方法。该方法不但与传统的方法不同，而且还可以用来讨论与电磁波有关的微观过程。我读了他的这些文章之后，发现这种理论方法不但比 BBGKY 方法优越，难得的是具有一种自身独特的格调，而且清晰地反映了这种理论的物理内涵。在美国，当时知道这种方法的人很少，我认为应当介绍它，于是于 1966 年夏天在美国科罗拉多大学举行的“理论物理讨论会”上介绍了这一方法。一年以后，YLK 的专著《非热平衡等离子体过程的统计理论》的英文版（Klimontovich，1967）在美国出版了。

2.1.2　简洁清晰的 YLK 方法

在我开始从事博士后工作的那些年里，微观等离子体物理还没有形成体系，无论是理论方法还是物理概念都有些混乱，当时风行一时的 BBGKY 采用的截断方法（method of truncation）和忽略电磁效应的近似都让大家感到很不踏实。举个例子来说：当我们不知道有极低频率的阿尔文（Alfven）波存在时，如何才能肯定“粒子与粒子的碰撞”效应确实可以被忽略。关于这个问题，BBGKY 的理论方法就没有讨论。

YLK 方法的出现完全改变了这种状况，它使我看清了弗拉索夫理论描述的近似图像与真实的微观理论之间的区别。另外，在其他文献中很少有关于“涨落”这个论题的讨论，而且在大多数大学的等离子体物理课程中完全忽略了这种物理过程，我是从 YLK 的论述中才认清了“涨落”与弗拉索夫波动在物理内涵上的差别。总之，我从 YLK 理论中获得的教益非常深刻。

几十年来我读过不少讨论基础理论的专著，但是其中大部分专著都是对别人研究成果的汇集、编辑和整理，然后再加上自己的贡献，很少有人能够在一本讨论基础理论的专著里主要讲述自己或者以自己为主的团队的贡献。YLK 的专著是极少数例外之一，他创建了一种独特的方法和体裁，为一门理论学科（而不是仅仅为某一问题）指出了一条“路线”。这对等离子体物理学基础理论研究具有重要意义。

为了方便读者了解 YLK 理论的精髓部分，下面简单扼要地介绍它最主要的一些概念和观点，特别是那些与日冕物理讨论有关的内容。

尽管 YLK 理论的基础是传统的 Liouville 方程，但是 YLK 理论最关键而且与众不同的是它使用了随机概率密度函数 $N_s(r,\ p,\ t)$ 来表述这一方程式（Klimontovich，1967）：

$$\frac{\mathrm{d}N_s(\boldsymbol{r},\ \boldsymbol{p},\ t)}{\mathrm{d}t}=\frac{\partial N_s}{\partial t}+\boldsymbol{v}\cdot\nabla N_s+e_s\left(\boldsymbol{E}^m+\frac{\boldsymbol{v}}{c}\times\boldsymbol{B}^m\right)\cdot\frac{\partial N_s}{\partial\boldsymbol{p}}=0 \tag{2.1}$$

其中，s 表示粒子的种类，r 为空间位置，p 为动量，t 为时间，$\boldsymbol{E}^m$ 为随机微观电场，$\boldsymbol{B}^m$ 为随机微观磁场，$\boldsymbol{v}$ 为速度，c 为光速。将式（2.1）与麦克斯韦电磁场方程结合成一个完整的方程组，这个方程组是

$$\nabla\cdot\boldsymbol{E}^m=4\pi\sum_s e_s\int\mathrm{d}^3pN_s(\boldsymbol{r},\ \boldsymbol{p},\ t) \tag{2.2}$$

$$\nabla\cdot B^m=0 \tag{2.3}$$

$$\nabla\times\boldsymbol{E}^m=-\frac{1}{c}\frac{\partial\boldsymbol{B}^m}{\partial t} \tag{2.4}$$

$$\nabla\times\boldsymbol{B}^m=-\frac{1}{c}\frac{\partial\boldsymbol{E}^m}{\partial t}+\sum_s\frac{4\pi e_s}{c}\int\mathrm{d}^3p\,\frac{\boldsymbol{p}}{m_s}N_s(\boldsymbol{r},\ \boldsymbol{p},\ t) \tag{2.5}$$

$N_s(\boldsymbol{r},\ \boldsymbol{p},\ t)$ 也可以写成 $N_s(\boldsymbol{r},\ \boldsymbol{p},\ t)=\langle N_s(\boldsymbol{r},\ \boldsymbol{p},\ t)\rangle+\delta N_s(\boldsymbol{r},\ \boldsymbol{p},\ t)=n_sF_s(\boldsymbol{r},\ \boldsymbol{p},\ t)+\delta N_s(\boldsymbol{r},\ \boldsymbol{p},\ t)$，符号 $\langle\ \rangle$ 代表一个物理量的系综平均值，δN_s 为随机密度涨落，n_s 为平均密度，$F_s(\boldsymbol{r},\ \boldsymbol{p},\ t)$ 为我们常用的速度分布函数。另外，$\boldsymbol{E}^m(r,\ t)$ 的表达式为

$$\boldsymbol{E}^m(\boldsymbol{r},\ t)=\langle\boldsymbol{E}^m(\boldsymbol{r},\ t)\rangle+\delta\boldsymbol{E}(\boldsymbol{r},\ t)\equiv\boldsymbol{E}(\boldsymbol{r},\ t)+\delta\boldsymbol{E}(\boldsymbol{r},\ t) \tag{2.6}$$

其中，$\langle\boldsymbol{E}^m(\boldsymbol{r},\ t)\rangle\equiv\boldsymbol{E}(\boldsymbol{r},\ t)$ 为系综平均电场，$\delta\boldsymbol{E}(\boldsymbol{r},\ t)$ 为涨落电场，$\boldsymbol{B}^m(\boldsymbol{r},\ t)$ 的表达式为，即

$$\boldsymbol{B}^m(\boldsymbol{r},\ t)=\langle\boldsymbol{B}^m(\boldsymbol{r},\ t)\rangle+\delta\boldsymbol{B}(\boldsymbol{r},\ t)\equiv\boldsymbol{B}(\boldsymbol{r},\ t)+\delta\boldsymbol{B}(\boldsymbol{r},\ t) \tag{2.7}$$

其中，$\langle\boldsymbol{B}^m(\boldsymbol{r},\ t)\rangle\equiv\boldsymbol{B}(\boldsymbol{r},\ t)$ 为系综平均磁场，$\delta\boldsymbol{B}(\boldsymbol{r},\ t)$ 为涨落磁场。

2.1.3 节将根据以上方程组来讨论两种不同的波动。

第一，由外来扰动引起的波动。尽管没有明确的说明，但大多数讨论波动的文献只关注这种类型的波动。在许多实际问题中这种波动确实比较重要，如在对不稳定性进行探讨的问题中。在这方面我们可以应用弗拉索夫近似理论，并且忽略碰撞效应从而将理论分析加以简化。

第二，发生于等离子体自身的涨落。严格来说除了由外来扰动引起的波动

外，一般情况下在等离子体中还可以发生一种“内部”的波动（或者称为可以传播的涨落，即 fluctuations），这类特殊波动的发生取决于等离子体的内部情况和物理条件。

2.1.3 “波动”与“涨落”：两种不同的概念

大多数对波动的讨论常用的理论方法是线性化的弗拉索夫方程，但是从统计物理的角度来看涨落是更为重要的等离子体物理现象（Klimontovich，1967）。为了说明这一观点，本节先简明扼要地总结梳理一下有关这两个方面的近似理论基础，再讨论它们之间的关系和相关的物理概念。

以下讨论两类不同的方程组，它们在表面上看起来很相似，但是实质上表述的物理内涵有很大的区别，也正是为了强调这一点，我们才觉得有必要进行这一节的讨论，它在普通的等离子体物理学的教科书中都被忽视了。

1. 线性化的弗拉索夫理论

在考虑由外来的扰动引起的现象时，大家经常假设所有的“涨落”都可以忽略不计，于是式（2.1）~式（2.5）可以简化为

$$\frac{\partial F_s}{\partial t} + \boldsymbol{v} \cdot \nabla F_s + e_s\left(\boldsymbol{E} + \frac{\boldsymbol{v}}{c} \times \boldsymbol{B}\right) \cdot \frac{\partial F_s}{\partial \boldsymbol{p}} = 0 \tag{2.8}$$

$$\nabla \cdot \boldsymbol{E} = 4\pi \sum_s n_s e_s \int \mathrm{d}^3 p F_s(\boldsymbol{r},\ \boldsymbol{p},\ t) \tag{2.9}$$

$$\nabla \cdot \boldsymbol{B} = 0 \tag{2.10}$$

$$\nabla \times \boldsymbol{E} = -\frac{1}{c}\frac{\partial \boldsymbol{B}}{\partial t} \tag{2.11}$$

$$\nabla \times \boldsymbol{B} = \frac{1}{c}\frac{\partial \boldsymbol{E}}{\partial t} + \sum_s \frac{4\pi n_s e_s}{c} \int \mathrm{d}^3 v \boldsymbol{v} F_s(\boldsymbol{r},\ \boldsymbol{v},\ t) \tag{2.12}$$

式（2.8）~式（2.12）就是一般所谓的弗拉索夫方程。由于非线性效应，它的数学解是很难求得的，因此在文献中大多数的讨论都考虑线性化的近似方法。假设未扰动的等离子体的物理状态是已知的，例如，考虑 $\boldsymbol{E} = 0$，$\boldsymbol{B}_0$ 是均匀的本底磁场，$\delta \boldsymbol{E}'$ 与 $\delta \boldsymbol{B}'$ 为扰动电场与扰动磁场，以及

$$F_s = F_{0s} + f_s \tag{2.13}$$

其中，F_{0s} 为未扰动分布函数，f_s 为微小扰动分布函数。于是式（2.8）~式（2.12）可以简化为

$$\left(\frac{\partial}{\partial t} + \boldsymbol{v} \cdot \nabla + \frac{e_s}{m_s}\frac{\boldsymbol{v}}{c} \times \boldsymbol{B}_0 \cdot \frac{\partial}{\partial \boldsymbol{v}}\right) f_s + \frac{e_s}{m_s}\left(\delta \boldsymbol{E}' + \frac{\boldsymbol{v}}{c} \times \delta \boldsymbol{B}'\right) \cdot \frac{\partial F_s}{\partial \boldsymbol{v}} = 0 \tag{2.14}$$

$$\nabla \cdot \delta \boldsymbol{E}' = 4\pi \sum_s n_s e_s \int \mathrm{d}^3 v f_s(\boldsymbol{r},\ \boldsymbol{v},\ t) \tag{2.15}$$

$$\nabla \cdot \delta \boldsymbol{B}' = 0 \tag{2.16}$$

$$\nabla \times \delta \boldsymbol{E}' = -\frac{1}{c}\frac{\partial \delta \boldsymbol{B}'}{\partial t} \tag{2.17}$$

$$\nabla \times \delta \boldsymbol{B}' = \frac{1}{c}\frac{\partial \delta \boldsymbol{E}'}{\partial t} + \sum_s \frac{4\pi n_s e_s}{c}\int \mathrm{d}^3 v \boldsymbol{v} f_s(\boldsymbol{r}, \boldsymbol{v}, t) \tag{2.18}$$

这组线性化的弗拉索夫方程是用来讨论波动的理论基础。

2. 讨论只有涨落的近似理论

本节考虑另外一种情况：波动是由等离子体内部的“扰动”产生的。如果假设没有外来的初始扰动，KLM 方程式（2.1）~式（2.5）可以简化为

$$\left(\frac{\partial}{\partial t} + \boldsymbol{v} \cdot \nabla + \frac{e_s}{m_s}\frac{\boldsymbol{v}}{c} \times B_0 \cdot \frac{\partial}{\partial \boldsymbol{v}}\right)\delta N_s + \frac{n_s e_s}{m_s}\left(\delta \boldsymbol{E}' + \frac{\boldsymbol{v}}{c} \times \delta \boldsymbol{B}'\right) \cdot \frac{\partial F_s}{\partial \boldsymbol{v}} = 0 \tag{2.19}$$

$$\nabla \times \delta \boldsymbol{B} = \frac{1}{c}\frac{\partial \delta \boldsymbol{E}}{\partial t} + \frac{4\pi}{c}\sum_s e_s \int \mathrm{d}^3 v \boldsymbol{v} \delta N_s(\boldsymbol{v}, \boldsymbol{r}, t) \tag{2.20}$$

$$\nabla \times \delta \boldsymbol{E} = -\frac{1}{c}\frac{\partial \delta \boldsymbol{B}}{\partial t} \tag{2.21}$$

$$\nabla \cdot \delta \boldsymbol{E} = 4\pi \sum_s e_s \int \mathrm{d}^3 v \delta N_s(\boldsymbol{v}, \boldsymbol{r}, t) \tag{2.22}$$

$$\nabla \cdot \delta \boldsymbol{B} = 0 \tag{2.23}$$

在推导式（2.19）时，假设 $\frac{\partial}{\partial \boldsymbol{v}} \cdot [\delta \boldsymbol{E} \delta N_s - \langle \delta \boldsymbol{E} \delta N_s \rangle] + \frac{1}{c}\frac{\partial}{\partial \boldsymbol{v}} \cdot [\boldsymbol{v} \times (\delta \boldsymbol{B} \delta N_s - \langle \delta \boldsymbol{B} \delta N_s \rangle)]$ 是可以忽略不计的。虽然这样的近似并不严格，但是直观上是说得过去的。

第一，显然线性化的弗拉索夫方程组［式（2.14）~式（2.18）］与描述涨落的方程组［式（2.19）~式（2.23）］是基本相似的，这意味着任何线性弗拉索夫理论预测的不稳定性对涨落来说都是有效的。普通讨论不稳定性的理论还涉及另外一个概念：只有初始的扰动量会被“放大”，可是在讨论实际应用时我们并不知道这个“初始的扰动电场或者扰动磁场”存不存在。然而，对“随机的涨落”来说，它是到处存在的，因此就不稳定性而言，它对涨落的现实意义要远比弗拉索夫波理论中预测的意义重要。

第二，尽管线性化的弗拉索夫方程组［式（2.14）~式（2.18）］与方程组［式（2.19）~式（2.23）］的数学表述是相似的，可是它们的基本物理内涵是非常不同的：δN_s 是随机的密度涨落函数，而 f_s 是扰动速度分布函数，它不是一个随机的物理量。总之这两组方程式表述的物理过程是不一样的。

在以后的讨论中，我们最关心的将是“阿尔文波涨落”。为了避免与一般的“阿尔文波”混淆，本章将采用“阿尔文涨落”这个称谓，详细的解释留在以后讨论。

尽管在过去的几十年里，近代等离子体物理学中运动学理论的水平有了大幅度的提升，但是发展的主要目标和方向是受控热核聚变的研究，与日地空间物理并无太多关联。例如，在多种日地空间重要现象出现的区域里等离子体的β值很低，这一类等离子体物理过程很少受到关注。普通等离子体物理学很少讨论加热、增能和辐射三类过程，可是它们对于空间物理学来说却是非常重要的过程。因此，笔者认为从事理论研究的学者应当从空间物理学的观点来拓展相关的等离子体物理的理论研究。

运动学理论与流体理论不同，它描述的是相空间（phase space）中的分布函数，而后者强调的基本概念是概率。此外，等离子体的基础运动学理论本身就与中性气体的运动学理论有本质上的差别，这两种理论无论在理论形态（formalism）上还是在物理概念上都不一样。以下讨论将聚焦在微观理论上，并假设过程的非线性性质不重要，讨论的重点将放在准线性过程上。

由于运动学理论常用的词汇和概念与流体理论很不相同，并且某些英文词汇没有适当的中文翻译，因此我将在需要的地方做必要的注释。

2.2 学习理论与开拓理论

基础理论的开拓有时是顺应需要，有时是自然发生，有时是由于发展的态势。20 世纪 60 年代是准线性理论成长很快的一段时间，可是大家的讨论聚焦于弗拉索夫方程，目标和动机都是针对不稳定性的。YLK 的理论方法引领我去注意“涨落”场对微观等离子体过程的效应，1967 年我在访问马里兰大学时，受同事的鼓励，我开始探讨包含“涨落”效应的准线性理论。当时有两条重要的理由鼓励我去钻研这一问题：第一，从 YLK 发表的文章中知道在等离子体中 Langmuir“涨落”与等离子体中粒子的“碰撞”有密切的关系。我希望通过一般化的准线性理论找到低频电磁波对“碰撞”的效应。第二，如何计算非热平衡情况下低频“涨落”的谱能量可能是大家将来会关心的问题。

YLK 在他的文章和专著中讨论了高频静电波的“涨落”和准线性理论，但是从来没有人关心过磁化等离子体中的低频电磁，直觉告诉我这些波的频率可以比碰撞频率低。当这类涨落存在的时候我们应当如何定义“碰撞”？诸如这样的问题似乎值得探讨和研究，这一念头触动了我的一些想法。

2.2.1 普通的准线性理论

苏联著名科学家朗道（L. D. Landau）于 1946 年发表了一篇具有里程碑意义的科学论文。当时在这篇文章里，他提出一个让人感到十分惊讶的理论结果：在没有粒子碰撞的前提下，在等离子体中传播的 Langmuir 静电波能发生阻尼。“朗道阻尼”引起了持续十余年的争论，一直到1962年，才有了结论：实验与理论均证明“朗道阻尼”是合理的，是可以解释的。“朗道阻尼”在近代等离子体物理的教科书里都有讨论，道理也并不难懂：波与电子由共振引起的相互作用是产生阻尼的关键原因。朗道的理论启发了后来等离子体物理理论的拓展与进步，驱使近代等离子体物理从早期的流体理论进入运动学理论。因为大家认识到“波与粒子的相互作用”不仅仅是一种效应，而是一种基本物理过程，这种在中性气体中不存在的过程，定性地改变了等离子体物理的基本内涵，也改变了等离子体物理的理论基础，从而影响了我们思考问题的方向。

关于等离子体物理学的波动理论研究，人们通常都以弗拉索夫方程组为基本的理论依据，这种理论的主要假设是粒子与粒子间的“碰撞”是可以忽略的。研究者都知道弗拉索夫方程组是一种近似的表述，但是因为大多数人不清楚“碰撞”的真正含义，所以他们也不了解这种近似的真正内涵，然而KLM的理论方法提供了一条线索。

弗拉索夫方程组中包含两个主要的部分：第一部分是描述粒子分布函数的运动方程，其中包括影响粒子运动的电场和磁场的作用；第二部分是麦克斯韦电磁场方程，其中密度与电流取决于粒子的分布函数。通过对这两组方程联合和求解，可以看出弗拉索夫方程组是高度非线性的，因此线性化往往是必要的，但是在线性化的过程中，我们需要考虑如何定义“未扰动的”等离子体的情况，在现有文献中人们总是假定未扰动的等离子体是“宁静”的，但是对这样的假设应当小心，如在太阳风里就不能做这样的假设。

线性理论是以扰动微小而可以忽略的假设来简化非线性方程，弗拉索夫方程组不仅仅是一种数学上的近似方法，物理学上作为一种近似也是有一定意义的：相当于忽略了波动对粒子运动轨迹的影响，这等效于在相关的计算过程中只考虑粒子在没有扰动电场和磁场时的运动速度和位移。如果假设在没有扰动时等离子体是“宁静”的，那么我们只需考虑本底磁场的效应，一般文献所考虑的也正是这种情况。

在20世纪80年代，空间物理学领域中的科学家逐渐接受“波与粒子共振”可能是一种重要物理过程的认识，但不少人对这一过程的重视程度似乎又过了头。大家把共振看成是波与粒子相互作用的唯一渠道，可是事实并非如此，毕竟无论朗道共振还是回旋共振，它们都是在特殊条件下才会发生的相互作用。可是除了对不稳定性的讨论以外，在空间物理学的范畴里，几十年来大家似乎还没有认识到波与粒子的共振可以引起十分重要的效应。也许正因为如此，等离子体的运动学理论在空间物理学的理论研究工作中没有得到普遍的重视。

接下来谈谈“准线性理论”这个概念。

受“朗道阻尼”的启发，理论工作者发现当等离子体处于非热平衡状态时，它经常是不稳定的，这类由波–粒子相互作用引起的不稳定性通常被称为“微观不稳定性”（micro-instability）（Lifshitz and Pitaevskii，1981）。人们最早提出“准线性理论”是希望了解在波动的谱能量开始增长以后，在未扰动前的原有分布函数受到影响时，会不会使不稳定性得到抑制。

前面我们谈过线性理论的意义，在等离子体物理学中所有的线性理论都立足于“微小扰动”的初始条件，因此在线性理论中是不考虑波动的振幅的。同时，从线性化的弗拉索夫动力方程中可以看出，这样的近似等效于忽略了波动对粒子微观运动的影响。在这一前提下，用这种近似方法来推广线性理论，从而得出了所谓的准线性理论（Davidson and Scherer，1973）。换言之，这一理论反映了一种假设：就粒子的微观运动而言，波的电场或磁场振幅仍然可以被忽略，然而由波的谱能量引起的分布函数在速度空间中的“扩散”过程对不稳定性的抑制有重要的作用。

几乎在所有的等离子体物理学参考书中都会提到准线性理论，而且在很多文献中都对这一理论和动力方程进行了推导，由此可以看出人们对于这一理论的重视。不少书里还讨论了这一理论在实际问题中应用的各种案例，最著名的是“bump-on-the-tail”问题，也就是由少数高能电子束流引起“束流激发 Langmuir 波”的问题，这是使准线性理论受到世人高度关注的著名案例。1960 ~ 1961 年，几位苏联和美国科学家同时选中了同一种不稳定性作为准线性理论的研究对象，各自独立但又几乎同时地发表了内容相近的论文（Davidson and Scherer，1973），提出了极其相似的想法，这可以说是等离子体物理学发展史中的一件盛事。自 1961 年以来的若干年里准线性理论有了蓬勃的发展，人们讨论的问题主要是从非磁化等离子体到磁化等离子体，从速流不稳定性到其他各种不稳定性（Davidson and Scherer，1973）。

各种教科书中关于准线性运动方程的讨论在概念上大都强调以下两点：第一，波与粒子通过共振相互作用；第二，等离子体是不稳定的，特别是束流不稳定性，很少考虑非共振的波与粒子相互作用，也很少有人考虑稳定的等离子体。我认为造成这种美中不足情况的主要原因是一般的准线性方程不满足能量与动量守恒的要求，Davidson 和 Scherer（1973）对其有详细的讨论。

谈到对实际问题的应用，不少书里讨论过各种案例，如前面提到的“bump-on-the-tail”问题，苏联科学家和美国科学家在同一段时间里各自独立发表了对同一问题提出的极其相似的理论文章，有其偶然的一面，也有其必然的一面。偶然的是大家都选中了同一个不稳定性作为准线性理论的研究对象，而且在同一年里发表了各自完成的论文。必然的一面是在 1958 年日内瓦第二次国际和平利用原子能会议时美国和苏联科学家都提出了要加紧对微观动力理论（kinetic theory）研究的步伐，所讨论的案例是最简单的一种情况，在 1959 年大家取得了成果而且写出了文章，这一切也是合情合理，可以理解的。重要的是在 1961 年以后的若干年里，准线性理论有了蓬勃的发展，从非磁化等离子体到磁化等离子体，从速流不稳定性到其他多种不稳定性，都被讨论了。客观地说在这一课题领域里苏联科学家发表的文章和作出的贡献比较多。

2.2.2　拓展普通的准线性理论的必要性

总的来说，如果我们把讨论局限在弗拉索夫理论的准线性近似范围内，无论是静电波还是电磁波，根据弗拉索夫波的准线性理论，谱能量动力方程式的一般形式是

$$\frac{\partial W_k}{\partial t} = 2\gamma_k W_k \tag{2.24}$$

其中，W_k 为波动电场的谱能量，γ_k 为阻尼系数。显然，能量不守恒是一个缺点，同时也不能描述热平衡，这也是早期不少人认为“朗道阻尼”不自洽而对其产生质疑的原因之一。

1967 年春天正值我访问马里兰大学的时候，美国田纳西大学的 E. G. Harris 教授发表了一篇可以用来讨论 Langmuir 涨落的准线性理论的文章（Harris，1967）。他利用量子力学的方法来推导有关的方程组，基本的概念是考虑等离子体中的波动为一种虚无的粒子，称为 Plasmons，然后考虑能量守恒和动量守恒，以及爱因斯坦关于感应吸收（induced absorption）和自然产生（spontaneous generation）两种过程的关系。Harris 考虑“涨落”效应之后准线性方程的形式就变成：

$$\frac{\partial W_k}{\partial t} = 2\gamma_k W_k + S_k \tag{2.25}$$

这是准线性理论方程的推广。式（2.25）中 W_k 代表“涨落电场”的谱能量，右边第一项表示涨落场的谱能量感应过程，第二项表示涨落谱能量的自然产生。其中的道理是前者的物理意义在于对已经存在的谱能量的吸收或者放大，重要的是它与已经存在的谱能量成比例，而后者则不然，因而被称为“自然产生”，而自然产生这一过程只有“涨落”方能发生。下面讨论的问题可以说明为什么式（2.25）具有重要的物理意义（注：后来发现 Harris 讨论的静电波问题，YLK 在他 1967 年的专著中是讨论过的，当时我们在美国还不知道。以下的讨论就根据 YLK 的著作而得到）。

让我们考虑非磁化并接近热平衡等离子体，同时不考虑弗拉索夫波，只讨论“涨落”。我们先不讨论下列方程式的推导和出处，仅仅关注其结果，这时非磁化静电波的准线性方程式（2.25）可以写成：

$$\frac{\partial \langle \delta E^2 \rangle_k}{\partial t} = 2\gamma_k \langle \delta E^2 \rangle_k + 8\pi^2 \frac{\omega_e^2 m_e}{k^2}\int \mathrm{d}^3 v \frac{\delta(\omega_k - \boldsymbol{k}\cdot\boldsymbol{v})}{|\partial/\partial\omega_k(\mathrm{Re}\varepsilon(\boldsymbol{k},\ \omega_k))|}F_e(\boldsymbol{v}) \tag{2.26}$$

其中，

$$\gamma_k = \frac{\pi\omega_e^2}{k^2\partial/\partial\omega_k[\mathrm{Re}\varepsilon(k,\ \omega_k)]}\int \mathrm{d}^3 v\delta(\omega_k - \boldsymbol{k}\cdot\boldsymbol{v})\left(\boldsymbol{k}\cdot\frac{\partial F_e}{\partial \boldsymbol{v}}\right) \tag{2.27}$$

式（2.26）右边第一项是“朗道阻尼”，也就是感应吸收，而第二项表示的是自然产生。从式（2.26）出发可以证明，当热平衡电子的分布函数是 Maxwellian 时，

$$F_e(v) = \frac{m_e}{\pi^{3/2}T_e^{3/2}}\exp\left(-\frac{m_e v^2}{2T_e}\right) \tag{2.28}$$

谱能量应该不再随时间变化。与此同时，我们可以看到如果式（2.29）成立，则式（2.26）的右边两项应该抵消。

$$\frac{\langle \delta E^2 \rangle_k}{8\pi} = T_e \tag{2.29}$$

尽管这里讨论的是非磁化的等离子体，同样的原理对于磁化的等离子体也是成立的。结论是感应吸收可以使与波共振的粒子加速，而这些粒子随后又将摄取到的能量交还给波，因此整体来说能量得以保持平衡。式（2.29）的物理意义是：当等离子体处于平衡状态时，粒子的热能量与波的谱能量应当是相等的，这就是等离子体统计物理中所谓的“涨落-损耗定理”（fluctuation-dissipation theorem）。

应当说明式（2.26）右边第二项的理论推导超越了弗拉索夫理论的范畴，因为右边第二项实际上已经具有“碰撞”意义。重要的结论是：“朗道阻尼”的物理意义不应当被误解，它不存在损耗和加热效应。

Harris 的文章引起了马里兰大学学者和我的强烈兴趣，从物理概念的角度来看，Harris 的理论方法好像只能用来讨论涉及电子高频率的波动。大家关注这样一个问题：如何讨论在等离子体中普遍存在的低频率波的“涨落”？这些波不但频率低而且主要由离子的运动引起，从概念来说似乎 Harris 的方法是说不过去的。当时我主动建议，不妨用 YLK 的方法来探索一下。

这项工作的工作量比我预计的要大，因为必须考虑磁化的等离子体，有了本底磁场，整个理论的解析工作就变得复杂了，特别是因为要考虑理论的一般性，要可以用来讨论任何种类的波模。有关这项工作的文章发表于 1968 年的春天（Wu，1968），主要结果可以用两个方程式来概括：一个是所谓的动力方程式，主要描述分布函数的变化；另一个是讨论谱能量的方程式。这些结果的表达式都比较复杂，这里不再赘述，本章仅谈谈当时去做这项工作的几点理由：第一，当我知道热涨落与谱能量概念以后，我开始理解温度与涨落场的谱能量并不是两个独立的物理量。第二，好奇心驱使我希望找出如何计算不同波模涨落的自然产生率的理论方法。尽管并没有具体的应用目标，但是我和马里兰大学的同事一样，感到 Harris 的准线性理论的一般化（generalization）是一件值得研讨的工作。第三，为了这个目标，我们需要一个一般化的解析方法。在这方面 YLK 的理论方法显然是可以尝试的。

当然，如果我们仅仅关心热平衡的情况，问题就比较简单，但是我们真正关心

的是非热平衡的问题。我想知道在一般情况下如何计算谱能量的“自然发生率”，不局限于电子，还要探讨离子的效应。此外我还想讨论包括“紊乱弗拉索夫波”与“涨落”的“统一的准线性理论”（unified quasilinear theory）。同时认识到在一般的实际情况下这两种波动都可能存在。

由于历史的原因，在文献中绝大多数准线性理论的讨论都着眼于与不稳定性有关的问题，很少有人关心“内在紊乱波”（intrinsic turbulent waves）与等离子体相互作用的物理过程，尤其是大家对“涨落”没有太多的认识。Wu（1968）研究中的内容让人感到很繁琐，给人的印象是“实用意义”不大，所以几十年来未能引起读者的关注，这是可以理解的。

1967~1968年的研究工作最大的收获是：①认识了内在涨落场的意义和基本概念，特别是谱能量与温度的关系；②寻找到一种如何计算任何波模谱能量自然发生率的理论方法；③讨论非热平衡情况下任何波模谱能量的“一般准线性理论”。

但是在当时，我的确看不清楚这些理论可以用来讨论那些自然现象和具有现实意义的问题。

Wu（1968）最主要的贡献是推导了一种可以同时讨论内在涨落（intrinsic fluctuations）与弗拉索夫波的一般化的“准线性理论”。如果从实际应用的角度来审视这件工作，其并不适合用来讨论等离子体的不稳定性，因此可以说这是一件与当时的主流兴趣背道而驰的研究。可是我的想法有所不同，我认为从基础理论的观点来看，我们应当找到一种一般化的方法来讨论非热平衡状态下的等离子体中任何涨落模的“自然发生率”。这对研究大振幅的涨落（enhanced fluctuations）是重要的。对讨论高β的等离子体应该是有意义的。尽管笔者在1968年的研究中简单地讨论了离子回旋模与阿尔文模的准线性方程式（Wu，1968），但后来始终没有机会去研讨有关的细节问题。这项研究搁置了40多年，就像流水一样消逝了。

众多学者在2007年前后开始认识和体会到紊乱阿尔文波可以导致热化（Wang et al.，2006；Wu and Yoon，2007；Yoon et al.，2009），想到解释高温日冕的问题，然而并没有考虑“阿尔文涨落”，其中重要的原因包括：一是低β等阿尔文模不存在“热涨落”，所以在很长一段时间里根本没有考虑过“阿尔文涨落”；二是重离子的丰度太小，大家都认为它们不重要，我也在很长一段时间里忽视了它们的存在。

2012年秋天，我确切感悟到太阳日冕区的重离子可能是产生“阿尔文涨落”的重要源泉，最早启发我有这种想法的是我于1968年发表的一篇文章（Wu，1968）。可是这篇文章的细节存在一些勘误，因此我采用了另外一种方法：从一开始就聚焦于“阿尔文涨落”与重离子的讨论上。目标是确认和证明重离子能够自然产生“阿尔文涨落”，细节叙述于我于2013年发表的一篇文章（Wu et al.，2013）。由于审稿人的建议，讨论的重点侧重于“自然产生阿尔文涨落”这一过程，因为他对“自然产生”这一过程的基本理论不熟悉，所以有疑虑，这一点我完全同意和理解。也因为如此，全文的理论细节阐述比较多，对关心的读者来说固然是好的，可是对普通的读者来说就会是一种负担，甚至会觉得枯燥。

无论是在等离子体物理学还是天体物理学的文献中，专门讨论“阿尔文涨落”自然发生过程的文章除了我于2013年发表的一篇文章以外没有其他的作品。虽然我的动机是解释高温日冕，可是在这篇文章中真正涉及日冕物理的讨论却并不多（Wu et al.，2013）。

2.3 从联系实际到探索未知

追溯往事，从1968年我的工作转移到马里兰大学，接着在1971年“进入”空间物理这门新兴学科的浪潮以后，我的工作态度在不知不觉中开始发生变化：好的一面是我开始关心联系实际的研究课题，不好的一面是有点趋向于急功近利，强调成果。在JPL的很多年里，我们不愁经费，上级领导强调研究课题的科学意义，并且吃的是“皇粮”。在马里兰大学我一方面选择资助单位所关心的问题，另一方面重视能出成果的概率，这是1971～1995年25年时间里我对科研工作的基本原则。虽然其间也完成了一些有重要意义的研究工作，但总体来说都是没有太多风险，时间成本不高的任务。

我1995年从马里兰大学退休以后，客观环境有了较大的改变，我不再有什么包袱，工作态度也因此有了很大的转变，我开始倾向于研究具有“探索”意义的问题，并且可以不计较成功或者失败。1996～1999年在“台湾中央大学”，我开始思索一些与太阳射电现象有关的问题，2000～2005年在访问中国科学技术大学时，我继续研讨这方面的工作。2005年后我开始探讨对等离子体物理和空间物理都具有现实意义的理论问题：什么过程能够导致加热？

2.3.1 “加热”与“热化”

等离子体物理学的基础理论研究至今已经发展了半个多世纪，在线性理论、准线性理论以及非线性理论领域都取得了丰硕的研究成果，但是我们对若干物理过程的认识还很不够，加热过程就是其中之一。下面主要探讨有关加热问题的研究。

从概念上讲，在不同的物理条件下加热的意义往往是不一样的。在普通物理学中，加热过程就是一个物理系统中的温度从某一初始水平增高至另一水平的过程，这时加热的机制与系统内介质的内在物理属性紧密相关。例如，在中性气体中加热过程取决于粒子与粒子之间的碰撞，因为碰撞可以导致损耗而损耗又可以导致热化。因此我们从流体物理或气体动力学中传承了一个非常牢固的概念：损耗是加热过程中的必备条件。

此外，不少科学家认为天体等离子体的初始温度并不高，高温日冕与高温星冕是后来通过“加热”形成的（Benz，1992），至少在观念上是这样的。但是由于等离子体中的碰撞频率非常低，所以要按照上述传统观念来解释天体物理中高温等离子体的成因就成了一个棘手的理论问题。

加热过程究竟靠的是什么？从基础理论的角度来看，应用非线性动力学过程来解释很有吸引力（Lichtenberg and Lieberman，1992），非线性动力学可以证明当一个粒子与大振幅的波相互作用时，粒子的运动可以从“有序”状态转变为“随机”状态。所谓“随机”运动就意味着运动规则是不可预测的，其中关键因素是粒子与波的非线性共振作用。可是真要用这种机制来解释高温日冕与高温星冕的起因和形成过程仍然很困难，首先需要讨论那些大振幅的波是如何形成的。

关于加热的问题，在日地空间物理学文献中占主导地位的理论都是以流体理论为基础的，绝大多数的讨论都从传统的热传导概念出发来考虑“加热”过程，这个过程取决于导热率与温度梯度两个参数。这一思路主宰了过去几十年里在日地空间物理学领域中所有研究者对加热过程的研究方向。人们假设传统的流体理论方程依然成立，在此前提下许多研究者提出了多种理论模型，试图用“波与粒子的相互作用”去取代“粒子碰撞”导致的损耗，但是这样的理论必须依靠一些假想和模型，很难有坚实的基础。

我们觉得需要推敲的是：为什么一定要依赖传统的“损耗”和“流体近似”这两个概念？流体理论强调的是与空间位置变化有关的过程，因此只适合用来考虑“热转移”之类的过程。强调由损耗导致的“加热”过程是否有些舍近求远？我们似乎应当关心发生在同一地点的热能变化的因果关系。另外，温度的升降是属于速度空间的物理过程，因此在研究加热过程时，我们似乎应当把注意力集中在可以影响速度分布函数的关键过程上。流体理论还存在一个根本性的问题：所有流体力学方程都隐含地采用了一个重要的假设，即等离子体是非常接近“热平衡”的（否则温度与热压力的定义就会变得毫无意义）。众所周知，对等离子体来说这显然是不现实的。总之，为了研究“加热”过程，我们似乎需要开拓新的思路和想法。

在等离子体物理学中，自 20 世纪 60 年代“朗道阻尼”的存在被广泛认可以后，所有研究者都认识到“粒子与粒子”的碰撞很不重要，而波动与粒子的相互作用变得十分重要。人们认识到“紊乱波”与粒子的相互作用也许可以取代中性气体中的碰撞效应从而导致“紊乱加热”（turbulent heating），曾经在某段时间内许多研究者对这种想法非常感兴趣，于是许多研究者纷纷从“弱湍动”（weak turbulence）的例子开始进行研究。然而不久以后人们就失望了，主要有三个原因：第一，人们普遍认为，波与粒子相互作用的渠道主要是共振，而无论是回旋共振还是朗道共振都只有那些接近共振速度的粒子可以参与其中，可是“加热”是一种涉及众多粒子的物理过程；第二，如果波与粒子的相互作用可以导致“加热”，那么粒子获得的“热能”一定来自波动，而对于具有如此巨大功率的波动来自何处的问题无法找到合理的解释；第三，如果粒子的加热依靠的是共振吸收，而这些获得能量的粒子又可以通过“自发过程”将能量还给波动（见2.2节的讨论）。因此，问题并没有解决。

2.3.2 发现紊乱阿尔文波的热化效应

不少从事太阳物理研究的科学家很早就认为阿尔文波可能对日冕产生影响，但这仅仅是一种直观的猜想。学者在行星际空间观测到的阿尔文波（Alfven，1942；Tomczyk et al.，2007；Pontieu et al.，2007；Mcintosh et al.，2011），更加加强了大家的想法。因为这些波承载的能量很可观，如果其中的一部分能量能够转移给日冕区的等离子体而且成为热能，那么日冕加热的问题就解决了，但是需要提出一个能够自圆其说的理论模式。

早在2005年我们就开始对阿尔文波给予关注，希望能够证明阿尔文波可以导致“热化”。所谓“热化”，既是一种微观物理的概念，也是一种过程。“热化”指粒子微观运动的随机程度（stochasticity）有所增加，从而使粒子的“热能”有所增加。在中性气体中碰撞可以导致热化，粒子碰撞还可以在维持热平衡的条件下使粒子相应的温度随之增加。当时我们对可能发生在等离子体中的热化过程还了解得很少，不少人都寄希望于“阿尔文波与粒子的相互作用”，但是大家正在向不同的拓展方向进行摸索探讨，并持有不同的观点和想法。

当我们从事物理学的理论研究工作时，无论是单纯的计算还是研究，主导我们思维的总是那些已经被我们长久以来“接受了”或者“习惯了”的概念，这些概念可能来自书本、文献或者自己的经历和长期积累的知识。

尽管对准线性理论的讨论已经长达半个世纪，可是与准线性理论有关的绝大多数文献都是讨论波与粒子的共振作用，并且这些文献中阐述的准线性理论的唯一目标都是讨论不稳定性，几乎没有人用准线性理论来讨论以下三方面的主题：①发生在稳定与热平衡的等离子体中的物理过程；②“涨落”或者“湍动”对等离子体的反馈效应；③稳定等离子体中阿尔文波与质子的非共振作用对热能的影响（注：阿尔文波与质子是不能发生共振的）。事实证明，②和③类非共振准线性过程确实是可以产生重要效应的。

在等离子体物理学中 plasma turbulence 是一个常用的名词，国内通常译为“等离子体湍动”。这样的翻译可能是受它的历史原因的影响。我个人的结论是，最早在气体的流体力学中就有“湍流”（turbulent flow）和“湍动”（turbulence）

的名词。在这个概念上，后来沿用了磁流体力学中的翻译，就物理概念而言，在所有的流体理论中“湍动”的意义应该是相同的。然而在微观等离子体物理学中，流体的概念已不存在，plasma turbulence 代表具有较宽频谱和随机“相”（random phase）的波动和涨落。这里的波动是指在一般情形下由扰动引起的“紊乱波动”（turbulent waves），而“涨落”是由内在原因（如粒子的热运动）产生可以传播的电场或磁场。我们认为具有高谱能量的混合“波动与涨落”是最为重要的。这是我在后面的讨论中将要强调的模式（paradigm）。

在2006～2009年，我们和同行在这方面做了一些工作（Wang et al.，2006；Wu and Yoon，2007；Yoon et al.，2009），发现“紊乱阿尔文波”（Alfvenic turbulence）可以对质子产生热化的机理。利用非共振的准线性理论证明（Wu and Yoon，2007；Yoon et al.，2009）：如果“紊乱阿尔文波”出现之前质子具有温度，而且分布函数是

$$F(v_\perp) = \frac{m_p}{2\pi T_0}\exp\left(-\frac{m_p v_\perp^2}{2T_0}\right) \tag{2.30}$$

那么当阿尔文波出现时质子的分布函数就会变成：

$$F(v_\perp) = \frac{m_p}{2\pi T_w}\exp\left(-\frac{m_p v_\perp^2}{2T_w}\right) \tag{2.31}$$

其中，$T_w = T_0 + \int \mathrm{d}k B_k^2/(8\pi n_p)$，$n_p$ 为质子的数密度。显然，式（2.31）说明质子在垂直于本底磁场方向上的温度升高了，也就是说，质子被“热化”了。

可以说，在当时的讨论中我们还没有认识到“阿尔文涨落”的重要性，在描述热化过程的概念上仅仅考虑了“紊乱的弗拉索夫阿尔文波”，因为根据传统的概念，在普通的等离子体中“阿尔文涨落”根本不存在。几年以后我们才发现，在太阳日冕区里“阿尔文涨落”具有特殊的意义，但是非共振的准线性理论仍然成立，只需要将阿尔文波能量密度的表达式给予推广：

$$\int \mathrm{d}^3 k W_k \equiv \frac{\delta B_w^2}{8\pi} = \int \mathrm{d}^3 k\left(\frac{B_k^2}{8\pi} + \frac{\langle \delta B^2 \rangle_k}{8\pi}\right) \tag{2.32}$$

那么相应的热化可以表达为

$$T_p = T_{p0} + \frac{\delta B_w^2}{8\pi n_p} \tag{2.33}$$

2.4　挑战“日冕”

当我最早开始思索“热化”过程能否发生在等离子体中的时候，我并没有以实际应用为出发点来思考问题的症结所在。我认为既然在中性气体中的粒子碰撞可以导致“热化”，那么在等离子体中也可能存在一种“热化”过程，这种过

程可以取代粒子碰撞。当知道“紊乱阿尔文波”可以引起这一效应时，我开始思考有没有可能用它来解释高温日冕这一自然现象。认识我的朋友都知道，我过去从未关心过太阳物理的问题，为什么忽然对日冕的形成产生了兴趣呢？我只能说纯粹是偶然。事情是这样的，1980 年年初的某一天，我走进一位马里兰大学同事的办公室，找他聊天。他兴奋地告诉我：他刚从一位朋友处收到一些关于 Skylab 对太阳过渡区电子温度分布的结果。他向我展示了一幅充满戏剧性的示意图（图 2.1），令人难以置信的是日冕温度的急剧上升竟然发生在如此狭窄的区域里。这幅图给我留下了深刻的印象。

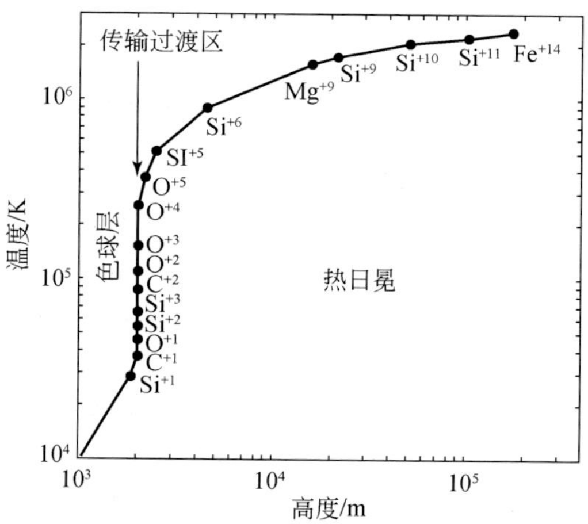

图 2.1　根据 Reeves 等（1977）的文章内容绘制的示意图

想不到的是 30 年以后这幅图居然触发了我，让我产生了一个念头：想探究一下这个仍然没有解释的“谜”。

2.4.1　背景介绍

日冕是太阳物理学中最著名和最引人关注的一种自然现象（Vernazza et al., 1981；Mariska，1992；Tu et al., 2005），它对天体物理的研究来说具有极其深远的意义，因为 X 射线源与亮度很高的星冕现象似乎都可能与日冕现象有相同的物理渊源（Benz，1992）。关于日冕现象的一般讨论给我印象最深的莫过于过渡区的温度梯度（图 2.1）。我认为日冕是日地空间物理中最具挑战性和诱惑力的现象。早在 20 世纪上叶人类已经发现高温日冕的存在，但是定量和有系统的观测还是在 70 年代初的 Skylab 项目中才开始的。

我们知道在太阳色球和日冕区之间有一个过渡区，观测数据显示这是一个很狭隘的区域，它的一维投影只有 200 ~ 300km 的高度，然而这个过渡区内发生的事情却令人惊叹：等离子体的温度竟然会从 10^4℃急剧上升到 10^6℃。在传统的加热概念引导下，这一温度梯度使不少人认为在过渡区内存在着很强的导热过程。两个根本的问题使研究人员感到非常困惑：第一，有人认为这种情况似乎表明高温日冕是由于其他原因形成的，而过渡区起到一种隔离屏蔽的作用，从而使色球的温度保持在很低的水平，如果真是这样，那么日冕的形成原因就仍是一个不解的谜。第二，在过渡区与低日冕区内等离子体的流速很小，因此热传导不重要，而且温度是准定态的。其实发生在过渡区的现象已经反映了一个事实：微观物理是主导这个区域的关键所在。无论从什么角度来审视日冕现象，都可以得到这样一个结论：传统的加热概念和普通的流体理论是解释不了现存的观测结果的，过渡区就是一个特殊的议点（issue）。

显然，日冕研究是一个极其重要的问题，也是一个让人感到很困难的理论问题。很多年里我只是对其感到好奇，但是并不敢认真地触碰它，主要是因为不知道从何着手。与此同时，我觉得这可能就是我的优势，说明我受传统想法的影响比较少，因此在理论方法的选择方面，我的出发点就和大家很不一样。也许不少年轻朋友对这种观点难以理解，但是经验会让你们懂得其中的哲理。当我们开始探索或者思考一个新的问题的时候，我的思维总会选择一个出发点或切入点，这一选择往往取决于我们过去的主观认识、习惯的方法和积累的背景知识等。因此，当我们阅读的文献愈多，我们受到别人想法的影响也愈加深刻。

日冕是一个非常复杂的区域，那里存在许多相互影响着的物理现象和过程，如耀斑、黑子、复杂的背景磁场结构、从活动区产生出来的高能粒子、射电现象等。许多专家认为这些现象与过程很可能都与高温日冕的形成有紧密的联系，因此他们认为对于日冕的理论研究十分困难。但是我觉得宁静太阳的高温日冕（图 2.2）是一个全球性的现象，而诸如磁环、黑子、高能粒子等现象都是一些局部性的现象，只能产生次生性的影响，可能形成某些精细结构。我认为主要的理论工作应该聚焦于最关键的核心问题而不是那些次要的枝节现象。

当我们探讨一种自然现象的理论解释时，往往会过分认真地考虑观测结果，并以此作为主要依据，但是有些观测结果往往会误导我们。举例来说，不少有关日冕现象的早期理论，常常从“与日冕有关的物理过程具有相当大的空间尺度”这一事实出发，进而认定可以用相似尺度的宏观物理模式去研究这一现象。以宁静太阳的高温日冕为例，不少学者考虑到它的高度大约可以达到太阳半径的一半（图 2.2），于是就决定借助于宏观的流体理论来探讨这一现象的成因。

我在对高温日冕的形成机理尚无认识之前有两点猜想：第一，如果“高温”现象确实来自波动，那么其中的物理机制的特征长度应当远远短于现象的特征尺度；第二，根据我们对“热化”过程的了解（见后），背景磁场和高能粒子的效应都不存在。因此如果我们的主要目的是探讨高温日冕的形成机制，那么就不应当纠缠于各种关于日冕的细节观测结果，这时日冕现象中最值得我们关注的有以

图 2.2　宁静太阳的高温日冕

下几点：

（1）如何解释介于日冕区和太阳色球之间的过渡区里等离子体温度发生的急剧变化（图 2.1）？（传统概念认为这一变化似乎意味着在过渡区内进行着强烈的加热过程，这种想法误导了不少研究者。）

（2）为什么低温色球不但能够抵御如此巨大的高温日冕不被它“侵蚀”，而且还可以保持一个准定态的温度变化？

（3）图 2.2 显示当太阳宁静时日冕是近似“球对称”和准定态的，而且还具有自维持能力。

（4）无论从近期观测结果的推测（Tu et al.，2005），还是从数值模拟计算的讨论（Cranmer and van Ballegooijen，2005），科学家一致认为低日冕区内的等离子体处于近似热平衡的状态，至少在那里的流动速度远远低于阿尔文速度。这些情况更能说明，不可能用流体理论来讨论这一区域内的物理现象。

2.4.2　关键的问题

关于高温日冕的成因，大部分科学家总是朝“加热”的方向去思考，最普遍的猜测就是大振幅的阿尔文波可能对日冕产生加热，他们普遍认为：由于非线性效应，所以这些大振幅阿尔文波可以损耗，一部分波的能量转变成了热能，可是要提出一个完整的理论模式绝非易事，再加上日冕的巨大空间体积使研究变得更加困难。

从上一节中最后提到的 4 点情况来看，似乎在日冕区的等离子体里某种“热化”过程正在自然地、持续不断地进行。而这种“热化”过程必须具有以下几点关键而且必要的条件：

（1）“普遍存在”于日冕区的等离子体中。

（2）可以持续不断地进行。

（3）本身具有准定态和热平衡的特征。

（4）无须外来能量的注入。

根据这些重要的线索，我开始寻觅可能的因素，以下几点是我的建议。

第一，太阳物理学的一个重要研究领域是太阳大气层里存在着的种类繁多的少数重离子（minor heavy ions）（Grevesse and Sauval，1998），它们是由许多不同种类的中性原子经过电离化以后产生的，单就中性原子来说就有100多种，每一种原子电离以后可以产生很多种离子，它们可以具有多种不同的电荷数，在文献中有人讨论过2000种重离子（Cranmer，2000）。由此可见，尽管每种重离子的丰度都很低，但它们的总体效应是不可忽略的。

第二，这些重离子的回旋频率远低于质子的回旋频率，所以它们可以与阿尔文波发生共振。在等离子物理学里有一种“粒子—波—粒子”的相互共振作用过程，通过这一过程各种粒子能够将其动能的一部分传输给与其共振的波，从而导致波的自然发生（Klimontovich，1967），这是我重视这些重离子的主要原因。

第三，尽管阿尔文波在空间物理学领域里几乎无人不知，但是关于“阿尔文涨落”则从来没有人想过，大家只听说过由不稳定性激发的紊乱阿尔文波。我却觉得重离子能够产生“阿尔文涨落”。我非常重视“阿尔文涨落”，因为它可以起到“随机化”（randomization）和“调和”两个基本的作用，而且具有“内在”（intrinsic）的条件。

重离子在日冕区究竟能不能产生“阿尔文涨落”？显然，普通教科书里的等离子体物理理论不能回答这个问题，在文献中也没有人讨论过这个问题，因为“阿尔文涨落”在普通的等离子体中根本就不存在。但是我于1968年发表的文章启迪了我（Wu，1968）。尽管那时候我并没有深入探讨这个问题，但是我于1968年发表的文章已经说明，重离子可以通过“自然发生”产生“阿尔文涨落”。这一想法给我带来了极大的鼓舞。

由于我于1968年发表的文章涉及不少一般性的讨论（Wu，1968），文章写得很繁琐，再则有些勘误，因此我在本章写了一个附录，以供参阅。

应该指出，观测结果对我们的解谜工作有很大的启发和帮助，特别重要的是1976年H. Gabriel根据Skylab的观测结果推导出了一个太阳色球层磁场模型（Cranmer，2000），在这个磁场模型的启发下，我对过渡区的总体结构产生了新的想法，同时也使我对解释过渡区内陡峭的温度梯度有了更大的自信心（Gabriel，1976）。如果没有H. Gabriel的模型和少数重离子的知识，我们不但猜想不到“紊乱阿尔文波”的产生机制和相关的热化理论，也无法论证理论解释的合理性以及它与观测结果的一致性。早些时候，图2.1让我感到重离子随高度的分布有点不可思议，后来才感悟到正是这些重离子在整个现象中起到了十分重要的“热化”作用。

诚然，我们的理论解释是初步的，其主要目的还是解释过渡区与低日冕区的温度发生剧变的原因。传统认识认为这是某种“加热”过程导致的结果，我们提出了一种与此不同的新概念：形成这种温度梯度的原因是“热化”，这是一种发生在等离子体中的“内在过程”，在低日冕区内出现的种类繁多的重离子是产生“阿尔文涨落”的根本原因。

2.4.3　谱能量、离子温度与热化

为了方便以后的讨论我们先概括地介绍一下以后采用的理论方法。首先，设想太阳大气层中阿尔文波包含两个主要的成分：来自宏观扰动的一般波动和由重离子引起的微观涨落。假设阿尔文波的谱能量定义如下：

$$W_k \equiv \frac{\langle \delta B^2 \rangle_k}{8\pi} \equiv W_k^0 + \sum_s W_k^{(s)} \tag{2.34}$$

其中，〈 〉为系综平均，δB 为阿尔文波的磁场（包含扰动与涨落），$\langle \delta B^2 \rangle_k$ 为相关函数的傅里叶表达式，W_k^0 为与扰动相关的谱能量，$W_k^{(s)}$ 为与重离子引起的“阿尔文涨落”相关的谱能量，s 为相关物理量所涉及的重离子的类别，k 为波数。式（2.34）表达了一般的关系，在以后的理论中我们选择讨论两个物理量：一个是谱能量 $W_k^{(s)}$，另一个如下：

$$\int \mathrm{d}^3 k W_k \equiv \frac{\delta B_w^2}{8\pi} \tag{2.35}$$

这两个物理量是整个理论中最重要和最关键的，前者与粒子的热能量有关，而后者代表阿尔文波的总能量密度。

在未来的讨论中，有两个概念可能是有些读者不太熟悉的：一个是关于在热平衡的等离子体中涨落的谱能量（spectral energy）与粒子的热能量相等

$$W_k^{(s)} = \frac{T_{s\perp}}{2} = \frac{\delta B_w^2}{B_0^2} \frac{m_s v_A^2}{4} \tag{2.36}$$

的定理，通常又称为涨落损耗定理（fluctuation-dissipation theorem），这是一般等离子体物理教科书中很少讨论到的一条定理。因为这个缘故，我们选择将谱能量考虑为主要的物理量。另一个是一种新的热化概念，我们现在讲的热化基本上来自投射角散射引起的随机粒子运动。在附录中将会说明这种热化过程可以从缩减后的分布函数（reduced distribution function）的两种不同形式来理解。所有定义将在附录讨论说明，这里就不重复了。

$$f_s(\mu) = \frac{2B_0^2}{\delta B_w^2} \exp\left(- \frac{B_0^2}{\delta B_w^2}(1 - \mu^2) \right) \rightarrow f_s(v_\perp) = \frac{m_s}{T_{s\perp}} \exp\left(- \frac{m_s v_\perp^2}{2T_{s\perp}} \right) \tag{2.37}$$

2.4.4　理论解释的单一性（uniqueness）

当我们解释某种日地空间的自然现象时，往往可能提出一种以上的理论模型，这样就会引起科学界的讨论，甚至争论。因此有些朋友也曾经问过我：能不能证明我所提议的理论模型的“单一性”？答案是：不能。这不是一个单纯的数学问题，我既不能证明理论解释的“单一性”，也不能证明理论的“存在性”（existence）。我只能讨论理论模型的合理（reasonableness）与否。朋友的问题绝对是合情合理的，毕竟日冕现象是具有长久历史的困难问题，再说我又是一个“新手”，何况我建议的理论本身涉及等离子体物理的内涵较多，这也是当初我将文章投稿 *Physics of Plasmas* 的主要原因。

解释高温日冕现象需要满足的条件很多，尤其是如下两条：

（1）全球性、准定态、自维持；

（2）过渡区的陡峭温度梯度。

这些条件只有由少数重离子产生的“阿尔文涨落”引起的“热化”过程方能完成。因此，可以这样说，除了上述物理模型以外几乎没有别的选择。在这个意义上，Cranmer（2000）讨论的模型具有单一性。

应当承认，促使我们研讨重离子对日冕的物理作用的还有 SOHO 卫星等关于重离子的 EUV 观测结果，这些结果对开拓我们的思维和了解日冕物理具有重要意义。例如，关于各向异性温度的解释有很多不同的建议，也许这是很好的线索。我们认为任何讨论高温日冕的理论都需要检验，而重离子的数据正是十分有价值的验证资料，可以为我们提供重要的依据和参考。根据热化理论重离子温度的各向异性以及垂直温度与质量的关系都符合观测结果显示的规律，可以总结如下：

（1）种类繁多的中性重原子从太阳的光球进入色球层。

（2）高能电子的碰撞使这些重原子被电离。

（3）新生重离子能够产生“阿尔文涨落”，加上系统内现存的弗拉索夫波共同对重离子和背景质子进行“热化”。

（4）热质子通过碰撞对电子加热。

（5）热电子使后来进入色球的重原子发生电离。

这是一个自维持（self-sustaining）的循环过程。

需要强调的是，以上讨论主要是针对低日冕区的，虽然我们对太阳风的形成没有讨论，但是一种定性的想法是：AF 可以导致加速，而当太阳风形成以后背景等离子体的宏观速度就会逐渐增加，这时 Gabriel（1976）的研究中的一些公式就变得不合适了。

我们重视“涨落”，因为在前一节曾经介绍过，在等离子体物理学中“涨落”与弗拉索夫波属于两个不同的物理概念：波动是由外来的扰动引起的，可是“涨落”是整个系统的一个内在组成部分，因此“涨落”在等离子体中不存在初始条件。“涨落”场与粒子的相互作用就类似于“粒子与粒子”的碰撞，它们都是“内在的过程”，其系综平均值等于零，只有讨论相关函数或者谱能量时才有意义。讨论与“涨落”有关的理论，需要超越弗拉索夫的近似理论，因此比较繁琐。

2.5　结束语

2.5.1　结论

我们对高温日冕的理论解释反映了一个事实：“阿尔文涨落”的存在对太阳物理的理论研究有重要的现实意义，因为它可以改变许多日冕等离子体的基本物理过程。换句话说“阿尔文涨落”可以起到非常广泛的影响，我们对这方面的研究和讨论还刚刚开始。可以想象关于辐射与增能等过程，“阿尔文涨落”都能产生不可忽视的效应。对太阳射电现象理论，我们已经有一些初步的探讨（Wu et al.，2012），并证明了我们的猜测是对的。

2.5.2　后记

当我们从书本上学习物理知识的时候，一般情况下探讨的问题都是：什么原因能导致什么后果与什么现象。可是我们在日地空间物理学与天体物理学的理论研究中所做的工作往往与此相反，需要从观测到的表面现象去反推与猜想产生这种现象的内在物理原因。这也是为什么这方面的理论研究工作让我感到有难以言喻的魅力，让我在晚年仍然觉得难以释手。

诚然，我们也应当看到，在以下几种情况下理论研究会遭遇困难：

第一，有关现象涉及的物理原因很可能超越了我们的知识范围，甚至超越了人类现有的基础科学理论，因为我们尚未理解的基础原理毕竟还很多。可以想象浩瀚的宇宙空间里存在着无穷无尽的未知现象，当我们看到这样的现象时，它们既向我们提出了极大的挑战，也为我们提供了发现新的科学原理的难得机会。

第二，尽管人类的科学技术已经发展到了很高的水平，但我们对遥远宇宙空间的观测手段还有很大的局限性，因此我们对宇宙空间中发生的各种现象的观测结果未必全面，有时甚至是不正确的，这样就必然会给理论工作者带来很大的困难。

第三，传统的概念和想法很可能会误导我们，有些即使正确的观测结果也会使我们产生错觉，从而引导我们想错了方向，甚至因此找不到答案。

第四，尽管我们的科学目标是寻觅与探索客观的真谛，但“理论解释”在很大程度上依靠的是各自的主观认识、传统概念和理论方法，因此主观因素往往可以对我们的思维产生十分深远的影响。

半个世纪前其他科学领域里的学者怀疑“日地空间物理学”是否具有足够的科学内涵与自己的理论体系？够不够格被称为一门独立的新兴物理科学？我也曾经有过这样的疑虑。

在美国的大学里，学生中普遍地流传着这样几种说法：日地空间物理这一学科里没有什么重要的理论课题需要研究；这一领域中所谓的理论研究无非是对于数据和资料的分析与解释；没有什么具有挑战性的理论问题值得关注。这些传言反映了一种很严重的误解，我不明白这些误解是如何产生的。我认为实际情况恰恰相反，日地空间物理学中存在不少亟待解释的自然现象，以及许多没有解答的理论问题，特别是在接近太阳的区域里，如太阳射电现象和高能粒子的产生、耀斑现象的渊源等，都是迄今没有破解的“谜”。这些具有悠久历史的问题为理论研究提供了许多难得的机遇与挑战。

2.5.3　附录：有关理论的概括叙述

整个理论的中心概念是：少数重离子是产生“阿尔文涨落”的源泉，这些“阿尔文涨落”热化日冕区的背景质子。与此同时“阿尔文涨落”的谱能量的水平则取决于自然发生与感应吸收的平衡。

关键的步骤是关于这两部分的理论推导和准线性计算，除了我在 1968 年的文章中讨论过低频波的问题以外（Wu，1968），其他人没有讨论过这个问题，特别是由少数重离子激发的“阿尔文涨落”。关于日冕问题上的若干理论细节可见 Wu 等（2015）的研究。

我们设想太阳大气层中阿尔文波包含两个主要的成分：来自宏观扰动的一般波动和由重离子引起的微观涨落。阿尔文波的谱能量可以写成

$$W_k \equiv \frac{\langle \delta B^2 \rangle_k}{8\pi} \equiv W_k^0 + \sum_s W_k^{(s)} \equiv \frac{\langle \delta B^2 \rangle_k^0}{8\pi} + \sum_s \frac{\langle \delta B^2 \rangle_k^{(s)}}{8\pi} \tag{2.38}$$

其中，$\langle\ \rangle$ 为系综平均，δB 为阿尔文波的磁场（包含扰动与涨落），$\langle \delta B^2 \rangle_k$ 为相关函数的傅里叶表达式，W_k^0 为与扰动相关的谱能量，$W_k^{(s)}$ 为与重离子引起的“阿尔文涨落”相关的谱能量，s 为相关物理量所涉及的重离子的类别，k 为波数。应用 Wu（1968）、Wu 等（2013）的方法可以推导描述谱能量的方程式，一般形式为

$$\frac{\partial}{\partial t}\frac{\langle \delta B^2 \rangle_k}{8\pi} = -2\Gamma_k \frac{\langle \delta B^2 \rangle_k}{8\pi} + 2\pi \sum_s \left(\frac{\Omega_k^2}{\omega_p^2}\right) \langle \delta j_s x \delta j_s^* x \rangle_k \tag{2.39}$$

其中

$$\Gamma_k \equiv \frac{\omega_k^2 \mathrm{Im}\varepsilon_{xx}(\omega_k,\ \boldsymbol{k})}{\frac{\partial}{\partial \omega_k}[\omega_k^2 \mathrm{Re}\varepsilon_{xx}(\omega_k,\ \boldsymbol{k})]} \tag{2.40}$$

$$\langle \delta j_s x \delta j_s^* x \rangle_k \approx \frac{n_s e_s^2}{2} \int \mathrm{d}^3 v v_\perp^2\ F_s(\boldsymbol{v}) \delta(\Omega_s - k_z v_\mathrm{A}) \tag{2.41}$$

其中，Ω_p 与 ω_p 为质子的回旋频率与等离子体频率，F 为重离子的分布函数，n_s 为数密度，e 为电荷，v_A为阿尔文速度。式（2.39）～式（2.41）是以与阿尔文波一起运动的坐标系为参照的，并且假设新生重离子的速度弥散很小，同时 $\langle \delta j_{sx} \delta j_{sx}^* \rangle_k$ 是涨落电流相关函数的傅里叶谱表达式。

从式（2.41）可以看到，当阿尔文波的频率接近重离子的回旋频率时共振可以发生。在这种模式里每一种重离子产生一条谱线，因此 1000 种重离子就应该产生 1000 条互相分离的谱线。式（2.41）的物理意义代表了一种广义的“碰撞”和一种新的波与粒子的相互作用：“重离子—阿尔文波—重离子”的共振作用。重离子通过这种作用将一部分动能转换成了“阿尔文涨落”的谱能量。自然激发使每一类重离子相应的谱能量增长，与此同时又由于共振吸收而使该类重离子的温度有所增加，因为重离子的丰度极小，所以每一类重离子的热能量密度增加得极少，可是由于重离子的类别很多，所有重离子谱能量的总和具有不可忽视的效果。

从另一个角度来看，在我们建议的理论模式中，重离子群还有更深一层的作用：通过它们的存在和非共振的准线性相互作用，宏观阿尔文波与微观阿尔文涨落的总谱能量不但对重离子产生热化，而且对背景质子起到热化的作用。从这个意义上来说，众多的重离子实际上在整个过程中起到了穿针引线的作用。

最早我认为要讨论“阿尔文涨落”的效应似乎是一件不可能完成的任务，但是后来我的看法改变了，主要有两点理由：

第一，尽管“阿尔文涨落”的谱很宽，在概念上包含许多具有随机相（random phase）的波，可是它们沿着本底磁场传播的相速都等于阿尔文速度。

第二，在这个参照系统里每个粒子的动能是守恒的。

考虑这两点重要的物理概念，我于 2015 年发表的文章（Wu et al.，2015）详细讨论了一套关于“阿尔文涨落”的准线性理论。细节不在本章叙述，结果是下列两个主要的方程式。

$$\frac{\partial}{\partial t} W_k^{(s)} = \frac{\pi}{4} \omega_s^2 \frac{\Omega_p^2}{\omega_p^2} \frac{1}{\Omega_{s-1}} \int_{-1}^{1} \mathrm{d}\mu (1 - \mu^2) \delta\left(1 - \frac{|k_2 \mu| v_\mathrm{A}}{\Omega_s}\right) \left(\frac{m_s v_\mathrm{A}^2}{2} f_s + W_k \frac{\partial f_s}{\partial \mu}\right) \tag{2.42}$$

$$\frac{\partial f_s}{\partial \mu} = \frac{2\pi}{B_0^2} \int \mathrm{d}^3 k \frac{\partial}{\partial \mu} (1 - \mu^2) \frac{\partial f_s}{\partial \mu} \left(\frac{\partial W_k}{\partial t}\right) \tag{2.43}$$

这里使用了以球坐标（v，$\mu=\cos\theta$）为自变量的分布函数 $F_s(v, \mu)$，θ 是投射角，$f_s(\mu)$ 是缩减后的分布函数，在过程中我们考虑了下列假设模式：

$$F_s(v, \mu)=\frac{\delta(v-v_A)}{4\pi v^2}f_s(\mu) \tag{2.44}$$

$$f_s(\mu)\equiv 2\pi\int_0^\infty \mathrm{d}vv^2F(v, \mu) \tag{2.45}$$

Wu 等（2015）对式（2.44）和式（2.45）的定义和细节做了解释，关键的物理意义有两点：第一，式（2.42）右端第二个括号内的第一项是表示重离子在回旋共振中引起的“自然激发”，而右端第三个括号则是由于重离子与阿尔文波回旋共振而引起的“感应吸收”；第二，在推导这两个方程时采用了阿尔文波的坐标系统，因此物理图像大为简化，速度分布函数用球坐标来表达，其中考虑到重离子的速度弥散很小因而可以忽略。

显然，当吸收和激发达到平衡时下列饱和条件便得以满足，即

$$\frac{m_sv_A^2}{2}f_s+W_k^{(s)}\frac{\partial f_s}{\partial\mu}\to 0 \tag{2.46}$$

根据式（2.46）与 Wu 等（2015）的讨论，可得

$$f_s(\mu)=\frac{2B_0^2}{\delta B_w^2}\exp\left(-\frac{B_0^2}{\delta B_w^2}(1-\mu^2)\right) \tag{2.47}$$

其中

$$\frac{\delta B_w^2}{8\pi}\equiv\int \mathrm{d}^3kW_k \tag{2.48}$$

式（2.48）中的 W_k 是式（2.38）定义的总谱能量，从式（2.47）可以得到饱和谱能量的表达式：

$$W_k^{(s)}=\frac{\delta B_w^2}{B_0^2}\frac{m_sv_A^2}{4} \tag{2.49}$$

由于与扰动相关的谱能量 W_k^0 在式（2.38）中是一个未知的，但十分重要的参量，所以 δB_w^2 也代表一个未知的参量，我们可以通过观测的结果来选择合理的参量数值。关键是在于理论模式自身的自洽性和合理性。

致谢

在本章所叙述的故事中，萌芽的工作是在美国开始的，我十分感谢 R. V. Megreblian 和 F. B. Estabrook 两位同事在那些年里给我的启蒙指导和帮助。由于他们的推荐，1961 ~ 1962 年 JPL 派送我到英国哈威尔原子能研究所的理论部进修了一年，那里是当时欧洲核聚变与等离子体物理的重点研究中心之一。进修促进了我对基础等离子体物理的认识，对我后来的工作产生了深远的影响。

结尾阶段的工作基本上是在国内完成的。国家自然科学基金委员会、中国科学院、中国科学技术大学和紫金山天文台给予的支持和帮助让我非常感激。在工作过程中，我的合作者给我的鼓励和协助十分重要，如果在我们发表的文章中存在原则性的谬误，责任应当由我来承担。

最后感谢王兴德教授给予的帮助，他从不同学科观点的角度，给原稿本来的架构作出了客观的点拨，让我发现了许多缺点，从而进行了结构性的修改。在撰写过程中通过讨论和交流，不少朋友都曾经给予我零星的帮助，我也要向他们表达我的谢意。

参考文献

Alfven H. 1942. On the existence of electromagnetic-hydrodynamic waves. Nature, 150 (2): 3763-3767.

Benz A. 1992. Plasma Astrophysics. New York: Kluwer Academic Publishers.

Cranmer S R. 2000. Ion cyclotron wave dissipation in the solar corona: the summed effect of more than 2000 ion species. Astrophysical Journal, 532 (2): 1197-1208.

Cranmer S R, van Ballegooijen A A. 2005. Astrophys. J., 156, 265.

Davidson R C. 1983. Handbook of Plasma Physics. edited by Galeev A A. and Sudan R N. New York: North - Holland.

Davidson R C, Scherer J E. 1973. Methods in nonlinear plasma theory. IEEE Transactions on Plasma Science, 1 (1): 58.

Gabriel H. 1976. A magnetic model of the solar transition region. Philosophical Transactions, Royal Society (London), 281 (A): 339-352.

Grevesse N, Sauval A J. 1998. Standard solar composition. Space Science Reviews, 85 (1): 161-174.

Harris E G. 1967. Modified quasi-linear equations and the approach to thermal equilibrium. Physics of Fluids, 10: 238-239.

Klimontovich Yu L. 1967. The Statistical Theory of Non-Equilibrium Processes in a Plasma. Oxford: Pergamon Press.

Lichtenberg A J, Lieberman M A. 1992. Regular and Chaotic Dynamics. Berlin: Springer.

Lifshitz E M, Pitaevskii L P. 1981. Physical Kinetics, Course of Theoretical Physics, Vol X: Physical Kinetics. New York: Pergamon Press.

Lu Q M, Li X. 2007. Heating of ions by low-frequency Alfven waves. Physics of Plasmas, 14 (4): 042303.

Mariska J T. 1992. The Solar Transition Region. Cambridge: Cambridge University Press.

McIntosh S W, De P B, Carlsson M, et al. 2011. Alfvenic waves with sufficient energy to power the solar corona and fast solar wind. Nature, 475 (7357): 477-480.

Montgomery D C, Tidman D A. 1964. Plasma Kinetic Theory. New York: McGraw-Hill.

Phillips K J H. 1992. Guide to the Sun. Cambridge: Cambridge University Press.

Pontieu B D, Mcintosh S W, Carlsson M, et al. 2007. Chromospheric Alfvenic waves strong enough to power the solar wind. Science, 318 (5856): 1574-1577.

Reeves E M, Timothy J G, Huber M C E. 1977. Extreme UV spectroheliometer on the Apollo Telescope Mount. Appl. Optics, 16: 837-848.

Spitzer L Jr. 1956. The Physics of Fully Ionized Gases. New York: Interscience Publishers, Inc.

Tomczyk S, Mcintosh S W, Keil S L, et al. 2007. Alfven waves in the solar corona. Science, 317 (5842): 1192-1196.

Tu C Y, Zhou C, et al. 2005. Solar wind origin in coronal funnels. Science, 308 (5721): 519-523.

Vernazza J E, Avrett E H. 1981. Structure of the solar chromosphere. III - Models of the EUV brightness components of the quiet-sun. Astrophysical Journal, 45: 635-725.

Wang C B, Wu C S, Yoon P H. 2006. Heating of ions by Alfven waves via non-resonant interactions. Physical Review Letters, 96 (12): 125001.

Wu C S. 1968. Unified quasilinear theory of weakly turbulent plasmas. Phys. Fluids, 11: 1733.

Wu C S, Yoon P H. 2007. Proton heating via non-resonant scattering off intrinsic Alfvenic turbulence. Physical Review Letters, 99 (7): 075001.

Wu C S, Wang C B, Wu D J, et al. 2012. Resonant wave-particle interactions modified by intrinsic Alfvenic turbulence. Physics of Plasmas, 19 (8): 1572.

Wu C S, Yoon P H, Wang C B. 2015. A theory of heating of quiet solar corona. Physics of Plasmas, 22 (3): 032901.

Wu C S, Zhao G Q, Chen L, et al. 2013. On the possibility of spontaneous generation of turbulent Alfven waves in solar plasma by heavy ions. Physics of Plasmas, 20 (8): 52.

Yoon P H, Wang C B, Wu C S. 2009. Pitch-angle diffusion of ions via non-resonant interaction with Alfvenic turbulence. Physics of Plasmas, 16 (10): 075001.

第 3 章　子午工程探测与研究进展

魏奉思，王赤，徐寄遥，杨国韬，陈志青

中国科学院国家空间科学中心空间天气学国家重点实验室

空间环境中的地球磁力线接近于沿地球子午线分布。太阳电磁辐射（可见光、X 射线、紫外辐射等）沿子午线的天顶角效应，以及地球自转和绕日公转效应，使地球空间环境呈现随时间、地域而变化的全球三维结构。这对磁层结构、电离层结构、带电粒子和等离子体输运过程等起着重要的调控作用，使许多基本的物理过程沿子午圈发生。因而，沿地球的子午线配置空间环境监测链，对于了解近地空间环境全球结构的时间和空间变化规律具有重要的科学意义。子午工程正是基于这样的构想而设计并建设的。本章将对子午工程和利用其探测数据取得的研究成果做简要介绍。

3.1　子午工程简介

东半球空间环境地基综合监测子午链（简称子午工程）是沿 120°E、30°N 附近建设的一个以链为主、链网结合，运用地磁（电）、无线电、光学和探空火箭等多种探测手段并联合运作的大型空间环境地基监测系统。子午工程共部署 15 个综合性观测台站，覆盖北起漠河，经北京、武汉，南至海南并延伸到南极中山站；东起上海，经武汉、成都，西至拉萨的广阔区域（图 3.1）。综合的探测手段可连续监测地球表面 20～30km 到几百千米的中高层大气、电离层和磁层，以及十几个地球半径以外的行星际空间环境中的磁场、电场、大气风速、密度、温度、成分、太阳风速度等空间环境参数。子午工程的科学目标是：①了解空间环境中灾害性空间天气的变化规律；②逐步弄清我国上空空间环境的区域性特征和全球空间环境变化之间的关系；③与天基探测相结合，建立相应的空间天气因果链模式，发展综合性的空间天气预报方法。

作为“十一五”期间的国家重大科技基础设施，子午工程于 2008 年开工建设，2012 年 10 月建成并通过国家验收，随后投入正式运行。工程建成了空间环境监测系统、数据与通信系统、研究与预报系统，可实现对监测设备运行的协同管理、监测数据的集中存储与分发，同时利用监测数据开展空间天气预报服务。

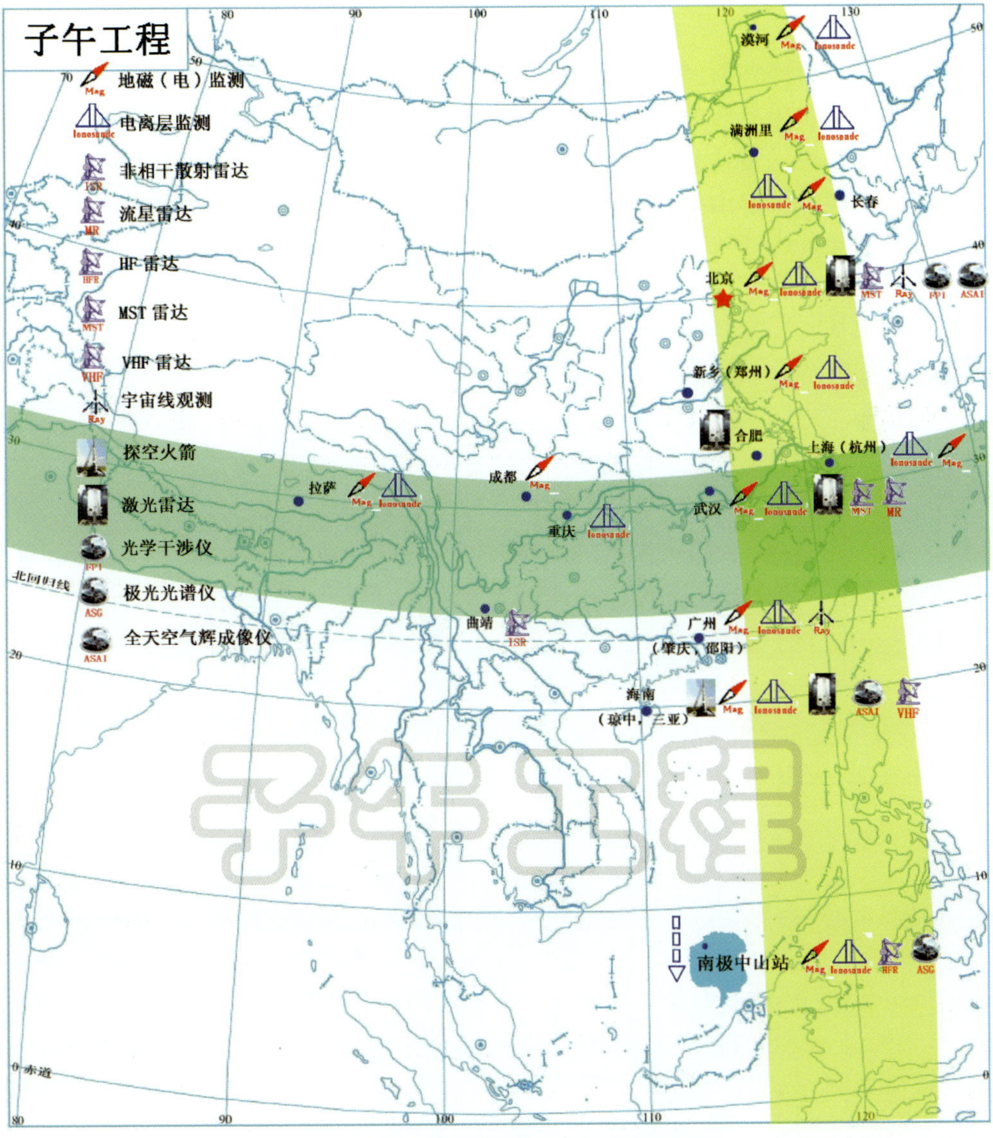

图 3.1　子午工程台站布局及主要监测设备
南极洲处箭头表示南极洲在本图中更偏南的位置

3.2　探测手段

子午工程空间环境监测系统由地磁（电）监测分系统、无线电监测分系统、光学监测分系统及探空火箭分系统组成。地磁（电）监测分系统利用 6 种地磁、地电监测设备，由处于120°E、30°N附近的14个地磁台站组成；无线电监测分系统，沿我国120°E子午线附近的漠河、北京、武汉、曲靖和海南站以及南极中山台站，建设多种当前国际空间环境监测领域最重要和最先进的无线电监测设备，其中包括非相干散射雷达、中间层-平流层-对流层（MST）雷达、甚高频相干散射（VHF）雷达和电离层数字测高仪等；光学监测分系统在北京、武汉、合肥、海南和南极中山站5个观测台站，建设多种具有先进水平的地基监测设备，包括激光雷达、光学干涉仪、全天空气辉成像仪和极光光谱仪等；探空火箭分系统在海南建设以探空火箭为中心的空间环境综合监测站，利用气象火箭、探空火箭和地基配套监测设备，实现对我国低纬度地区临近空间大气的综合监测。子午工程的台站位置以及相应设备配置见表3.1。

表3.1　子午工程综合台站位置及设备配置列表

序号	台站名称	地理纬度	地理经度	地磁纬度	地磁经度	设备配置
1	漠河	53.5°N	122.4°E	42.7°N	190.7°	流星雷达、数字测高仪、GPS-TEC监测仪、磁通门经纬仪、磁通门磁力仪、Overhauser磁力仪、感应式磁力仪、大气电场仪
2	满洲里	49.6°N	117.4°E	38.5°N	186.8°	TYC电离层探测仪、磁通门磁力仪、感应式磁力仪、地电场仪
3	长春	44.0°N	125.2°E	33.2°N	193.7°	TYC电离层探测仪、磁通门磁力仪、感应式磁力仪、大气电场仪、地电场仪
4	北京	40.3°N	116.2°E	29.6°N	186.3°	全天空气辉成像仪、光学干涉仪、激光雷达、MST雷达、行星际闪烁监测仪、数字测高仪、高频多普勒频移监测仪、电离层TEC及闪烁仪监测仪、宇宙线超中子堆、GPS-TEC监测仪、磁通门经纬仪、磁通门磁力仪、Overhauser磁力仪、感应式磁力仪
5	新乡 （马陵山）	35.3°N (34.7°N)	113.8°E (118.4°E)	23.9°N (24.6°N)	182.9° (170.7°)	GPS-TEC监测仪、磁通门磁力仪、感应式磁力仪
6	合肥	33.4°N	116.5°E	21.9°N	184.3°	激光雷达
7	武汉	30.5°N	114.6°E	19.4°N	184.9°	激光雷达、数字测高仪、流星雷达、MST雷达、GPS-TEC监测仪、磁通门磁力仪、感应式磁力仪、大气电场仪、地电场仪
8	广州	23.1°N	113.3°E	11.9°N	183.9°	高频多普勒频移监测仪、电离层TEC及闪烁仪监测仪、闪烁体望远镜、TYC电离层探测仪、磁通门磁力仪、感应式磁力仪、大气电场仪、地电场仪

续表

序号	台站名称	地理纬度	地理经度	地磁纬度	地磁经度	设备配置
9	海南	19.5°N	109.1°E	8.5°N	180.0°	全天空气辉成像仪、激光雷达、GPS-TEC 监测仪、甚高频相干散射雷达、数字测高仪、磁通门经纬仪、磁通门磁力仪、Overhauser 磁力仪、感应式磁力仪
10	南极中山	69.4°S	76.4°E	77.1°S	121.3°	极光光谱仪、高频相干散射雷达、数字测高仪、磁通门经纬仪、磁通门磁力仪、Overhauser 磁力仪
11	上海	31.2°N	121.2°E	20.1°N	190.9°	磁通门磁力仪、感应式磁力仪
12	重庆	29.5°N	106.5°E	18.2°N	178.7°	TYC 电离层探测仪
13	曲靖	25.6°N	103.8°E	14.6°N	175.1°	非相干散射雷达
14	成都	31.0°N	103.7°E	19.8°N	175.0°	磁通门磁力仪、感应式磁力仪、大气电场仪、地电场仪
15	拉萨	29.6°N	91.0°E	18.9°N	163.4°	磁通门磁力仪、感应式磁力仪

3.3　探测与研究进展

子午工程自建成以来已连续运行5年，获取了我国上空空间环境科学数据累计达1982万个文件，总大小4.5B，为空间物理、空间天气领域的科学研究积累了宝贵的数据。运行期间，子午工程还多次针对载人航天和探月工程等国家重大航天活动开展保障任务探测，为航天活动的空间环境保障提供了快速有效的数据支撑。子午工程也引起了国际同行极大的反响，Wang（2010）以封面文章的形式在著名的杂志 *Space Weather* 上对子午工程进行了报道。以子午工程为主的国际空间天气子午圈计划得到了美国、加拿大、俄罗斯、巴西、澳大利亚等国家机构的积极响应。

截至2016年利用子午工程及其科学探测数据发表的科学论文达到139篇，出版专著3部，获得专利授权39项、国家及省部级奖项9项。子午工程团队获得中国地球物理学会科技进步奖一等奖，中国科学院地质与地球物理研究所以万卫星研究员为首的团队利用子午工程数据取得的“电离层变化性的驱动过程”研究成果获得国家自然科学奖二等奖。利用子午工程科学探测数据开展的科学研究主要在以下三个方面取得了显著的进展。

3.3.1　我国上空空间环境的区域性特征研究

子午工程首次获得了我国120°E子午线上大气风场、大气波动、电子密度等重要参数的区域性特征。多类监测数据填补了我国区域近地空间环境探测的空白。利用这些数据开展的研究使学术界对我国区域的空间环境分布和变化特征有了更深的认识，同时也推动了相关模型的发展。

流星雷达、光学干涉仪、激光雷达等监测设备可以对高、中、低空风场进行探测。Yu 等（2015）利用子午工程位于漠河、北京、武汉、三亚的多台流星雷达的风场观测数据，提出了一种新的中层顶区域潮汐风场 Mapping 技术，可给出空间天气学尺度上的潮汐风场详细的纬度、高度和地方时分布。该方法的提出填补了现有潮汐风场 Mapping 技术的空白，这对于该区域潮汐结构的深入研究和监测都具有重要意义。同时，他们利用这个新颖的方法，对中层和低热层中各种潮汐波的季节变化进行了研究，发现子午线上的风场由于受潮汐波调制的影响，都出现了一定程度的季节变化规律。中低纬度台站风场的半年、年变化尤其明显。图 3.2 显示了 4 个地点的平均纬向和经向风场的年变化情况。

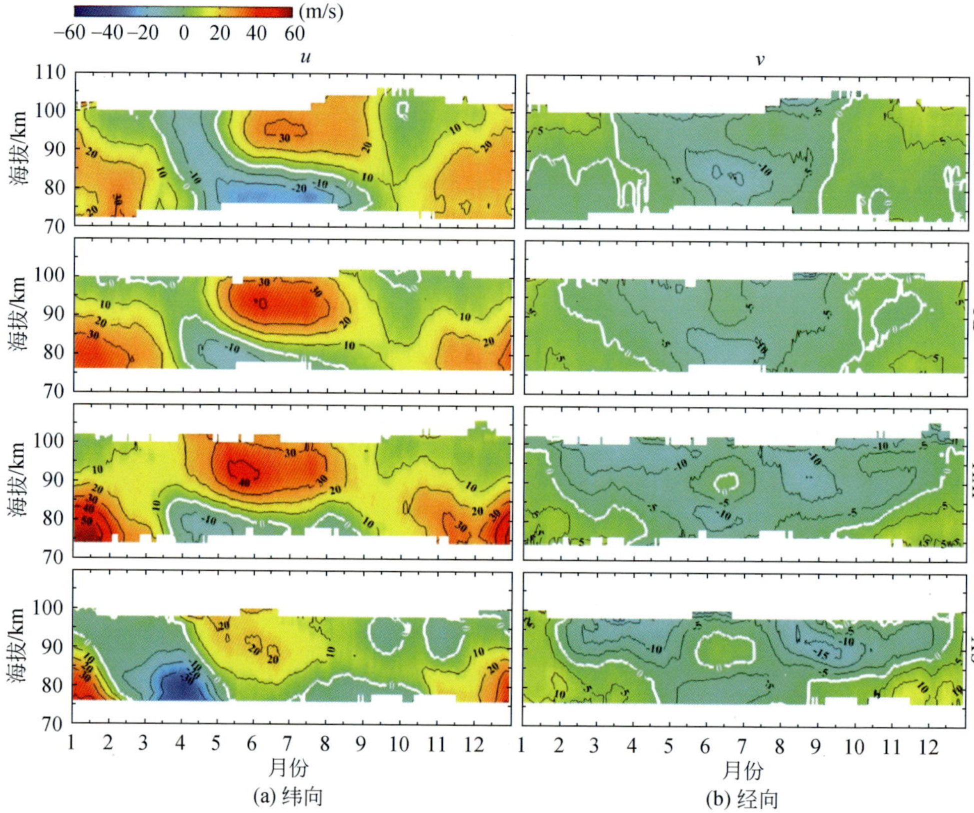

图 3.2　漠河、北京、武汉、三亚的平均纬向和经向风场（Yu et al.，2015）

Yuan 等（2013）利用子午工程位于河北兴隆的光学干涉仪（FPI）的观测数

据，对中间层与热层大气风场的变化特征开展研究，并且与著名的风场经验模式 HWM07 进行了对比。如图 3.3 所示，研究发现在 87km 和 98km 高度上，模式预测结果与观测符合较好。但在 250km 高度上二者之间的差别很大，主要表现在模型结果中经向风存在很强的半年变化，并且二者存在纬向风年变化之间的相位差别。这些对比研究对于高层大气预报模式的改进和完善非常重要。他们还首次开展了美国–中国子午工程光学干涉仪联合观测热层风的研究。由于极光加热，在美洲的高磁纬度地区的热层风的日变化较大。

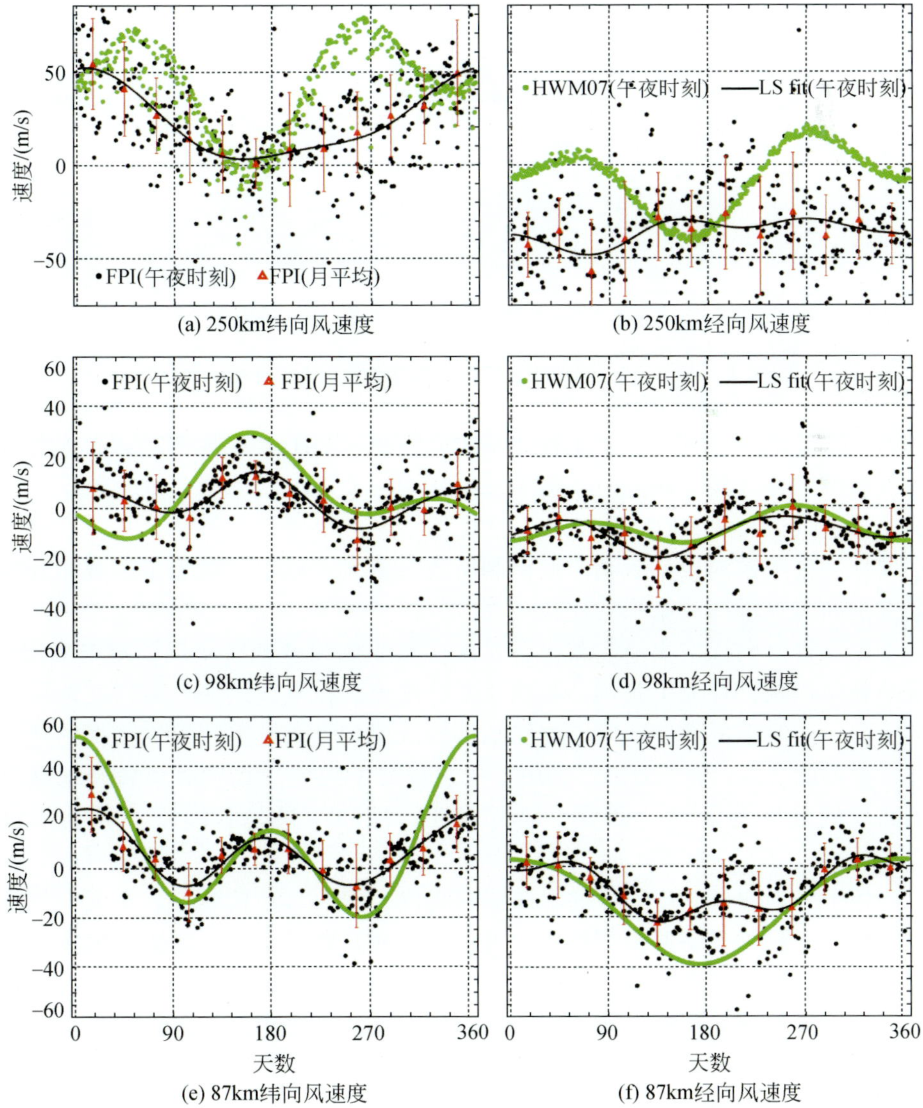

图 3.3　不同高度 FPI 实测风速和 HWM07 模式计算结果的比较（Yuan et al.，2013）

LS fit 表示最小二乘拟合

利用子午工程北京光学干涉仪的监测数据，Liu 等（2015）首次从地基气辉观测获取该地区中层顶区域 OH 转动温度（OHrotational temperature）。他们分析了温度结构的季节变化，并与 TIMED/SABER 探测的温度进行了比较。研究发现该区域温度出现了明显的季节变化：冬季高、夏季低；不同夜晚转动温度变化形态差别很大，既有很强的潮汐控制的波动，又有相对短周期的波动。图 3.4 显示了一年当中温度的变化情况。

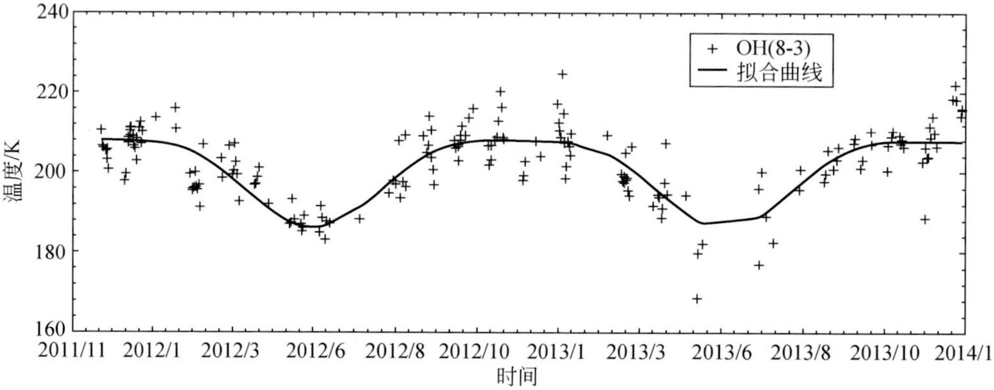

图 3.4 中层顶区域温度的观测和拟合曲线（Liu et al.，2015）

Yue 等（2014）利用子午工程北京激光雷达（LiDAR）数据，对中国北方中层大气温度结构开展了研究。获得了该区域中层大气温度的季节变化特征，还发现激光雷达数据与 TIMED/SABER 卫星探测结果有很好的一致性，并且发现冬季的中层顶大范围逆温层是受潮汐波调制所致。图 3.5 显示了激光雷达观测到的大气温度剖面与卫星探测结果的比较。

子午工程海南探空火箭箭载设备首次在东亚低纬度地区实现了对电离层 E-F 谷区的就位探测，补充了我国乃至东亚低纬度地区在电离层 E-F 谷区实地探测方面的空白。这对于低纬度地区电离层结构的认识和电离层空间天气预报的建模都是非常重要的。Shi 等（2013）利用子午工程海南探空火箭箭载设备及地基电离层测高仪的数据开展对比研究。研究表明，探测结果与各模型计算结果符合较好。

利用子午工程低纬度地区的电离层测高仪、GPS-TEC 监测仪、全天空气辉成像仪、探空火箭等设备的探测数据，可以很好地开展对海南地区的强扩展 F 层和等离子泡等现象的多手段综合研究。Wang 等（2015）的研究发现，电离层闪烁总是伴随着强扩展 F 层的发生，第一次给出了低纬度等离子泡事件与强扩展 F 层和电离层闪烁事件有很好相关性的直接证据。Sun 等（2016）利用气辉成像仪数据对亚洲地区的赤道等离子体泡的形态特征进行统计分析，首次从统计角度分析了赤道等离子体泡的极向地磁纬度延伸、赤道等离子体泡的衰减间距和纬度延伸

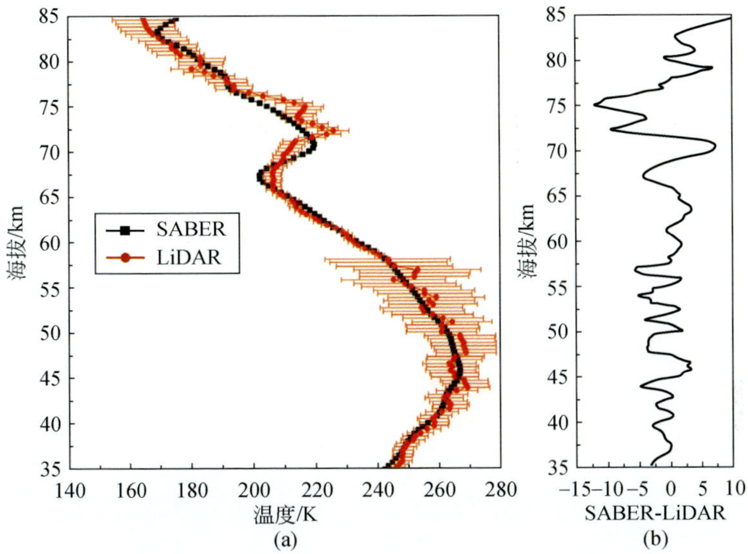

图3.5 激光雷达观测到的大气温度剖面与SABER卫星探测结果（Yue et al.，2014）

及倾斜特征。帮助人们更全面的理解亚洲地区的赤道等离子体泡的形态特征。

利用含子午工程南极中山站高频雷达在内的SuperDARN雷达获取的极区电离层全域对流和全球分布的GPS TEC数据，结合DMSP卫星观测，Zhang等（2016）研究了一次行星际磁场（IMF）突然发生变化时一个等离子体云块形成的完整演化过程。电离层总电子含量（total electron content，TEC）的变化过程显示该云块是由亚暴产生的亚极光带极化流“切割”暴时密度增强羽状结构而形成。形成后，它并没有沿着正常对流元进行演化，而是短暂停顿后向午后对流元中心运动。整个演化对流过程如图3.6所示，这一演化过程与经典演化图像完全不同。研究结果不仅有助于深入理解磁层-电离层耦合过程，也十分有利于空间天气建模和预报。

利用子午工程的北京、合肥、武汉、海南4台激光雷达的观测数据，Gong等（2015a）获得了子午链上中层顶区域大气重力波的季节变化、地区分布等气候学特征。并发现青藏高原附近中层顶区域绝大多数重力波以导管和耗散形式传播，多普勒频移效应在春季和冬季发挥更重要的作用，重力波在冬季主要向东南方向传播，此传播方向明显不同于北半球中纬度的其他台站观测结果，这说明青藏高原的地形强烈影响着重力波的传播方向；青藏高原的对流和地形，以及赤道潜激流是我国上空的重要重力波波源，该区域春季和冬季的重力波主要由风剪切产生，而在夏季和秋季，主要由对流系统产生，背景大气的季节变化对重力波活动性的季节变化也有很大影响。Zou等（2015）、Li等（2016）也利用激光雷达的数据，对重力波的分布和传播特性开展了细致的研究。

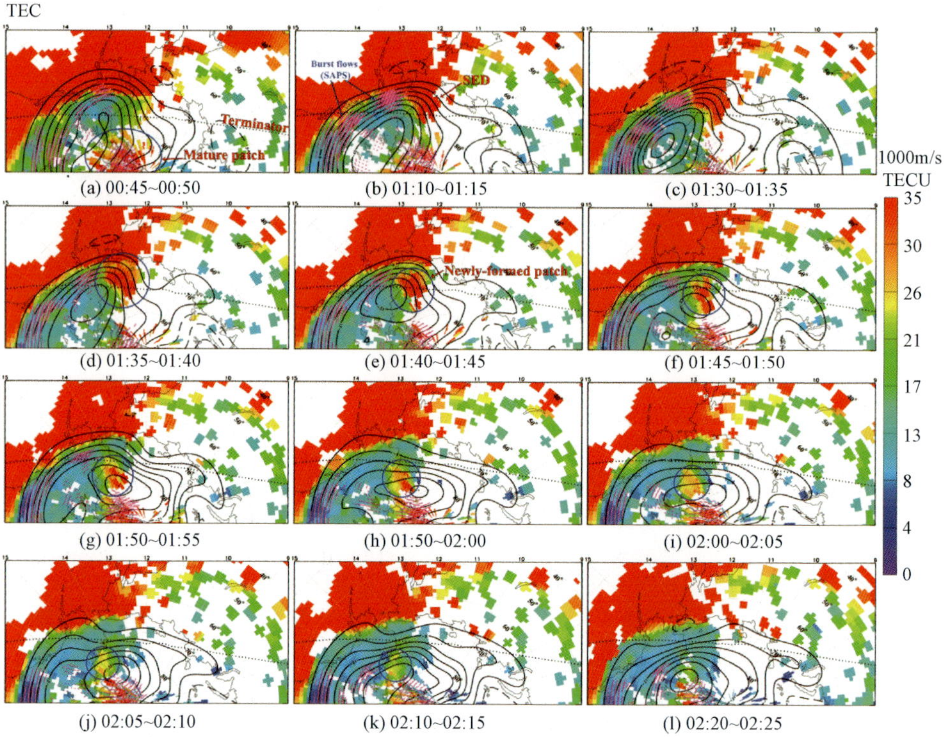

图 3.6　2011 年 10 月 25 日极区等离子云块演化图像（Zhang et al.，2016）

子午工程全天空气辉成像仪在我国上空首次开展了重力波二维结构的观测。利用全天空气辉成像仪和激光雷达探测数据，Li 等（2011）对中层和低热层区域的重力波特性进行了研究。研究结果第一次报告了中国北方地区上空重力波发生频率、波长、周期、传播速度和方向等参数的季节变化特性，以及重力波不稳定产生小尺度波纹（ripple）的季节变化特征。

王翠梅等（2014）利用全天空气辉成像仪 OH 气辉数据，对中国低纬度地区的重力波传播统计特征进行了研究。结果表明，观测水平波长、观测周期和水平相速度分别集中分布在 10～35km、4～14min 和 20～90m/s。重力波在夏季表现出很强的东北方向传播，而在冬季主要沿东南和西南方向传播（图 3.7）。研究还对比了子午工程中纬监测台站的结果，发现在中纬地区，尽管风滤波可能控制着重力波的纬向传播，重力波的源在低层大气的分布不一致可能是导致重力波在不同季节经向传播各向异性的主要原因；在低纬度地区，低层–中层大气中背景风场的滤波作用和多普勒频移可能对重力波产生的各向异性起到重要的调制作用。

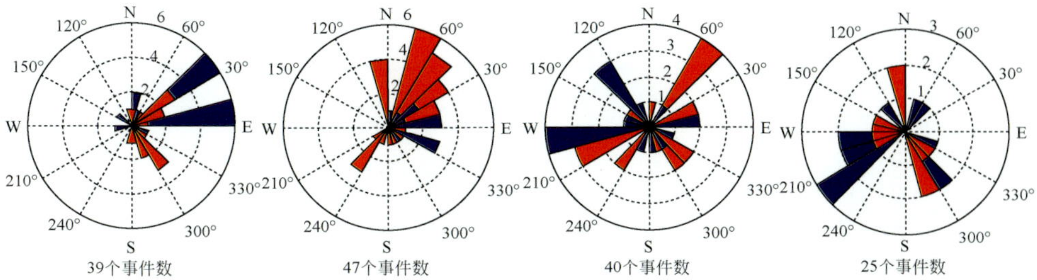

图 3.7 全天空气辉成像仪观测到的重力波传播方向的季节变化（王翠梅等，2014）

3.3.2 地球空间系统各层的耦合过程研究

地球系统是一个有机的整体，各圈层通过物质和能量的输运、交换耦合在一起。子午工程的监测数据覆盖了地磁、中高层大气、电离层、行星际空间等空间环境圈层，为研究各圈层之间的耦合提供了宝贵的机会。近些年，科学家利用子午工程的数据，在地球空间环境圈层耦合方面取得了可喜的成果，主要包括岩石圈-大气层-电离层耦合研究、磁层-电离层耦合研究、中高层大气-电离层耦合研究、不同高度大气的耦合研究等。

Hao 等（2012，2013）利用子午工程多类探测数据，对 2011 年日本大地震之后的电离层扰动和地磁扰动进行了分析。地震后，子午工程设在北京大学的电离层高频多普勒接收机监测到了电离层中特殊类型的强烈扰动。同时，从子午工程十三陵和三亚的地磁台站数据中也发现了相应的地磁扰动。扰动的传播时间分析表明这两种扰动是相关联的，是地震波在地面激发的大气波动影响到电离层中的等离子体和电流所导致。这两种观测手段所验证的现象是岩石圈-大气层-电离层之间存在能量耦合的一个新的有力证据，这种地震导致的地磁扰动的例子在以往的研究中很少被报道。图 3.8 显示了日本大地震期间，在两个离震中不同距离的位置（BJT：北京；SZT：深圳）观测到的地震瑞利（Rayleigh）波和电离层高频多普勒频移信号。数据清晰地显示了地震和电离层扰动之间的因果关系。

Wang 等（2012）利用子午工程漠河地磁脉动的频率（frequency）观测数据，反演等离子体层在赤道面上 L=2 处的等离子体的密度（density）变化。同时，利用子午工程海南台站电离层数字测高仪的数据，得到了电离层的 F2 层的电子密度峰值（NmF2）；通过 GPS-TEC 监测仪得到总电子含量（TEC）。在 2011 年 5 个中等磁暴（$-47\text{nT} < D_{st} < -103\text{nT}$）期间，等离子体层密度有 20% ~50% 的减少，而且电离层密度的减少总是发生在等离子体层密度减少之前（图 3.9）。该研究认为，等离子体层的消减是电离层物质供给减少而造成的，表明磁暴期间电离层对等离子体层的物质调控作用。这是子午工程综合监测数据用来研究地球

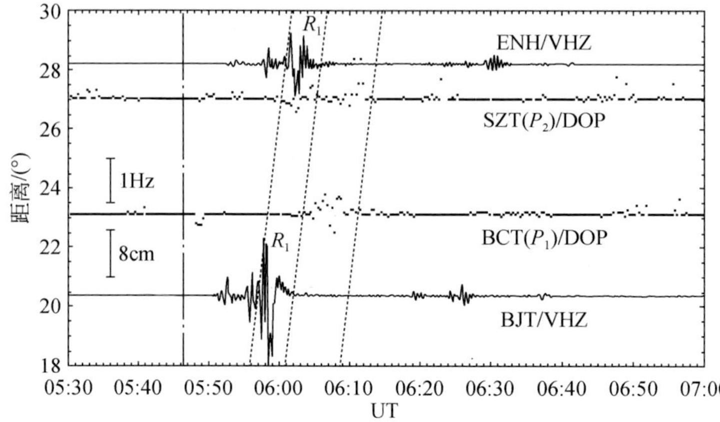

图 3.8　2011 年 3 月 11 日日本大地震期间的地震波和电离层多普勒频移数据（Hao et al.，2012）

空间不同纬度和不同圈层耦合作用的一个典型事例。图中纵坐标表示震中到观测点之间的地心张角。

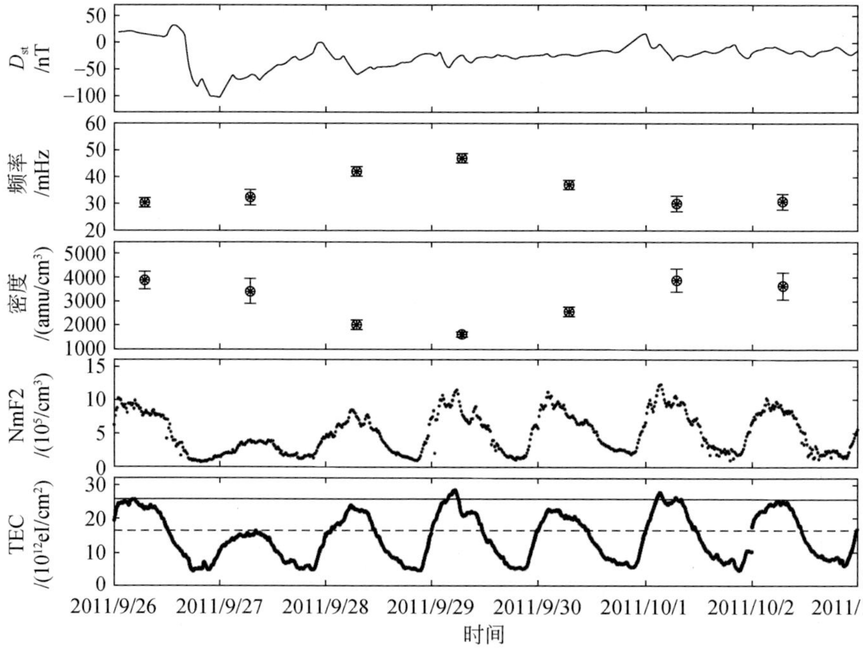

图 3.9　2011 年一次磁暴期间等离子体层密度和电离层峰值频率的关系（Wang et al.，2012）

Ouyang 等（2016）利用子午工程的地磁台站数据和电离层高频多普勒频移观测数据，研究了磁暴急始时激发的 ULF 波活动。研究认为在 Pc3 ~ Pc4 及更低频率的范围内电离层高频多普勒频移可以很好地捕捉到 ULF 波的活动。这项研究确认了磁层–电离层耦合的过程，为 ULF 波可以传播到并影响低纬度电离层提供了新的证据。图 3.10 显示了一次磁暴急始期间电离层的高频多普勒频移与磁场脉动频谱的变化过程。从图可以看出，随着数据的时间分辨率从 20s［图 3.10（a）］提升到 1s［图 3.10（b）］，电离层高频多普勒频移与地磁脉动频谱［图 3.10（c）］之间显示出明显的相关性和因果关系。

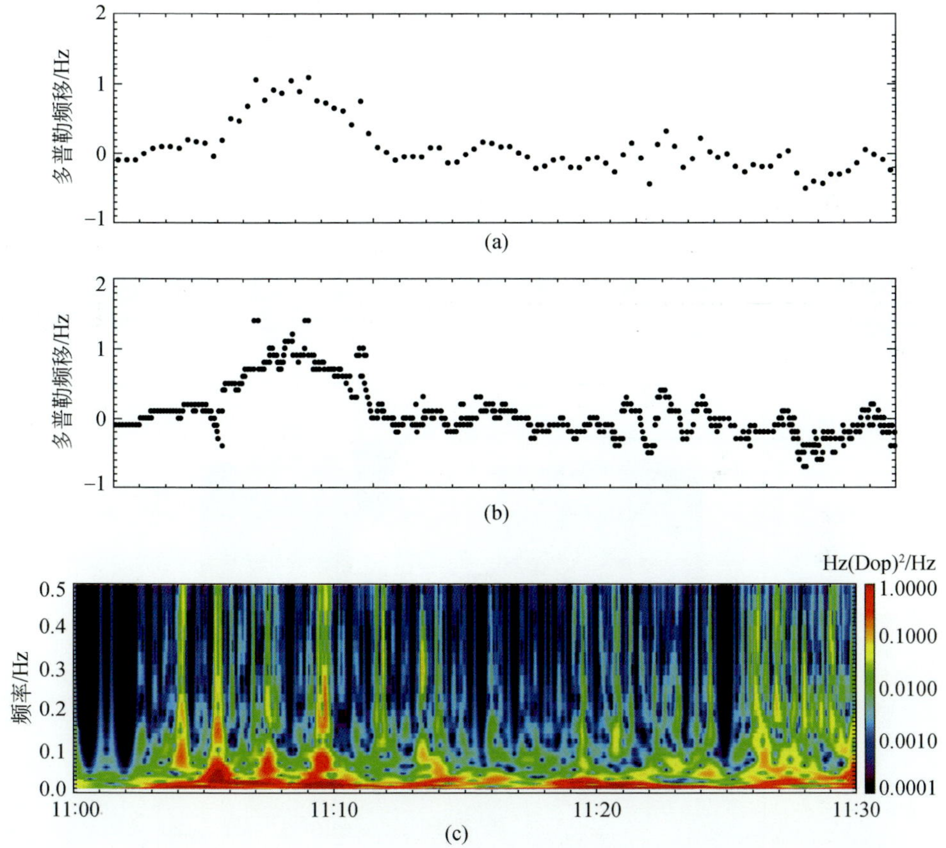

图 3.10　2012 年 3 月 8 日北京高频多普勒频移设备观测结果（Ouyang et al.，2016）

利用子午工程激光雷达的数据，科学家开展了大量关于大气金属层的研究。Wang 等（2012）报道子午工程的激光雷达多次探测到了在低热层 105 ~ 125km 范围内出现的钠原子层，这难以用现有金属层的理论来解释。因为，通常大气金属中性原子层只在 80 ~ 105km 范围内存在。Dou 等（2013）利用子午工程激光雷达和电离层监测设备的数据开展研究。他们发现在低热层中出现的大气金属中性原子层与电离层中的偶发 E 层（Es）现象有很好的相关性，并进一步提出了潮汐风调制，促使 Es 层中的钠离子中性化的理论得到解释，为中高层大气–电离层耦合找到了新的证据。

重力波是高、中、低层大气耦合的关键因素。在低层大气中产生的重力波，向上传播时，由于振幅的不断增大，与背景风场、温度的相互作用，发生了饱和、衰减、破碎等非线性过程，将自身携带的动量、能量沉积到中高层大气中，从而对中高层大气的短期变化，以及物质、能量、动量循环带来了巨大的作用。子午工程的中高层大气监测设备填补了中国地区重力波监测研究的空白，使科学家获得了中国上空子午链区域的重力波活动信息，确定了中国重力波的波源位置。基于自主探测数据，科学家也研究了重力波与背景大气的耦合作用过程。

利用子午工程的全天空气辉成像仪等设备的探测数据，Xu 等（2015）对 2012～2014 年由雷暴引起的中高层大气强烈扰动事件进行了分析。研究发现，重力波可以通过波导的作用水平传播上千千米。由多个强烈的雷暴诱发的波动比单一雷暴事件产生的波动要强烈得多，并且在上千千米的范围内产生从大尺度到小尺度的各种波动。研究表明，强烈的大气波动的破碎是产生小尺度波动乃至湍流的主要诱因。图 3.11 显示了多台全天空气辉成像仪对重力波活动的大范围联合观测结果。

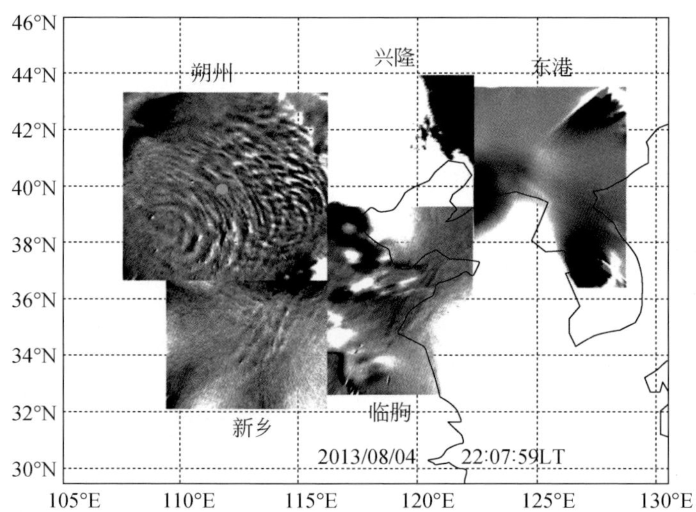

图 3.11　全天空气辉成像仪站网对大气波动传播途径的观测（Xu et al.，2015）

Li 等（2013）利用子午工程全天空气辉成像仪、激光雷达、流星雷达及卫星遥感探测对北京地区上空一次强烈的中层顶区浪涌事件开展了联合观测研究。研究发现，中层顶区浪涌事件使金属钠原子层发生突然的整体下移。这表明在剧烈的大气动力扰动期间，大气化学成分分布和化学反应过程也随之发生剧烈变化。图 3.12 显示了全天空气辉成像仪观测到的一次浪涌事件。图中的箭头表示波动传播的方向。第二行图像是对原始图像做时间差分的结果。图中的 3 个红色“+”号从右到左分别是全天空气辉成像仪、流星雷达和激光雷达的位置。

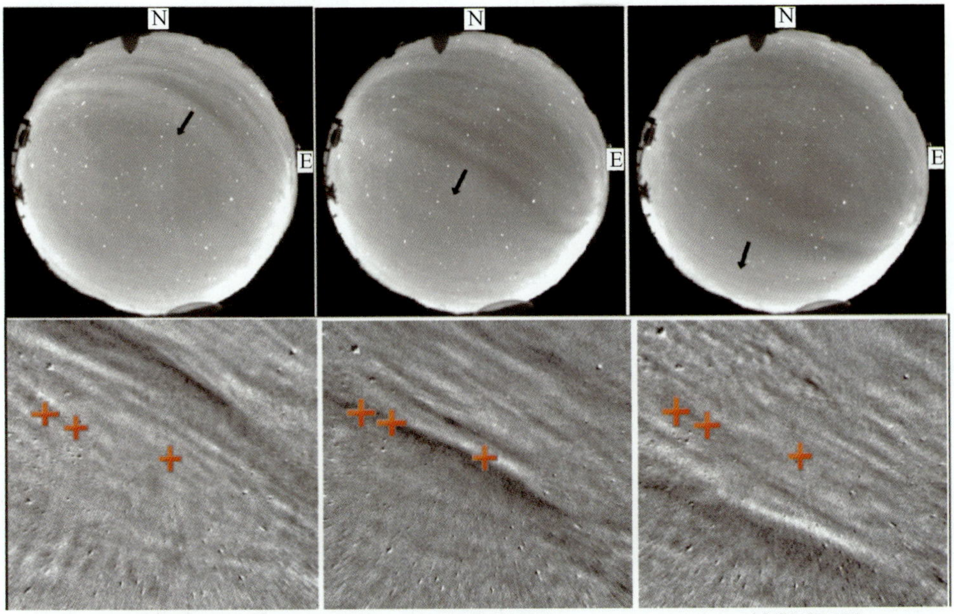

(a) 19:57 UT　(b) 20:19 UT　(c) 20:37 UT

图 3.12　全天空气辉成像仪观测到的浪涌事件（Li et al.，2013）

Qing 等（2014）利用武汉 MST 雷达的对流层三维风场数据，对惯性重力波进行了统计分析。他们发现上行和下行对流层惯性重力波的各参数特性并没有明显的不同，证明了对流层惯性重力波的参数特性与其传播方向没有直接的相关性。结合三维风场统计信息和湖北省的气候特征，研究认为大气湿对流在夏天最盛行。

Liu 等（2014a）在现有模式中增加背景温度场和风场的周日潮汐、半日潮汐扰动分量，模拟了重力波在具有不同初始相位的潮汐背景中的传播情况。模拟结果表明周日潮汐和半日潮汐对重力波的破碎具有很强的调制作用，从而使得大风场和风场剪切表现出与地方时相关的特性。该研究表明重力波与潮汐之间的非线性相互作用对于驱动中间层和低热层高度上大风场和风场剪切具有重要作用。

场向不规则结构是热层/电离层研究的一个热点。迄今为止，利用无线电雷达已经发现伴随中纬度电离层行进扰动（TID）存在小于 10km 尺度的场向不规则结构，但还未发现大尺度（>10km）的场向不规则结构。Sun 等（2015）利用图像处理的方法，首次从子午工程的全天空气辉成像仪气辉图像中发现了中尺度（约 150km）场向不规则结构的存在。研究还发现中尺度场向不规则结构除了被主体电离层行进扰动包裹着朝西南方向运动，还有一个朝垂直于主体电离层行进扰动传播方向（西北方向）的运动。这表明极化电场在场向不规则体和中纬电离层行进扰动结构演化过程中扮演着非常重要的角色。这一研究成果突破了对场向不规则体结构传统的认识，加深了人们对场向不规则结构和电离层行进扰动产生机制的理解。

利用子午工程数字测高仪、GPS-TEC 监测仪和光学干涉仪（FPI）等多种设备的数据，结合反演的低轨道卫星观测和模式模拟结果，Lei 等（2016）研究了磁暴期间电离层 F2 区与顶部电离层对磁暴响应的差异性。在磁暴恢复相期间，数字测高仪得到的电离层 F2 峰值浓度（NmF2）和 GPS-TEC 监测仪得到的总电子含量（TEC）在中低纬度地区出现显著的下降，但低轨卫星观测得到的顶部电离层电子含量反而增加。根据扰动发电机理论，结合在巴西赤道站点的电离层测高仪观测数据，可确定电离层扰动并非其主要控制因素。通过 FPI 观测得到热层风场数据和模式模拟结果，初步分析认为这种电离层 F2 区与顶部电离层对磁暴的相反响应与增强的赤道向热层风有关。图 3.13 显示了子午工程三亚台站的电离层观测结果。

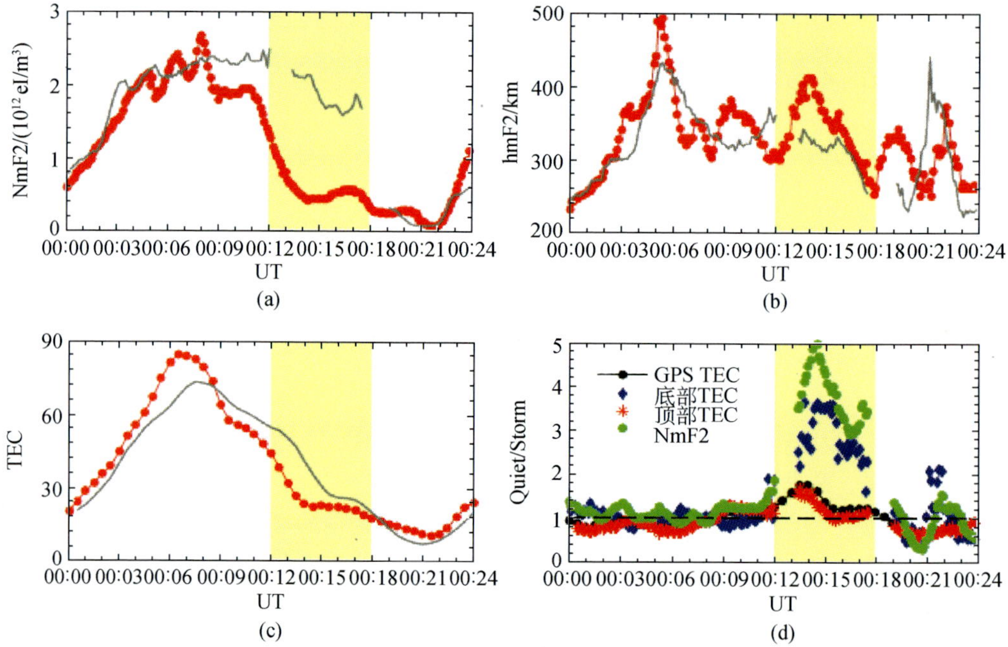

图 3.13　三亚台站（18.3°N，109.6°E）电离层 F2 层峰值密度、F2 层峰值高度和总电子含量 TEC 的观测结果（Lei et al.，2016）

图中“Quiet/Storm”表示有关参量在磁宁期间与暴时取值的比

3.3.3　空间天气扰动传播特性研究

电离层扰动研究是空间天气学中关键问题之一。以前受探测手段的限制，只能利用我国的几台监测设备进行单点探测研究。然而，电离层扰动是一个大范围、全球尺度传播的连续过程，需要全球范围的联合研究。子午工程使我们可以以子午工程为基础，联合俄罗斯和北美的电离层监测设备，研究电离层扰动从高纬度地区向低纬度地区传播的全过程，从全球传播的角度描绘电离层扰动长期变化的完整图像。

电离层扩展F是电离层中存在的一种复杂现象，对无线电信号的传输有着严重的影响。它的扰动变化规律和形成的物理机制，是空间天气学研究的关键问题。Shi等（2011）利用子午工程电离层探测数据，联合俄罗斯高纬度地区和南半球Vanimo台站的电离层探测数据，对电离层扩展F的特性及其沿子午线传播的物理机制开展了系列研究。研究表明，高纬度地区的扩展F不仅在白天可出现，而且在晚间也可出现。他们首次给出了电离层扩展F的扰动从高纬度地区向低纬度地区传播的过程，还发现了一种新的低纬度地区扩展F类型：强区域扩展F。他们发现电离层强区域扩展F（SSF）与闪烁高度相关。卫星观测数据也支持了闪烁和SSF现象都是由等离子体泡引起的结论。

电离层扰动的长期变化气候学特性研究是空间天气学中的一个重要问题。此前的研究中，通过在单一区域的长期观测，给出不同典型纬度电离层扰动的气候学特性。然而，扰动是一个大范围、全球尺度传播的连续过程，以往缺少对扰动纬度变化和地方时变化的研究。Ding等（2014）对北美和中国地区大尺度电离层行进扰动（LSTID）进行了统计特性的对比研究。该研究首次使用北美中高纬度和中国中低纬度两个地区的GPS-TEC台网同时观测，给出了电离层扰动从高纬亚极光带直到赤道异常区这样一个广阔范围内的分类、日变化和季节变化，揭示了高纬度地区电离层扰动与地磁扰动的密切相关性、中纬度地区电离层扰动受到电离层背景变化的调制作用，以及低纬度地区电离层扰动的强烈衰减，从全球传播的角度给出了电离层扰动长期变化的完整图像。图3.14显示了大尺度电离层行进扰动由北到南的传播过程。

正如图3.14所示，一般情况下，大尺度电离层行进扰动是由极区活动激发，并向南传播。但Ding等（2013）通过位于我国区域的GPS-TEC监测网、电离层测高仪等监测设备，首次发现了在磁暴期间，出现了两次由我国低纬度

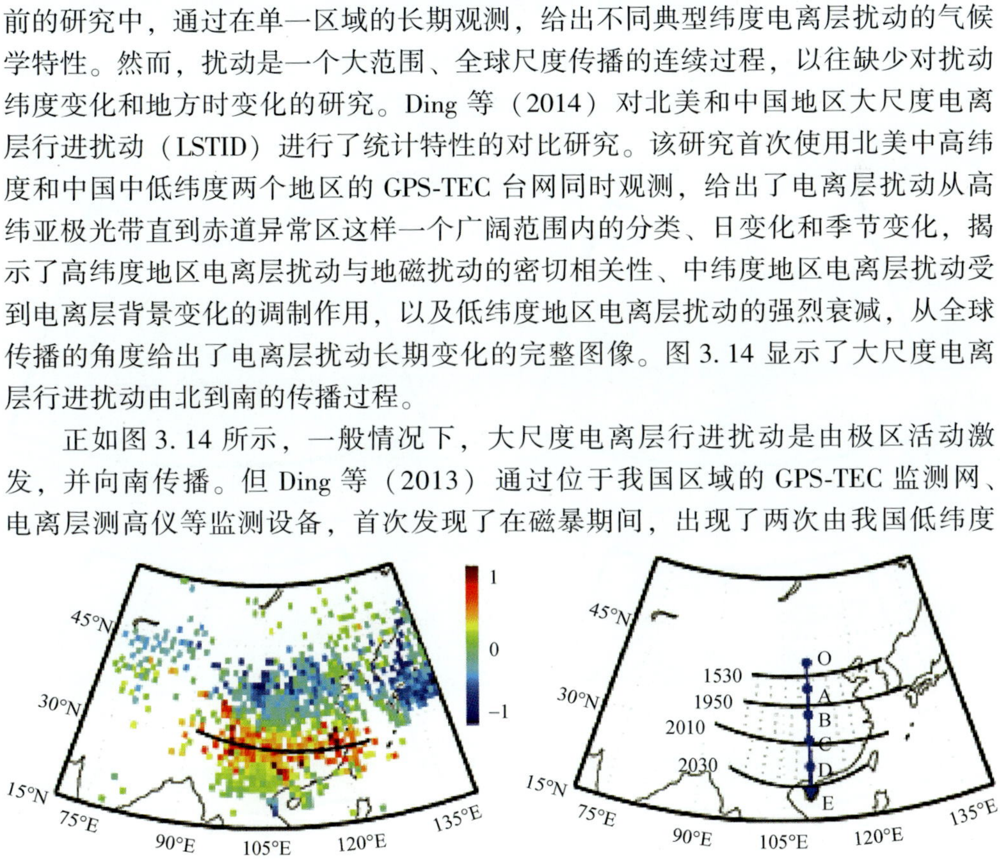

(a)　(b)

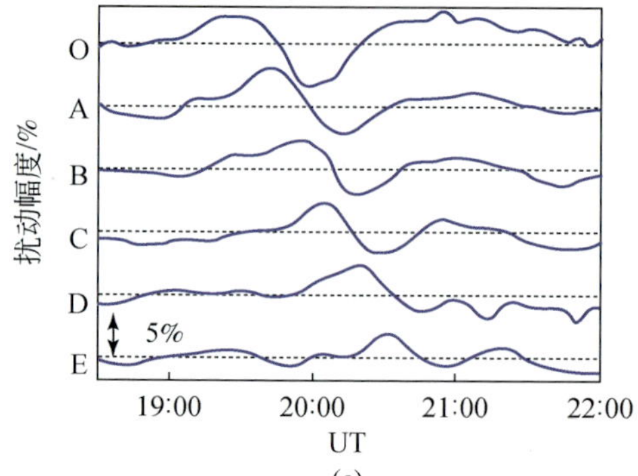

(c)

图 3.14　大尺度电离层行进式扰动由北到南的传播（Ding et al.，2014）
图中 O、A、B、C、D、E 分别表示不同时刻扰动的波阵面

地区附近的源激发的大尺度电离层行进扰动事件，并向高纬度地区传播，使得华南地区电离层出现了强烈扰动。通过联合东南亚地区的几台电离层测高仪的数据，基本可以确定这类扰动是由赤道地区的局部过程所激发的，可能与大气重力波活动等现象有关。图 3.15 显示了电离层总电子含量（TEC）分布随时间的演变过程。图中可明显看到大尺度电离层行进扰动由我国的西南部出发，往东北方向传播。

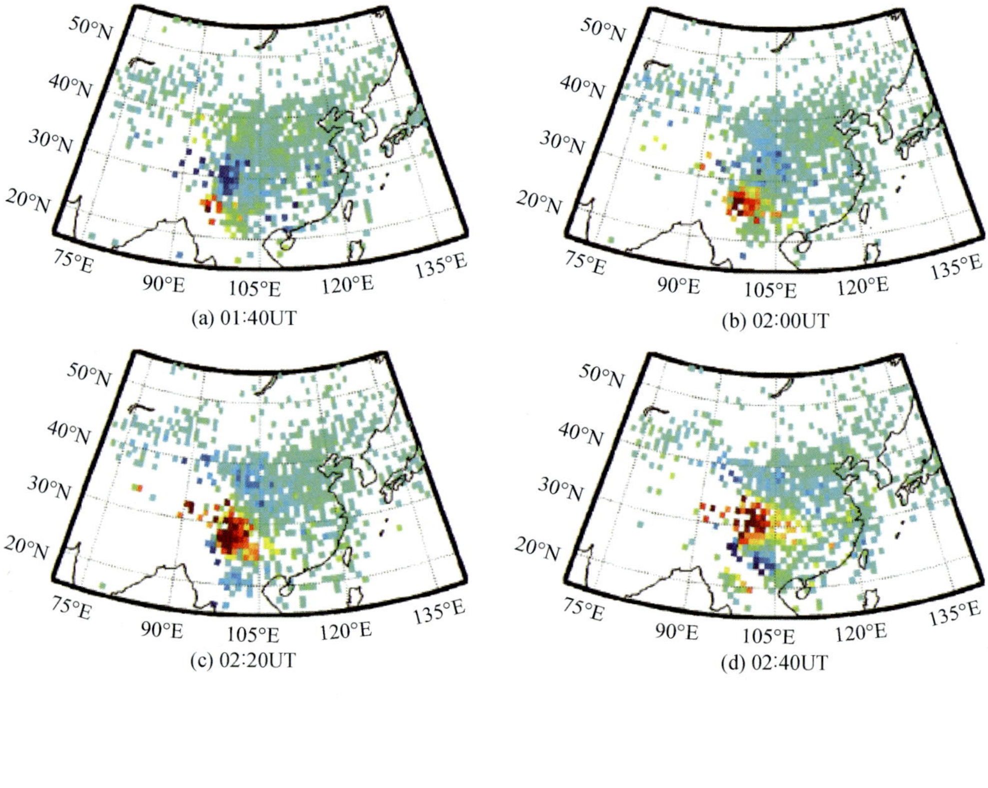

(a) 01:40UT　(b) 02:00UT　(c) 02:20UT　(d) 02:40UT

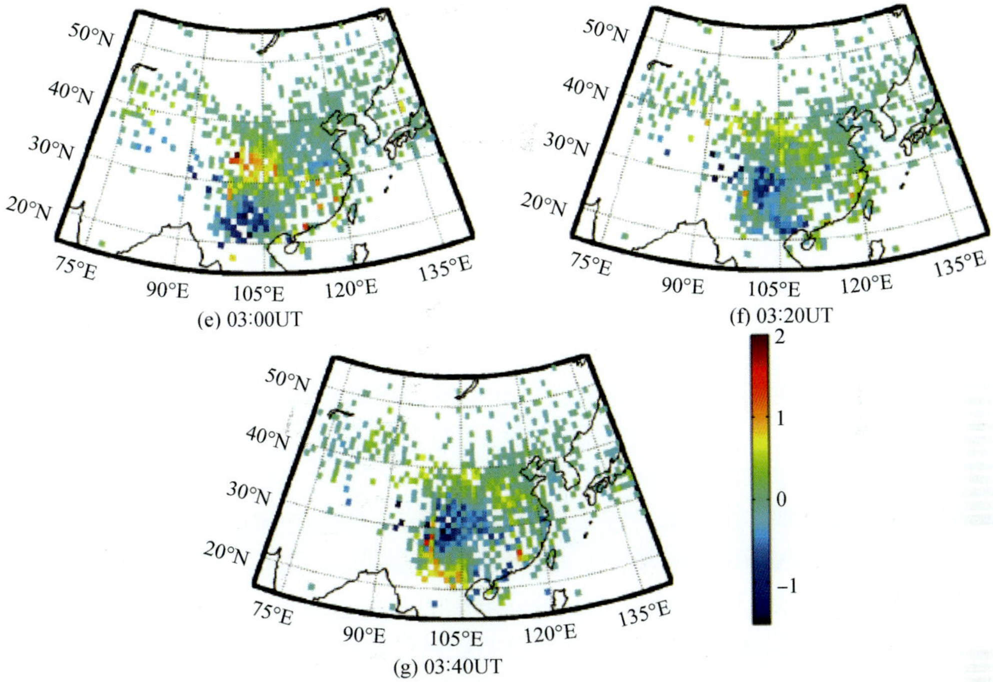

图 3.15　TEC 分布的演变过程所显示的大尺度电离层行进式扰动的北向传播现象（Ding et al.，2013）

Song 等（2013）利用位于我国区域的 GPS-TEC 监测网、电离层测高仪等监测设备，统计分析了 2011 年 2 月到 2012 年 1 月中国地区由日夜交替线激发的大尺度电离层行进扰动的传播特性。研究发现扰动在传播过程中受到分子黏滞、热扩散及离子拖曳等作用，其相对扰动振幅逐渐减小。图 3.16 显示了这类大尺度电离层行进扰动的传播过程。从电离层垂直总电子含量（DTEC）的分布可以确定大尺度电离层行进扰动的传播方向。

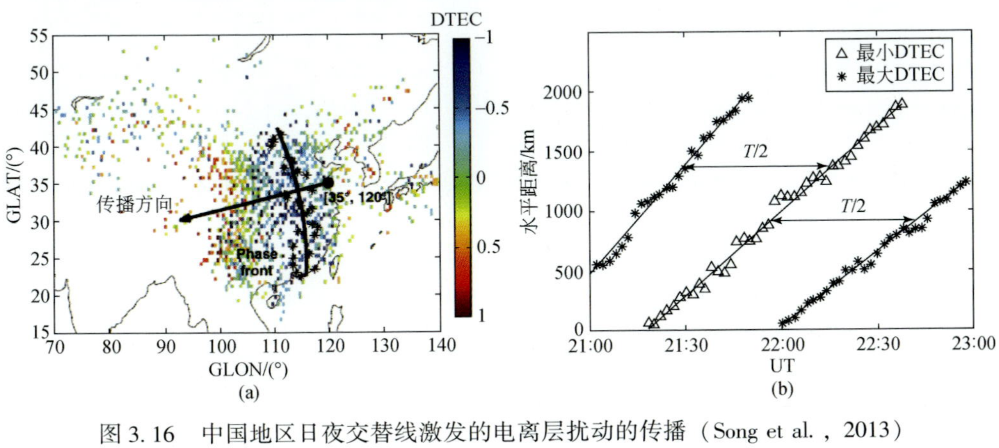

图 3.16　中国地区日夜交替线激发的电离层扰动的传播（Song et al.，2013）

3.4 总结与展望

本章对子午工程运行5年来取得的研究成果进行了简单介绍。由于时间仓促以及水平有限，介绍并不全面、不系统，也不一定抓住了各项研究成果的要点。本章的宗旨是要给读者一个初步的印象：利用子午工程的探测数据可以开展多方面的空间天气科学研究，特别是多个台站、多类探测数据联合分析的优势是以往孤立台站所无法比拟的。

子午工程虽然取得了可喜的成绩，但毕竟受投资限制，台站布局还十分有限。这制约了对我国空间环境区域性特征的整体把握，也难以捕捉中小尺度的空间天气扰动现象。我国的空间环境地基监测能力还急需加强。实际上，在子午工程建设期间，科学家已经在规划更大的蓝图：子午工程二期。二期将在一期的基础上，在全国范围广泛布站，且聚焦重点区域，形成覆盖全国范围、立体化、网络化、多要素的国际先进水平的空间环境地基监测体系。目前，子午工程二期很快将进入立项阶段，预期2022年建成。届时，我国的地基空间环境探测能力将步入国际先进水平的行列。这将是空间物理界广大同仁的一大幸事。

致谢

这项工作得到了国家重点实验室专项经费的支持，资料和数据来源于子午工程。作者在写稿过程中得到了史建魁和丁凯等同事的帮助。在此一并表示感谢。

参考文献

王翠梅，李钦增，徐寄遥，等. 2014. 基于OH全天空气辉成像仪观测的中国低纬地区的重力波传播统计特征. 地球物理学报，57（11）：3659-3667.

Ding F，Wan W，Ning B，Zhao B，Li Q，Wang Y，Hu L，Zhang R，Xiong B. 2013. Observations of poleward-propagating large-scale traveling ionospheric disturbances in southern China. Annales Geophysicae，31（2）：377-385.

Ding F，Wan W，Li Q，Zhang R，Song Q，Ning B，Liu L，Zhao B，Xiong B. 2014. Comparative climatological study of large-scale traveling ionospheric disturbances over North America and China in 2011-2012. Journal of Geophysical Research：Space Physics，119（1）：519-529.

Dou X K，Qiu S C，X H Xue，Chen T D，Ning B Q. 2013. Sporadic and thermospheric enhanced sodium layers observed by a lidar chain over China. Journal of Geophysical Research：Space Physics，118（10）：6627-6643.

Gong S H，Yang G T，Dou X K，Xu J，Chen C，Gong S S. 2015a. Statistical study of atmospheric gravity waves in themesopause region observed by a lidar chain in eastern China. Journal of Geophysical Research：Atmospheres. 120（15）：7619-7634.

Gong S H，Yang G T，Cheng X W，et al. 2015b. Lidar observation campaigns on diurnal variations of the sodium layer in Beijing and Wuhan, China. Science China: Earth Sciences, 58 (8): 1377-1386.

Hao Y Q, Xiao Z, Zhang D H. 2012. Multi-instrument observation on co-seismic ionospheric effects after great Tohoku earthquake. Journal of Geophysical Research: Atmospheres, 117 (A2): 2305.

Hao Y Q, Xiao Z, Zhang D H. 2013. Teleseismic magnetic effects (TMDs) of 2011 Tohoku earthquake. Journal of Geophysical Research: Space Physics, 118 (6): 3914-3923.

Lei J H, Zhong J H, Mao T, et al. 2016. Contrasting behavior of the F2 peak and the topside ionosphere in response to the 2 October2013 geomagnetic storm. Journal of Geophysical Research: Space Physics, 121 (10): 10549-10563.

Li G, Ning B, Chu Y H, Reid I M, Hu L, Dolman B K, Xiong J, Jiang G, Yang G, Yan C. 2014. Structural evolution of long-duration meteor trail irregularities driven by neutral wind. Journal of Geophysical Research: Space Physics, 119 (12): 348-357.

Li Q Z, Xu J, Yue J, Yuan W, Liu X. 2011. Statistical characteristics of gravity wave activities observed by an OH airglow imager at Xinglong, in northern China. Annales Geophysicae, 29 (8): 1401-1410.

Li Q Z, Xu J Y, Yue J, Liu X, Yuan W, Ning B, Guan S, Younger J P. 2013. Investigation of a mesospheric bore event over northern China. Annales Geophysicae, 31 (3): 409-418.

Li Q Z, Xu J Y, Liu X, Yuan W, Chen J S. 2016. Characteristics of mesospheric gravity waves over the southeastern Tibetan Plateau region. Journal of Geophysical Research: Space Physics, 121 (9): 9204-9221.

Liu W J, Xu J Y, Yuan W. 2015. Seasonal variation of OH rotational temperature measured over Beijing, China. Journal of Geophysics-Chinese Edition, 58 (5): 1467-1474.

Liu Y J, Clemeshal B R, Wang J H, Cheng X W. 2013. Comparison of sporadic sodium layer characteristics observed at different time resolutions. Annales Geophysicae, 31 (11): 1899-1912.

Liu X J, Xu J, Yue J, Liu H L, Yuan W. 2014a. Large winds and wind shears caused by the nonlinear interactions between gravity waves and tidal backgrounds in the mesosphere and lower thermosphere. Journal of Geophysical Research: Space Physics, 119 (9): 7698-7708.

Liu X J, Xu J, Zhang S R, Jiang G, Zhou Q, Yuan W, Noto J, Kerr R. 2014b. Thermospheric planetary wave-type oscillations observed by FPIs over Xinglong and Millstone Hill. Journal of Geophysical Research: Space Physics, 119 (8): 6891-6901.

Liu Y J, Plane J M C , Clemeshal B R, Wang J H, Cheng X W. 2014c. Meteor trail characteristics observed by high time resolution lidar. Annales Geophysicae, 32 (10): 1321-1332.

Ouyang X, Liu W, Xiao Z, Hao Y. 2016. Observations of ULF waves on the ground and ionospheric Doppler shifts during storm sudden commencement. Journal of Geophysical Research: Space Physics, 121 (4): 2976-2983.

Qing H, Zhou C, Zhao Z, Chen G, Ni B, Gu X, Yang G, ZhangY. 2014. A statistical study of inertia gravity waves in the troposphere based on the measurements of Wuhan Atmosphere Radio Exploration (WARE) radar. Journal of Geophysical Research: Atmospheres, 119 (7): 3701-3714.

Shi J K, Wang G J, Reinisch B W, Shang S P, Wang X, Zherebotsov G, Potekhin

A. 2011. Relationship between strong range spread Fand ionospheric scintillations observed in Hainan from 2003 to 2007. Journal of Geophysical Research: Space Physics, 116 (A08): 306.

Shi J K, Wang Z, Torkar K, Friedrich M, Wang X, Liu C, Guan Y. 2013. Ionospheric E-F valley observed by a sounding rocket at the low latitude station Hainan. Annales Geophysicae, 31 (8): 1459-1462.

Song Q, DingF, Wan W, Ning B, Liu L, Zhao B, Li Q, Zhang R. 2013. Statistical study of large-scale traveling ionospheric disturbances generated by the solar terminator over China. Journal of Geophysical Research: Space Physics, 118 (7): 4583-4593.

Sun L, Xu J, Wang W, Yue X, Yuan W, Ning B, Zhang D, de Meneses F C. 2015. Mesoscale field-aligned irregularity structures (FAIs) of airglow associated with medium-scale traveling ionospheric disturbances (MSTIDs). Journal of Geophysical Research: Space Physics, 120 (11): 9839-9858.

Sun L, Xu J, Wang W, Yuan W, Li Q, Jiang C. 2016. A statistical analysis of equatorial plasma bubble structures based on an all-sky airglow imager network in China. Journal of Geophysical Research: Space Physics, 121 (11): 495-517.

Wang C J. 2010. New chains of space weather monitoring stations in China. Space Weather the International Journal of Research and Applications, 8 (8): 1-5.

Wang C J, Zhang Q, Chi P J, Li C. 2013. Simultaneous observations of plasmaspheric and ionospheric variations during magnetic storms in 2011: First result from Chinese Meridian Project. Journal of Geophysical Research: Space Physics, 118 (1): 99-104.

Wang G J, Shi J K, Reinisch B W, Wang X, Wang Z. 2015. Ionospheric plasma bubbles observed concurrently by multi-instruments over low-latitude station Hainan. Journal of Geophysical Research: Space Physics, 120 (3): 2288-2298.

Wang J H, Yang Y, Cheng X W, Yang G, Song S, Gong S S. 2012. Double sodium layers observation over Beijing, China. Geophysical Research Letters, 39 (15): L15801.

Wu Q, Yuan W, Xu J, Huang C, Zhang X, Wang J S, Li T. 2014. First U. S. -China joint ground-based Fabry-Perot interferometer observations of longitudinal variations in the thermospheric winds. Journal of Geophysical Research: Space Physics, 119 (7): 5755-5763.

Xu J Y, Li Q Z, Yue J, Hoffmann L, et al. 2015. Concentric gravity waves over northern China observed by an airglow imager network and satellites. Journal of Geophysical Research: Atmospheres, 120: 11058-11078.

Yu Y, Wan W, Ren Z, Xiong B, Zhang Y, Hu L, Ning B, Liu L. 2015. Seasonal variations of MLT tides revealed by a meteor radar chain based on Hough mode decomposition. Journal of Geophysical Research: Space Physics, 120 (8): 7030-7048.

Yuan W, Liu X, Xu J, Zhou Q, Jiang G, Ma R. 2013. FPI observations of nighttime mesospheric and thermospheric winds in China and their comparisons with HWM07. Annales Geophysicae, 31 (8): 1365-1378.

Yue C, Yang G T, Wang J H, Guan S, Du L F, Cheng X W, Yang Y. 2014. Lidar observations of the middle atmospheric thermal structure over north China and comparisons with TIMED/

SABER. Journal of Atmospheric and Solar-Terrestrial Physics, 120 (1): 80-87.

Zhang B C, Yang S G, Xu S, et al. 2015. Diurnal variation of winter F region ionosphere for solarminimum at both Zhongshan Station, Antarctica, and Svalbard Station, Arctic. Journal of Geophysical Research: Space Physics, 120 (11): 9929-9942.

Zhang Q H, Moen J, Lockwood M, et al. 2016. Polar cap patch transportation beyond the classic scenario, Journal of Geophysical Research: Space Physics, 121: 9063-9074.

Zou X, Yang G T, Wang J H, et al. 2015. Gravity wave parameters and their seasonal variations derived from Na lidar observations at BeiJing, China. Journal of Space Science, 58 (7): 2274-2282.

第4章　磁层亚暴研究的最新进展

吕达贤（A. T. Y. Lui）

美国约翰霍普金斯大学

本章主要包括磁层亚暴研究的回顾与一些最新进展，首先简要介绍了一些较为流行的亚暴模型，然后针对 THEMIS 卫星计划观测到的第一个亚暴事件进行了深入分析。特别值得注意的是，针对这一亚暴事件，学者的解释却截然不同，其差异主要是由于不同学者采用了不同的亚暴模型，所预期的亚暴起始位置不同。尽管如此，各学者仍达成了一个共识：亚暴起始区位于磁尾地磁场从偶极型向尾向型过渡的区域。对于一些被人们广为接受的亚暴现象，如近地偶极化等，本章对其进行了详细阐述。此外，本章还研究了亚暴电流系统，包括亚暴电流楔和子午面电流回路的发电机区以及负载区的识别和确定。亚暴研究中一个较新的进展就是在伪暴极光弧处发现了极光串珠，其对亚暴起始有着更严格的约束，本章对此也进行了一些讨论。越尾电流不稳定性是一个与近地触发亚暴模型相关的亚暴过程，本章也对其预测结果与极光观测进行了比较，观测和理论预测的良好一致性为亚暴起始的不稳定性研究提供了新的证据。

4.1　引　言

对磁层亚暴的研究起源于地磁暴研究。地磁暴期间，地球极区发生的系列极光扰动现象形成了极光亚暴的概念（Akasofu，1964）。之后，人们很快认识到极光亚暴是磁层扰动在电离层中的一种表现，这使得磁层亚暴的概念得到了推广（Akasofu，1968；Coroniti et al.，1968）。

研究认为亚暴的整个过程可以分为三个阶段，分别是增长相、膨胀相和恢复相。最初，人们是用全球极光形态的时间演化来表征亚暴活动的，因此这三个阶段可用图 4.1 来描述。在非亚暴期间，全球极光形态的主要特点表现为极光椭圆带内分布的极光弧。极光卵区的赤道向膨胀意味着磁层中的能量积累过程，是亚暴增长相的主要标志。子夜前赤道侧的极光弧突然增亮标志着膨胀相的开始。极光弧在增亮的同时向极区扩展，同时还会产生西向浪涌，并向东扩展产生脉冲式的极光斑块。此阶段还伴随着一系列磁层扰动，如近地区域的能量粒子注入、亚暴电流楔的发展引起的磁场偶极化以及局地磁场剧烈扰动引起的越尾电流中断。

极光活动从膨胀相的消退标志着恢复相开始，极光活动最终会恢复到宁静期状态。

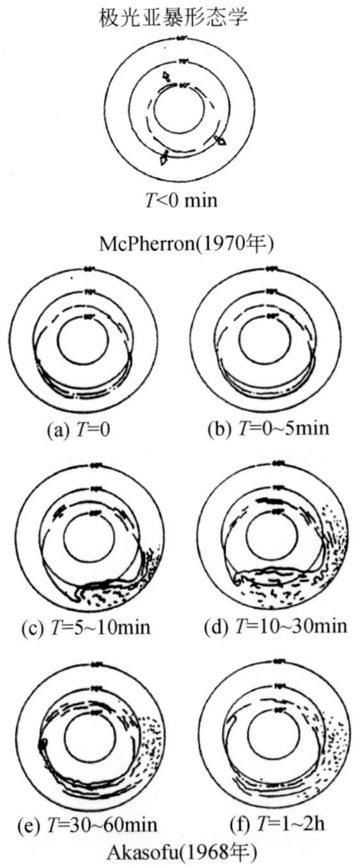

图 4.1　在亚暴的三个相（过程）期间全球极光形态的发展（Lui，2011a）

增长相期间极光卵发生赤道向膨胀，接着为膨胀相期间的极光弧初始增亮［（a）和（b）］、极光活动区向膨胀和地方时扩展［（c）和（d）］，在恢复相，极光活动减弱并向赤道向减退［（e）和（f）］

4.2　亚暴模型的背景

磁层亚暴是一种能量爆发性释放的自然现象，要理解这种现象还存在着巨大的挑战。20 世纪 90 年代涌现出了一些著名的磁层亚暴模型（Lui，1991）。近地中性线模型就是其中最流行的一种（Hones，1979），它本质上是发生在磁尾 $-20 \sim -10R_E$的磁场重联。磁场重联引发等离子体片严重变形而产生地向注入的能量粒子和尾向逃逸的等离子团。恢复相期间，等离子体片不断增厚，中性线向远磁尾运动。关于磁层亚暴，研究者提出了许多模型试图来解释其物理过程。

边界层模型认为亚暴膨胀相是由于远磁尾磁场重联不断增强而引起的。远磁尾磁场重联产生的地向等离子体流引起开尔文-亥姆霍兹不稳定性，以及沿等离子体片边界层的电流楔（Rostoker and Eastman，1987）。

热灾变模型主要关注亚暴膨胀相期间的等离子体片加热。这是由阿尔文波共振吸收引起的（Goertz and Smith，1989）。在膨胀相开始之前，等离子体片与一系列平衡态一起缓慢发展。该平衡态可以用一个物理量来参数化，而这个物理量取决于入射阿尔文波的功率密度、局地等离子体密度及对流速度等。该参数在膨胀相开始时达到一个阈值，导致等离子体片吸收阿尔文波并引发其温度的突变。

磁层-电离层耦合模型强调的是电离层和沿磁力线的电流体系（Kan et al.，1988）。行星际磁场的南向偏转引起了磁层对流的增强。在此期间，磁层和电离层通过其二者间来回反弹的阿尔文波来不断调整，以适应新的外部条件引起的变化。在某种条件下，佩德森电流和霍尔电流对夜侧向上的场向电流有贡献，从而引起了亚暴膨胀相。

电流中断模型是基于亚暴膨胀相期间，磁尾 $20R_E$ 以内大尺度 X 线的观测十分有限和近地区域电流明显中断的观测而提出的（Lui，1979；Lui et al.，1988）。电流中断引起等离子体片变薄区域向磁尾发展，从而在尾向引发更多的电流中断区。其中一个区域最终为中磁尾区域 X 线的形成提供了最为合适的条件，并引起等离子体片的膨胀。

还有亚暴模型是基于气球膜不稳定性引发了膨胀相的开始而提出的（Roux et al.，1991；Samson et al.，1992；Pu et al.，1997；Cheng and Lui，1998；Zhu et al.，2004；Saito et al.，2008）。这种不稳定性是偶极型和尾向型磁力线之间的压力梯度所引起的。磁场的过渡区形成了类似于高密流体位于低密流体之上（瑞利-泰勒不稳定性）的情况，在膨胀相开始时引发不稳定的表面波，其通过场向电流与电离层联系起来，在其中形成了西向浪涌。

早期的亚暴模型是基于波动诱导的粒子沉降（Parks et al.，1972）。磁尾的地向对流引起了温度的各向异性，其中垂直温度更高，并激发了静电波。静电波反过来又促进了哨声波的增长并导致粒子沉降的增强，为亚暴膨胀相的触发创造了一个正反馈的通道。

到了 2000 年年初，从众多的模型中两个亚暴模型脱颖而出。其中一个是与中磁尾（$-20R_E$ 附近）磁场重联相关的近地中性线模型，另一个是与近地区域（$-15R_E$）的等离子体不稳定性有关的电流中断模型。潜在的亚暴模型减少催生了美国国家航空航天局的 THEMIS 卫星计划。这两个模型的一个关键区别是亚暴触发位置存在差异。近地中性线模型常被形象地称为由外到内（outside in）的模型，而电流中断模型则被称为由内而外（inside out）的模型（图 4.2）。为了区分这两种模型，THEMIS 计划的策略就是在磁尾安排 5 颗卫星来识别亚暴扰动的传播方向。

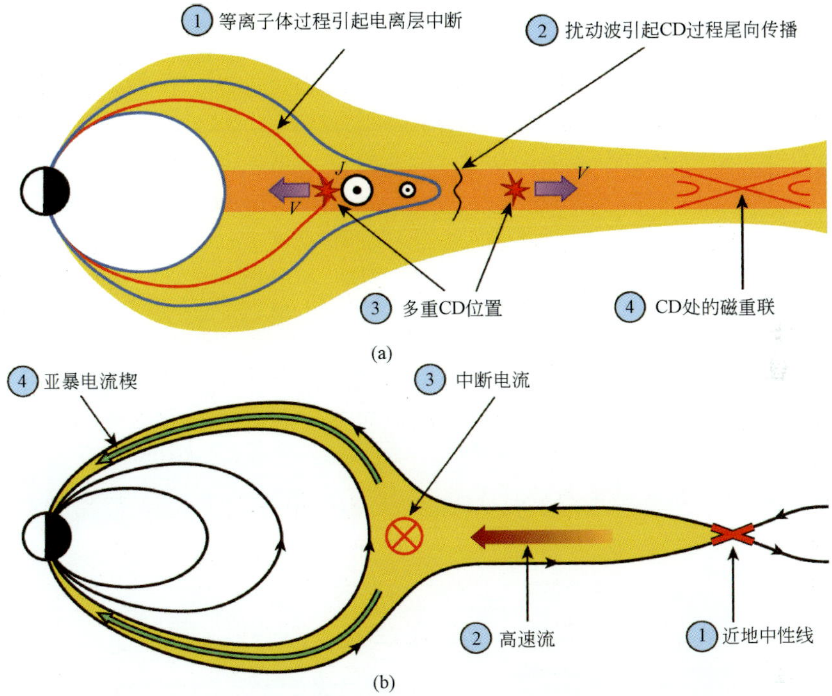

图 4.2　两个主要亚暴模型的主要特征示意图（Lui，2008）

每一种模型的时序由步骤①～④给出。近地触发模型（a）中电流强度（J）是由圆圈的大小表示。引起电流中断（CD）的等离子体过程连接到极光弧处，从而生成一个尾向传播的扰动。CD 过程进而发展成一个新的电流系统——亚暴电流楔。磁重联可能随后在某个 CD 处发展。中磁尾触发模型（b）中，磁重联在中磁尾处产生，并引起地向等离子体注入，进而在内磁尾处减速并产生了亚暴电流楔

4.3　THEMIS 计划的首个亚暴事件

基于时序分析，Angelopoulos 等（2008）研究了 THEMIS 卫星观测到的首个亚暴事件——2008 年 2 月 26 日亚暴扰动。在此期间，THEMIS 卫星沿着磁尾很好地排成一条线（图 4.3），观测到了不同的亚暴特征（图 4.4）。P1 卫星识别到磁场重联信号，其特征是磁场南向分量的微弱下降（如图 4.4A 所示的微弱的负 B_z 分量）、指向中性片的北向等离子体流［如图 4.4（b）所示的微弱的正 V_z 分量］以及 04：52：20～04：52：23 UT 期间冷热电子相反的各向异性特征［图 4.4（e）］。P2 卫星观测到的重联特征是微弱的 B_z 增强［图 4.4（f）］。然而，缺乏地向等离子体流或者明显的等离子体流改变的特征［图 4.4（g）］，这与重联的预测特征不符。P3 卫星观测到的大扰动发生较晚［图 4.4（h）和（i）］。

根据这个时序，Angelopoulos 等（2008）得出结论：磁场重联发生在 $X=-20R_E$ 附近，并触发了亚暴急始。值得注意的是，该图像偏离了传统的由外而内（outside in）的亚暴图景，没有看到地向等离子体流到达内磁层来触发亚暴（如图 4.3 所示的时序）。

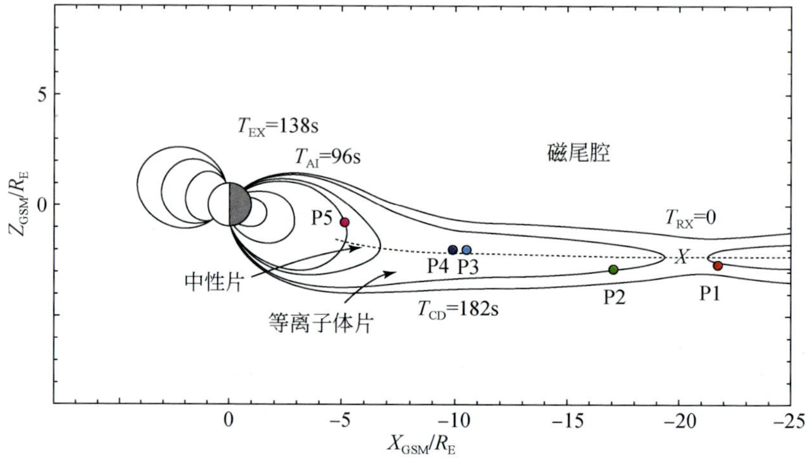

卫星	颜色	X	Y	Z	中性片
THEMIS-A(P5)		−5.483	5.326	−0.623	0.6
THEMIS-B(P1)		−21.475	3.927	−2.806	−0.5
THEMIS-C(P2)		−17.165	4.573	−3.046	−0.8
THEMIS-D(P3)		−10.881	3.759	−2.086	0.2
THEMIS-E(P4)		−10.194	4.506	−1.913	0.2

图 4.3　一个亚暴事件中五颗 THEMIS 卫星的位置，包括一系列亚暴活动的时间（Angelopoulos et al.，2008）

整个时序过程包括：磁重联（$T_{Rx}=0$），极光增强（$T_{AI}=96s$），极光亚暴膨胀（$T_{Ex}=138s$），最后电流中断（$T_{CD}=182s$）

然而，除 P2 差异之外，Lui（2009）还指出了一些解释方面的问题。图 4.5 展示了利用标准重联特征确定的 THEMIS 卫星重要扰动的信息。由图可以看出，P1 卫星观测到尾向等离子体流和南向 B_z［图 4.5（a）、（d）］要晚于 P3 和 P4 观测的地向等离子体流和电流中断现象［图 4.5（b）、（c）、（e）和（f）］。图 4.5 并不包括 P2 的观测，这是因为明显的扰动出现得更晚。因此，这次观测到的时序特征表明了由内而外（inside out）的情景。

除了上述问题以外，用重联来解释亚暴触发还存在其他的潜在问题。

（1）与亚暴电流体系相关的电流中断和偶极化现象发生在 P3 和 P4 处。相比预期的重联区，更靠近地球约 $10R_E$。如果重联区与极光弧有关，这就暗示着作为亚暴电流体系一部分的西向电集流将在极光弧更靠近赤道的地方形成。这种特征从未在孤立亚暴中被观测到。

（2）如果把从预期的重联区逃逸的电子能通量与极光弧强度联系起来，那

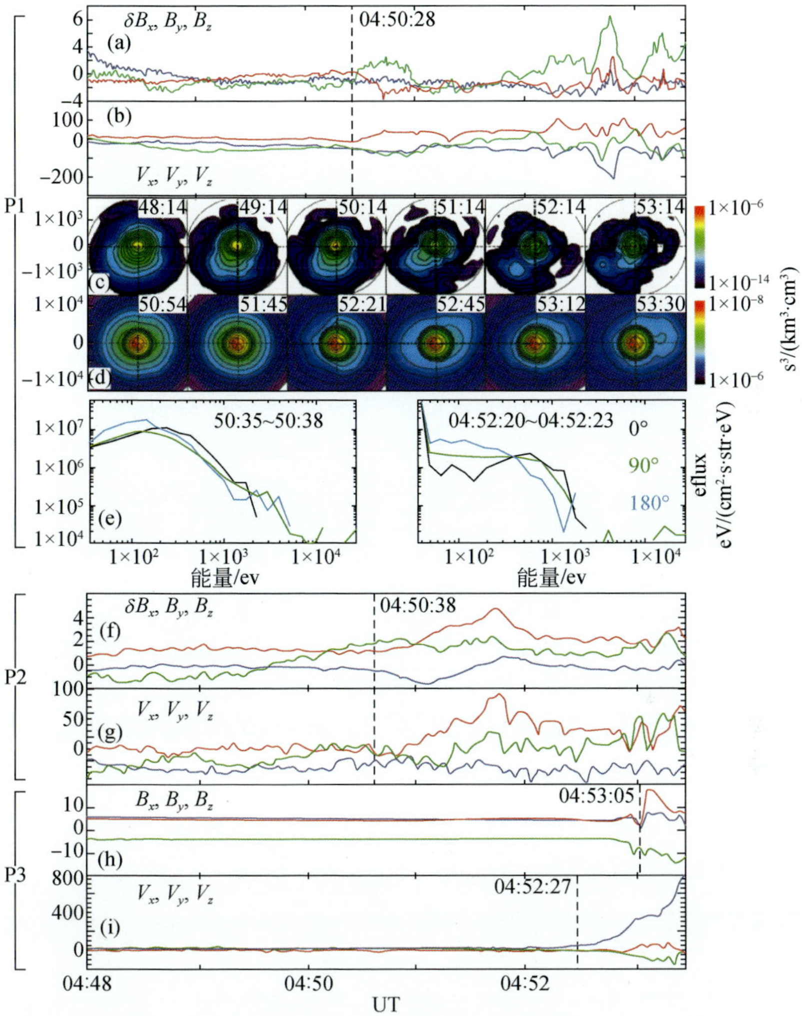

图 4.4　2008 年 2 月 26 日亚暴事件中三颗 THEMIS 卫星的观测（Angelopoulos et al.，2008）
eflux 为能通量

么该能通量至少比与观测到的极光强度相匹配的能通量低一个数量级。相比之下，P3 和 P4 观测到的从偶极化区逃逸的电子具有合理的能通量量级。另外，既然 P3 和 P4 比重联区更靠近地球约 $10R_E$，那么如果重联区与极光弧有联系的话，就会在极光弧的赤道侧出现另一个亮弧，这与观测相悖。

（3）预期的重联起始与极光点亮之间的时间延迟相比，二者之间的阿尔文波传播时间要短得多。如果采用 Tamao 路径（Tamao，1964；Chi et al.，2009）来缩短时间延迟，那么可以期待的是极光弧（即便它可能很弱）从高纬度向低纬度移动并到达亚暴急始极光弧的位置，而这个特征从未被观测到。

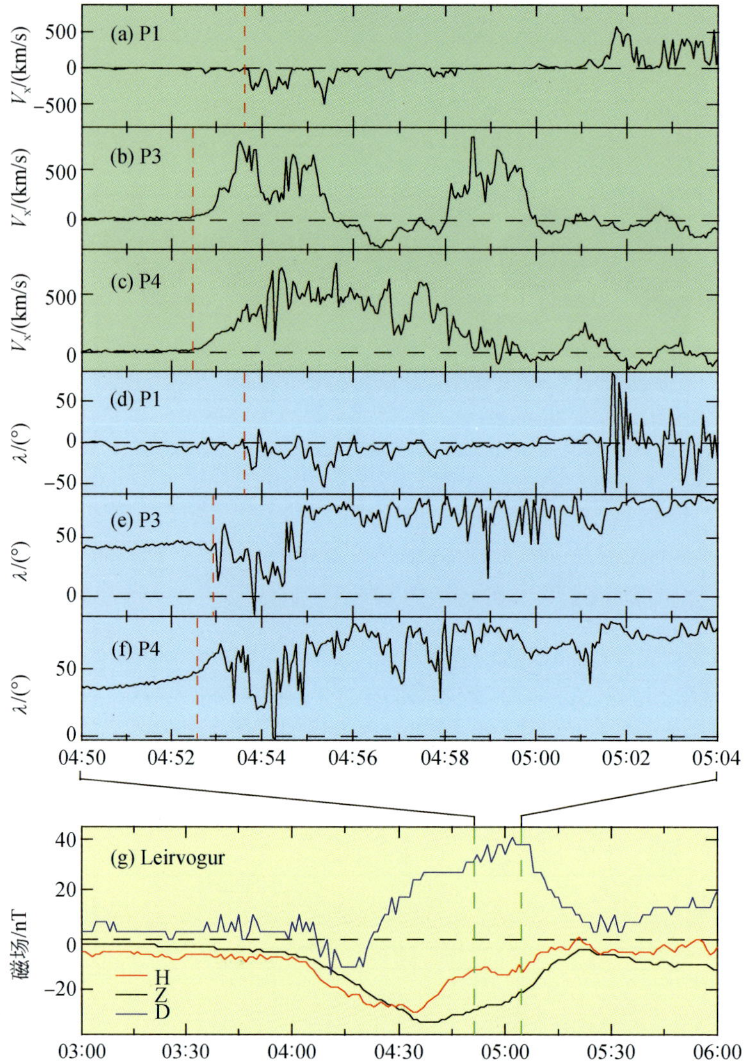

图 4.5　P1、P3 和 P4 在 2008 年 2 月 26 日观测到的亚暴扰动

（a）~（c）给出了对流速度的 x 分量；（d）~（f）为磁场仰角；（g）为 Leirvogur 地磁台站观测到的扰动（Lui，2009）

（4）Angelopoulos 等（2009）认为 P1 接近等离子体片的边界而非接近中性片，试图以此证明可利用非传统的特征来表征重联信号。然而，B_z 的增强以及 P2 处尾向等离子体流变化的缺失不能与重联图像达成一致，即便是位于等离子体片的边界也不例外。此外，电流中断在空间上是局地化的（Ohtani et al.，1998），当卫星不在中性片和电流中断区的附近时，P3 和 P4 观测到的地向流的缓慢增加表征的就是电流中断的信号。更强的地向流和更大的磁场扰动仅仅在电

流中断区到达卫星时才会被观测到。

（5）尽管 Angelopoulos 等（2008，2009）和 Pu 等（2010）认为 04：50 UT 左右的亚暴活动与之前发生在 04：00 UT 左右的亚暴活动有所不同，但这种解释与 Leirvogur 地磁台站观测的扰动并不能自圆其说。H 分量和 Z 分量从起始于 04：00 UT 的扰动状态开始恢复，而 D 分量在 04：50 UT 左右达到峰值［图 4.5（g）］。此外，对于更早一点的亚暴起始，时序分析显示近地区域的亚暴扰动发生的比中尾区域的早。正如图 4.6 所示的那样，P3 和 P4 观测到的显著扰动要比 P1 和 P2 观测到的早。值得注意的是，强的地向等离子体流和基于磁场仰角确定的偶极化最

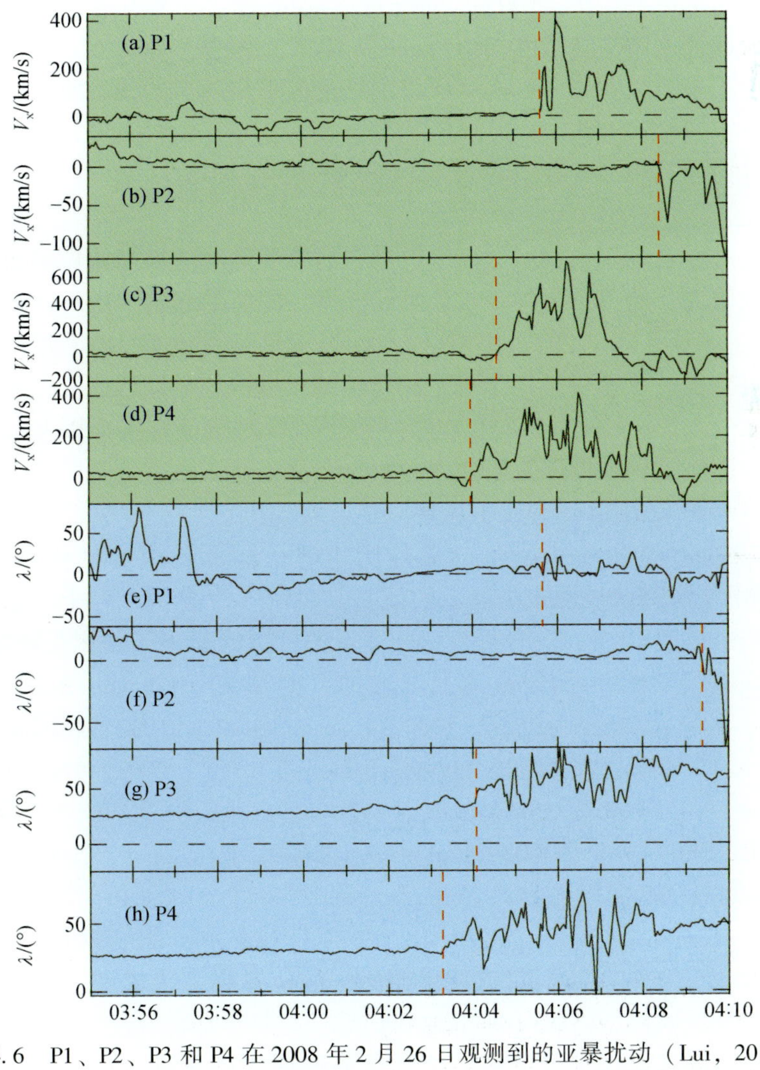

图 4.6　P1、P2、P3 和 P4 在 2008 年 2 月 26 日观测到的亚暴扰动（Lui，2011a）
（a）～（d）显示了对流速度的 x 分量；（e）～（h）显示了磁场的仰角

早发生在 P4 处，然后是 P3 处，最后才是 P1 处。Pu 等（2010）已经注意到 P1 处观测到尾向流，其最大速度约为 300km/s，发生在 03：58 UT 左右。然而，这些流动主要是场向流，而对流部分只有 60km/s 左右。场向的尾向流和微弱的南向磁场下降可以用近地区域的等离子体片变薄来解释。这些区域的等离子体片比中磁尾处更薄（引起了南向磁场下降）。Chao 等（1977）曾对这些特征进行过建模研究，Lui 等（1977）也曾利用磁尾的 IMP-6 观测资料进行过统计研究。

另外两个支持由外向内（outside in）模型的事件观测（Gabrielse et al.，2009；Kepko et al.，2009）也可以用由内向外（inside out）的模型来解释［具体细节请参考 Lui（2010，2011b）的研究］。换句话说，所有这些事例并没有给出令人信服的证据来支持由外向内（outside in）的模型。这表示对上述亚暴事件进行时序分析来研究亚暴急始问题所得的结论似乎是随意的或不确定的。

4.4 磁层内的亚暴起始区

最近，有学者利用地面及低高度卫星在高纬度地区的极光成像对亚暴起始区进行了详细研究，给出了更加令人信服的证据，即亚暴起始于近地区域而非中磁尾区域（Sergeev et al.，2012）。NOAA/POES 卫星穿越预爆发极光弧（亚暴急始的前几分钟）的三次事件被用来确定相对于能量电子各向同性边界的亚暴急始位置。THEMIS 卫星观测的电离层和磁层的粒子通量对比证实了预爆发极光弧的粒子源位于赤道侧磁场梯度陡变区之内。在这个位置上，赤道侧磁场很小（根据磁场模型估计为 5 ~ 20nT），对应于磁尾 $-10 \sim -8R_E$ 的区域，很像是越尾薄电流片最靠近地球的边界和外辐射带的最外侧边界。这也对应着产生能量电子弧（EEA）的电子沉降区。图 4.7 展示的就是其中的一个事例。两个与 DMSP 卫星的联合观测也证实了 EEA 与预爆发弧相联系的低能倒 V 电子结构是并发的。

Sergeev 等（2012）的研究以及早先的一些研究（Lui and Burrows，1978；Lui，1991，2011c；Roux et al.，1991；Samson et al.，1992；Erickson，1995；Cheng and Lui，1998；Pu et al.，1999；Friedrich et al.，2001；Dubyagin et al.，2003；Chen et al.，2003；Donovan et al.，2008；Liang et al.，2008；Saito et al.，2008，2010；Shue et al.，2008；Rae et al.，2009；Henderson，2009；Akasofu et al.，2010；Liu et al.，2012；Xing et al.，2013；Akasofu，2013a，2013b；Kozelov and Kozelova，2013；Li et al.，2014；Hwang et al.，2014；Kalmoni et al.，2015）结果表明，我们对于亚暴初始区的位置终于达成了一个共识，也就是其位于磁场从偶极型向尾向型过渡的区域。

将磁场过渡区识别为亚暴初始位置也更契合一些强调近地区域重要性的研究。例如，Shue 等（2008）对两年内 68 个地向高速流进行了统计研究，发现有

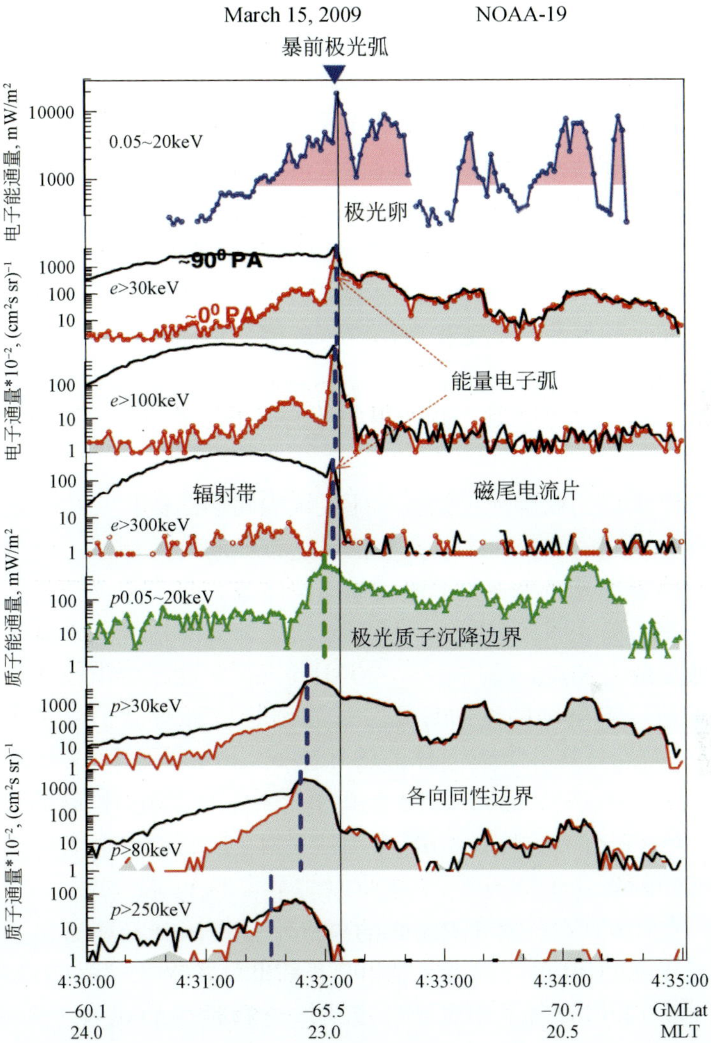

图 4.7　预爆发极光弧相对于能量电子和能量质子各向同性自然边界的位置决定了能量电子的强沉降与预爆发极光弧同时发生（Sergeev et al.，2012）

两类高速流。一类通常在磁尾−10R_E处被观测到，并且与表示亚暴膨胀相发展特征的极光强度显著增加有密切联系。另一类发生在磁尾−15R_E以远的地方，并且对应于较低水平的极光活动。

另一个更全面的统计研究分析了子夜磁尾中心等离子体片中的 560 个高速流事件，结果表明磁尾−15R_E以外发生的高速流对应的亚暴活动并不显著（Li et al.,2014）。而亚暴活动却与−11 ~ −9R_E偶极化区域的短时高速流密切相关。研究还指出−15R_E 以外的短时高速流和长时高速流存在非常显著的区别。短时高速流的离子速度分布呈现出多月牙形分布，这也是电流中断模型所期待的特征；而长时高速流的离子速度分布则呈现出单月牙形分布。

Shue 等（2008）及 Li 等（2014）的研究结果与 Ohtani 等（2006）对 Geotail 卫星和 GOES 卫星的联合观测数据统计分析所得到结果的是一致的。他们发现绝大多数在中磁尾的高速流并没有到达同步轨道的高度以引起近地磁场偶极化。换句话说，中磁尾等离子体片中的高速流不足以引起同步轨道区的磁场偶极化。

Akasofu 等（2010）曾报道在预爆发弧更靠近磁极一侧的极光弧仅仅在亚暴急始后才变得活跃起来。此外，赤道向的那一半极光卵的宽度则在亚暴急始前迅速的变窄。这两个现象均表明亚暴急始位于磁尾 $-10R_E$ 附近。

4.5 亚暴偶极化

一个被广泛认识的亚暴现象就是近地区域的磁场偶极化。两个亚暴主要模型对于偶极化有着不同的解释。本节主要探讨这方面的有关特性。

在由外向内亚暴模型中，关于地向等离子体流如何引起亚暴急始还存在很多争议。地面观测的极光图像表明，一些膨胀相急始似乎是受急始弧中极向的极光羽流影响而触发的（Nishimura et al.，2010；Xing et al.，2010）。最初认为等离子体流的刹车是近地磁尾的尾向等离子体压强梯度而导致的（Shiokawa et al.，1997）。根据他们的计算，等离子体流将在磁尾 $-10R_E$ 附近停止向内的渗透。从等离子体流刹车中产生的晨向惯性电流会对亚暴电流楔的形成有贡献（Haerendel，1992）。但在考虑 $-10R_E$ 以内或 $L \leqslant 4$ 的等离子体注入和偶极化时，这种解释会遇到困难。

Panov 等（2010）在一次 THEMIS 的事件中曾展示到高速流在 $-12 \sim -8.5R_E$ 会发生过冲和反弹的现象。图 4.8（a）给出了此次事件中 5 颗 THEMIS 卫星的位置信息，图 4.8（b）给出了相应的等离子体流和磁场的观测。值得注意的是，所有卫星的 V_x 分量多次改变符号。不幸的是，没有给出离子速度分布也就无法确定是否属于 Li 等（2014）描述的短时高速流。如果是的话，那么该事例将符合电流中断模型的描述而非等离子体流刹车模型。

另一个关于粒子注入磁层较深位置的机制是基于熵的考虑。Pontius 和 Wolf（1990）引入了等离子体泡的概念，并解决了 Erickson 和 Wolf（1980）发现的压力平衡悖论。后来，这也演变成高速地向流到达内部磁层的机制之一，即当高速流比周围环境的熵低时，它就可以继续向内前进（Chen and Wolf，1993）。Geotail 卫星观测的时序叠加分析也表明熵的演化在亚暴、伪爆发亚暴及对流湾期间是不同的（Yang et al.，2010）。此外，亚暴期间观测到的等离子体片快速变薄可能是一对 bubble-blob 在闭合磁力线下的产物（Yang et al.，2011）。利用

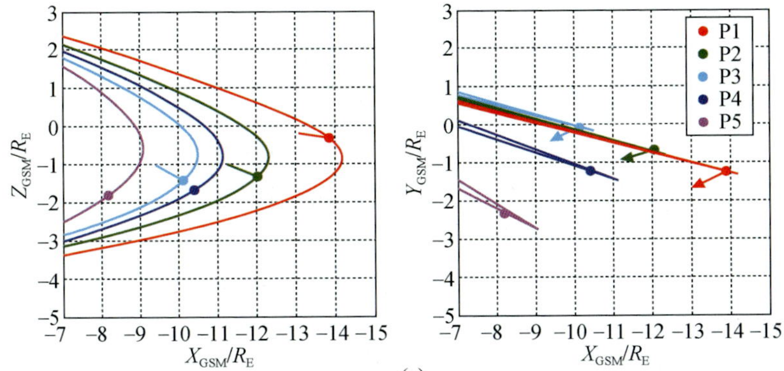

(a)

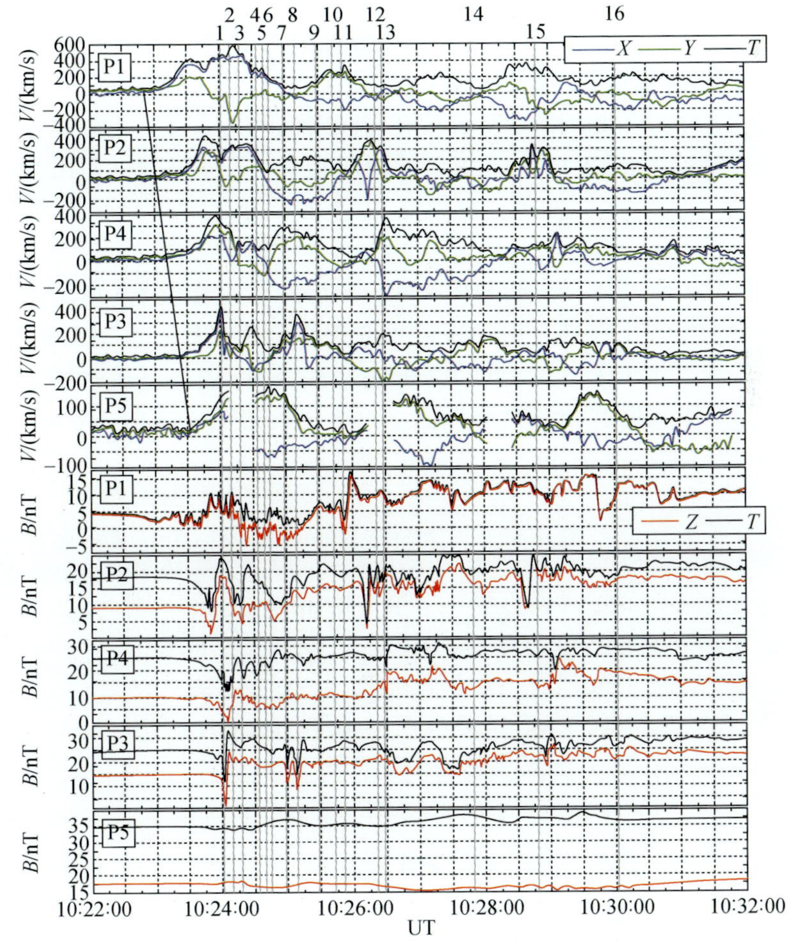

(b)

图 4.8　THEMIS 卫星的位置（a）以及这些卫星观测到的等离子体和磁场（b）（Panov et al.，2010）

Rice 的对流模型对熵损耗进行建模研究也重现了亚暴观测中的主要特征（Yang et al.，2012）。然而，这并不能用来区分这两种亚暴模型，因为 MR 和 CD 都能产生一个低熵磁通量管（Wolf et al.，2006；Yang et al.，2011）。

Turner 等（2015）研究了中磁尾等离子体流的地向传输，结果表明近地区域亚暴离子的注入与在高磁壳 L 值处的不同。这与基于熵的考虑而做出的中磁尾区域作为源区的注入是不一致的。

中磁尾观测到的偶极化常常表现为一个波阵面的形式（Nakamura et al.，2002；Runov et al.，2009；Sergeev et al.，2009）。其中一个例子可用 THEMIS 联合观测时段内（所有的 THEMIS 卫星大致处于磁尾的轴线方向，如图 4.9 所示）发生的偶极化锋面来说明。距离地球最远的卫星 P1 位于磁尾 $-20R_E$（Runov et al.，2009）[图 4.9（a）、（b）]，偶极化锋面的持续时间大约为 1min，最先被 P1 观测到，随后逐步被距离地球更近的卫星探测到。然而，P5 卫星观测到的偶极化与其他的几个并不相同，主要表现在持续时间和形态上。正如红色虚线表示的，P5 观测到的偶极化在 P2 处观测到的锋面结束时开始发生，而比 P3 和 P4 处的偶极化锋面发生的要早得多，也就是说它并不符合偶极化锋面地向运动的顺序。

至于偶极化锋面与亚暴急始的相关性，应该注意的是图 4.9 所示的偶极化锋面的地向运动顺序发生在极光活动所代表的亚暴急始之后。这一点由 Fort Smith 台站的极光观测展示出来。极光的爆发发生在 07：44 UT，紧接着发生了极光的极向扩展，这是亚暴膨胀相的典型行为。而这比最初在 07：51 UT 由 P1 观测到的偶极化锋面早了将近 7min，比最晚由最内的 P4 观测到要早将近 10min（图 4.10）。换句话说，Runov 等（2009）所报道的偶极化锋面明显是发生在亚暴急始以后。因此，对于此次事件而言，不可能是偶极化锋面引起了亚暴急始。

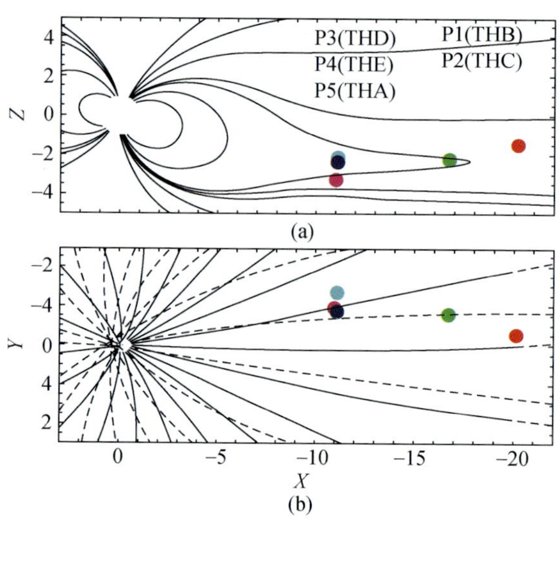

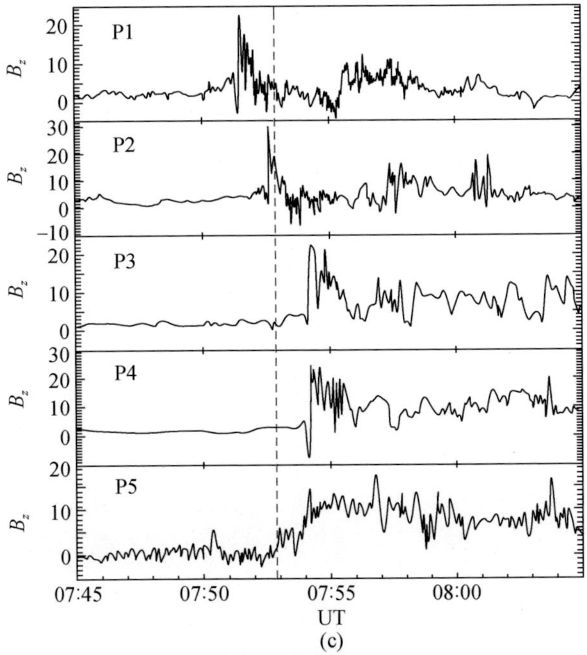

图 4.9　5 颗 THEMIS 卫星的主要尾向连线事件中对于一次地向运动的偶极化锋面的联合观测（Runov et al.，2009）

Nakamura 等（2009）基于 2007 年 10 月 27 日位于磁尾$-10R_E$附近的 Cluster 卫星观测提出了一种观点：存在两种类型的偶极化（观测图和示意图如图 4.11 所示）。对于此次事件，C4 与 C1 的位置分别为 8340km、12363km 处。三次偶极化事件的磁场差别在图 4.11 的左部展示出来。第一种类型（D1）是地向高速流输运而产生的偶极化脉冲，后续则有一个短时 B_z 扰动、等离子体片变薄以及大约 15s 周期的振荡。B_z 并没有持续的增加。第二种类型（D2）发生在 D1 之后，拥有强烈的 B_z 增强但扰动并不明显。然而，这种描述与 Runov 等（2009）报道的偶极化锋面以及图 4.9 展示的特征不能很好地吻合。

对于 Cluster 卫星在 09：07 UT 观测到偶极化事件更详尽的研究表明了另一种解释的存在。图 4.12 给出了与此相关的 Cluster 探测数据。确实，C1 的 B_z 扰动要比 C4 更早。然而，Nakamura 等（2009）所描述的第一类偶极化也同样能解释为电流中断的一部分，此时所有的磁场分量都有大的扰动。大的 B_x 扰动是电流中断的另一个特征，产生的原因可能是电流丝化。Lui 和 Najmi（1997）在电流中断过程中曾诊断出 B_x 的 15s 周期的波动。还要注意的是 C1 处的 V_z 分量显示等离子体存在着稳定的北向运动，与等离子体片振荡导致 V_z 符号每 15s 改变一次的解释相反。在 09：08：45 UT（竖虚线），尽管两个卫星几乎都处在中性片中 B_x

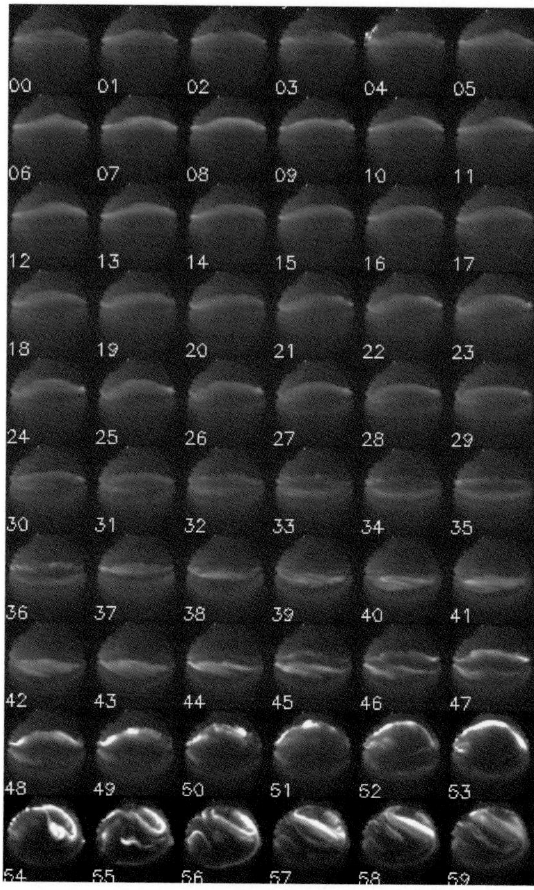

图 4.10　2009 年 2 月 27 日 07：00 ~ 08：00 UT 期间 Fort Smith 台站的极光图像显示 THEMIS 卫星观测到的偶极化锋面发生在亚暴起始之后。亚暴起始于 07：44 UT，而距离地球最远的 THEMIS 最早观测到的偶极化锋面的时间为 07：51 UT（Lui，2011a）

都很小的位置，基于 E_y 和 B_z 计算得到的 x 方向磁通量传输在 C4 处要比 C1 处大得多。这种差异与从 C1 到 C4 的磁通量传输的解释并不相符。

Lui（2014）提出了另外一种根据不同特征来划分两类偶极化的分类方法。一类是与亚暴急始和亚暴电流楔相关的近地偶极化（NED）。NED 类型的 B_z 增加可以维持几分钟，而脉冲式的偶极化仅能维持 1 ~ 2min。NED 通常与最初较大的磁扰动有联系，且具有湍流的特性，而偶极化锋面（DF）则不具备。DF 通常向地向传播，而 NED 则向尾向传播。DF 主要是空间结构，而 NED 则主要是局地动力学过程的时间表现，它可以导致中性片附近的越尾电流减少。

另一个类似于 DF 的等离子体注入内磁层的思路是由 Liu 等（2013）提出的偶极化磁通量堆集包（DFB）。DFB 的定义是在地球磁尾的 DF 后存在一个强磁

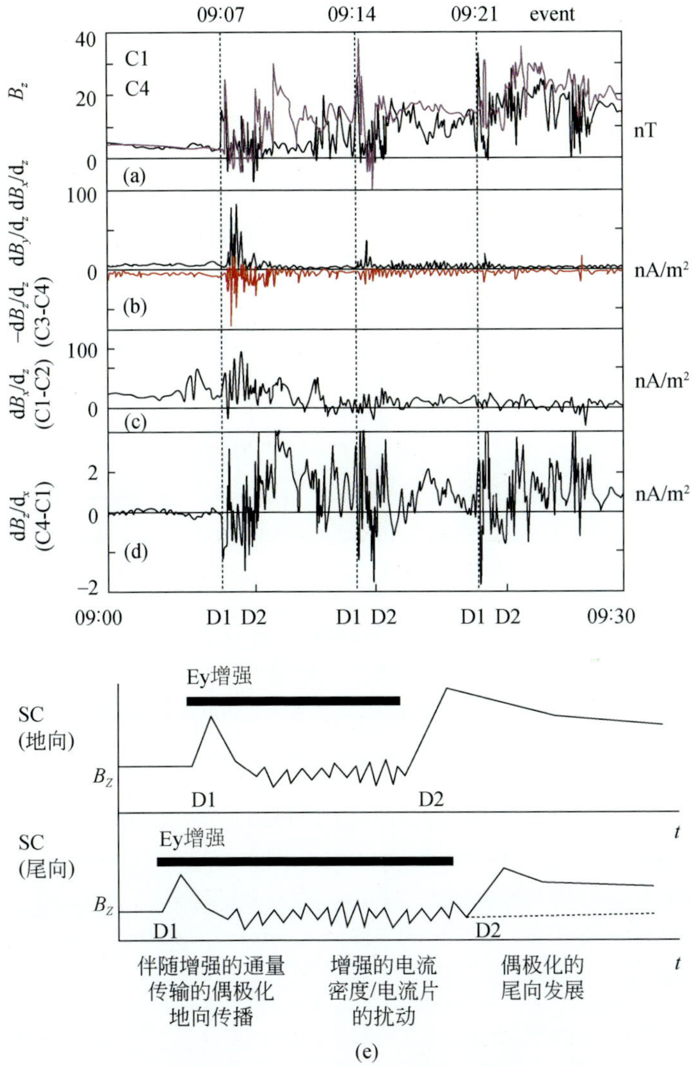

图 4.11　Cluster 观测到伴随着地向传播的偶极化锋面的电流中断现象，可看出其中存在着两类偶极化（Nakamura et al.，2009）

场的区域。磁场的子午截面显示了偶极化的磁力线，而 DFB 电流片的赤道截面显示出凸状结构。这种构型展示在图 4.13 中。磁扰动表现为 DF 前的 2 区场向电流（FAC）分支以及波前的 1 区场向电流分支，在 DF 处的整体表现出 1 区场向电流的特性。有建议，DFB 的崩溃呈现出一个基本的亚暴电流楔，可以将大量的越尾电流转移到电离层。然而，后续的评估并不支持这种建议。DF 引起的净电

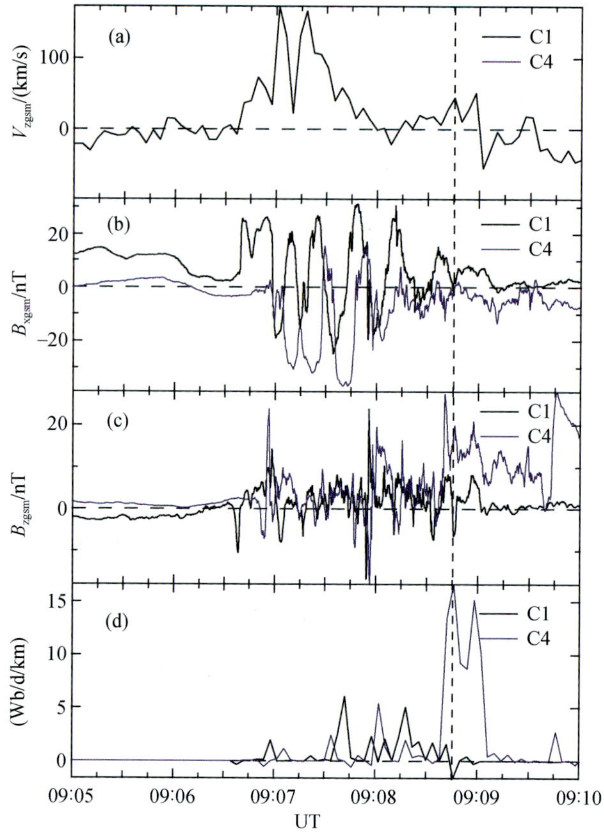

图 4.12　2017 年 10 月 27 日 Cluster 卫星的观测

(a) C1 处的 V_z；(b) C1 和 C4 处的 B_x；(c) C1 和 C4 处的 B_z；(d) C1 和 C4 处的磁通量传输。B_x 和 B_z 的扰动可以用电流中断产生的波动和电流碎片来解释。垂直的虚线显示 C4 处存在地向磁通量传输。在更靠近磁尾的 C1 处没有看到类似的现象（Lui，2011a）

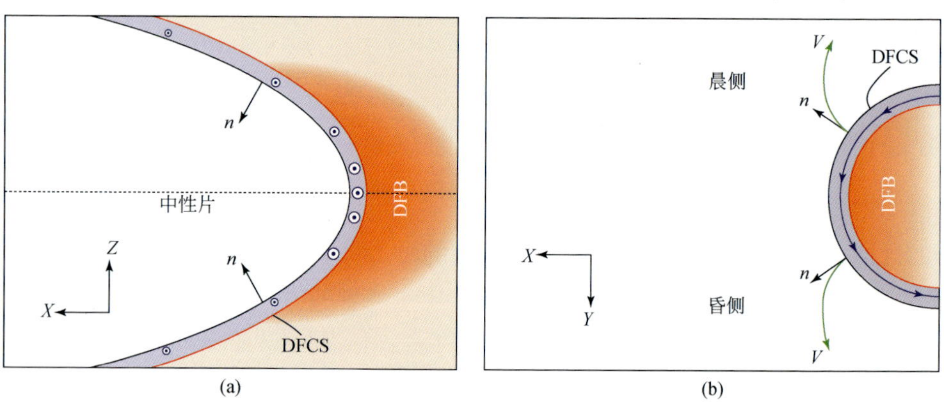

图 4.13　假设偶极化通量包整体上沿着 X 方向运动 XZ 截面（a）和 XY 截面（b）的情况

流（等离子体流）方向用蓝色（绿色）箭头表示。红色区域表示强磁场区，而蓝色为偶极化锋面的电流片（Liu et al.，2013）

电流再分配要比亚暴电流楔的典型值低一个数量级（Yao et al.，2015）。DF 附近的电流和压力扰动如图 4.14 所示，与上述一致的是 DF 引起的磁通量传输的计算结果（Lui，2015）。DF 的磁通量传输总量大约是亚暴近地偶极化所需的磁通量增加的 0.1% ~2.2%，至少 80%的 DF 不满足使得磁通运输呈现出重要性的磁冻结条件。

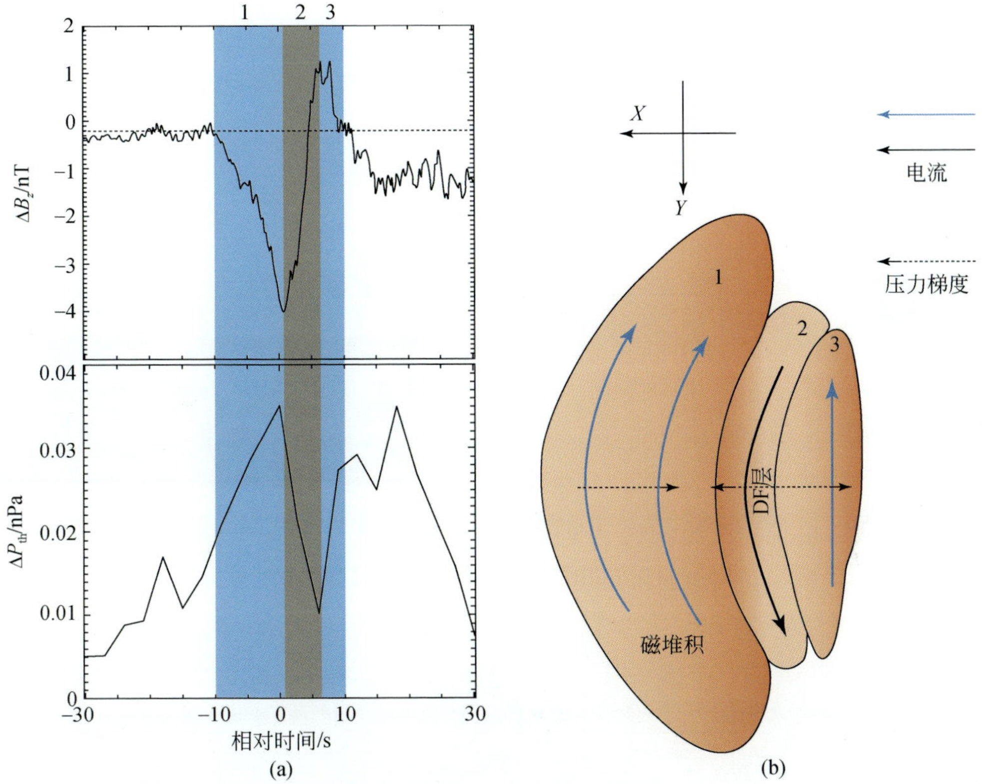

图 4.14　电流系统与偶极化锋面前磁场下降示意图（Yao et al.，2015）

（a）强磁场下降和弱磁场下降事件的磁场 B_z 和等离子体压强的差别，变化值可以从观测值减去偶极化锋面前 3 ~4min 的统计中位值来获取；（b）从上述差别推断出磁场 B_z 下降的电流系统的卡通图

4.6　亚暴电流系统

Lui（2013）多点观测的文章展示了亚暴期间越尾电流变化的重要线索。从选择两颗 THEMIS 卫星拥有相同的赤道向投影以及不同的磁尾电流片南北向投影的时段开始，亚暴期间越尾电流密度的演化就被精确地确定下来了。这种情况正如图 4.15 所示的 2009 年 2 月的亚暴一样。在两个事件的研究中，包括两颗卫星

的磁尾电流区的电流密度在偶极化期间减少了 40% ~70%，其中一个例子如图 4.16 所示。电流密度变化的动力学时间尺度非常快，大约只有几秒钟。这也预示着电流中断/偶极化的动力学过程。电流片的功率耗散主要是在晨昏方向并且主要是借由太阳-磁尾方向的发电机过程。该发电机过程对于驱动电离层南北亚暴电流系统也是十分必要的。该结果确认此次亚暴电流系统中的发电机区和负载区正如 Lui 和 Kamide（2003）所示的那样。

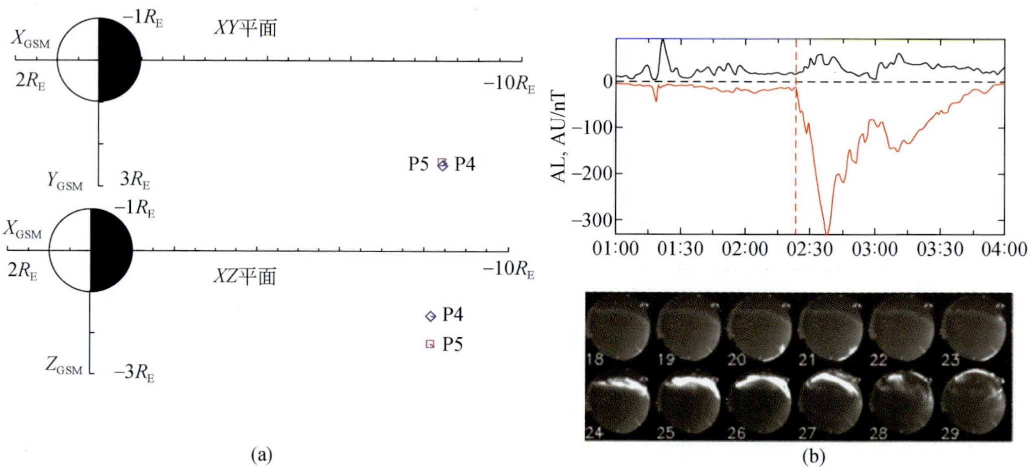

图 4.15　（a）P4 和 P5 卫星在 XY 和 XZ 平面内的投影；（b）孤立亚暴事件中的 AL/AU 指数和地面全天空相机获得的极光图像（Lui，2011c）

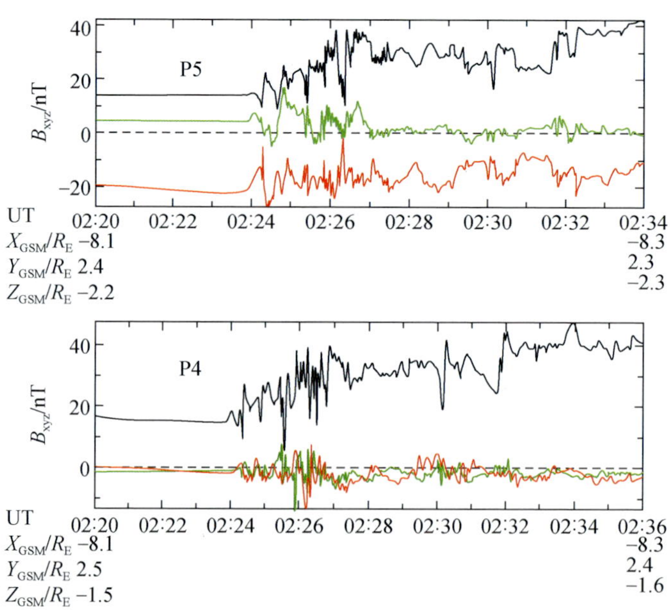

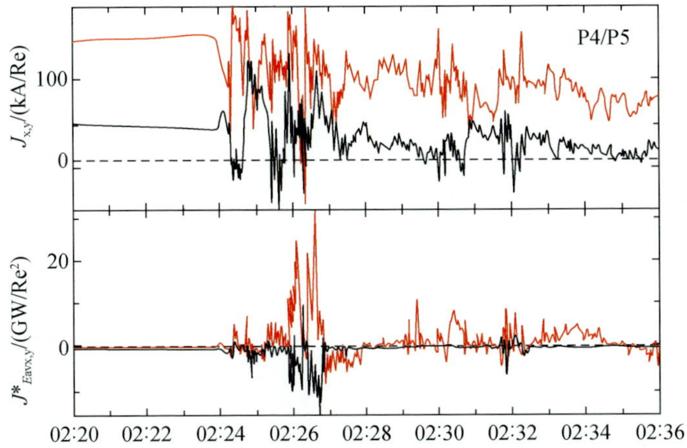

图 4.16　2009 年 2 月 28 日的电流中断/偶极化观测（Lui，2013）

从上到下展示的是 AU/AL 指数，P4 和 P5 卫星观测到的 GSM 坐标系下的磁场分量（不同的颜色表示不同的分量），P4 和 P5 之间的电流密度和功率（由两颗卫星测量的平均电场和电流密度乘积而得到）

采用磁场平均方法对粒子（相对卫星的）回旋中心进行投影的技术，可以更好地揭示粒子加能区域的移动。图 4.17 展示了相关的结果，可以看出，平均磁场越小，对应的区域越大。最初，粒子加能区域在卫星的地向 2000km 处（$-8.1R_E$），意味着电流中断/偶极化卫星的地球侧发生的更早。此后，大约在 02：24：35 UT，粒子加能区域移动到卫星的地球向偏晨侧；在 02：25：00 UT，移动到卫星的尾向偏晨侧。值得注意的是，粒子加能区域向尾向的移动速度并不是固定的。这是因为电流中断起始的尾向传播并不与由内向外模型的任何一支波动的传播有关。

图 4.18 显示的是电流中断期间偶然发生的磁冻结条件被破坏的情形。在 MHD 条件下如果将等离子体行为视为流体，根据磁冻结条件 $E = -V \times B$，结合等离子体流 V 和磁场 B 可推断出电场。我们对比了消旋卫星坐标系下的电场分量 E_x 和 E_y，从中可明显看出有 6 个时间段内的观测电场偏离了预期的磁冻结电场。另一个对磁冻结条件破坏的检验是将 $E\times B$ 速度与观测的离子速度（等离子体速度实质上是由质量更大的离子决定）进行对比。图 4.18 中第三栏展示了基于磁冻结条件得到的消旋坐标系下的 $E \times B$ 速度，这里利用了观测到的电场和磁场并假设 $E \cdot B = 0$。在此期间，$E\times B$ 速度的 x 分量超过 2000km/s，y 分量超过了 1200km/s。底部的两栏展示的是对应于上栏中用黄色表示的时间段内垂直速度分量平面 $V_x - V_y$ 内的离子速度分布。如果我们将这些时间段内的速度分布与满足磁冻结条件（红点所示）的 $E\times B$ 速度进行对比，可明显看出观测到的速度分布与所需的 $E\times B$ 速度并不符合。这也进一步导致电流中断期

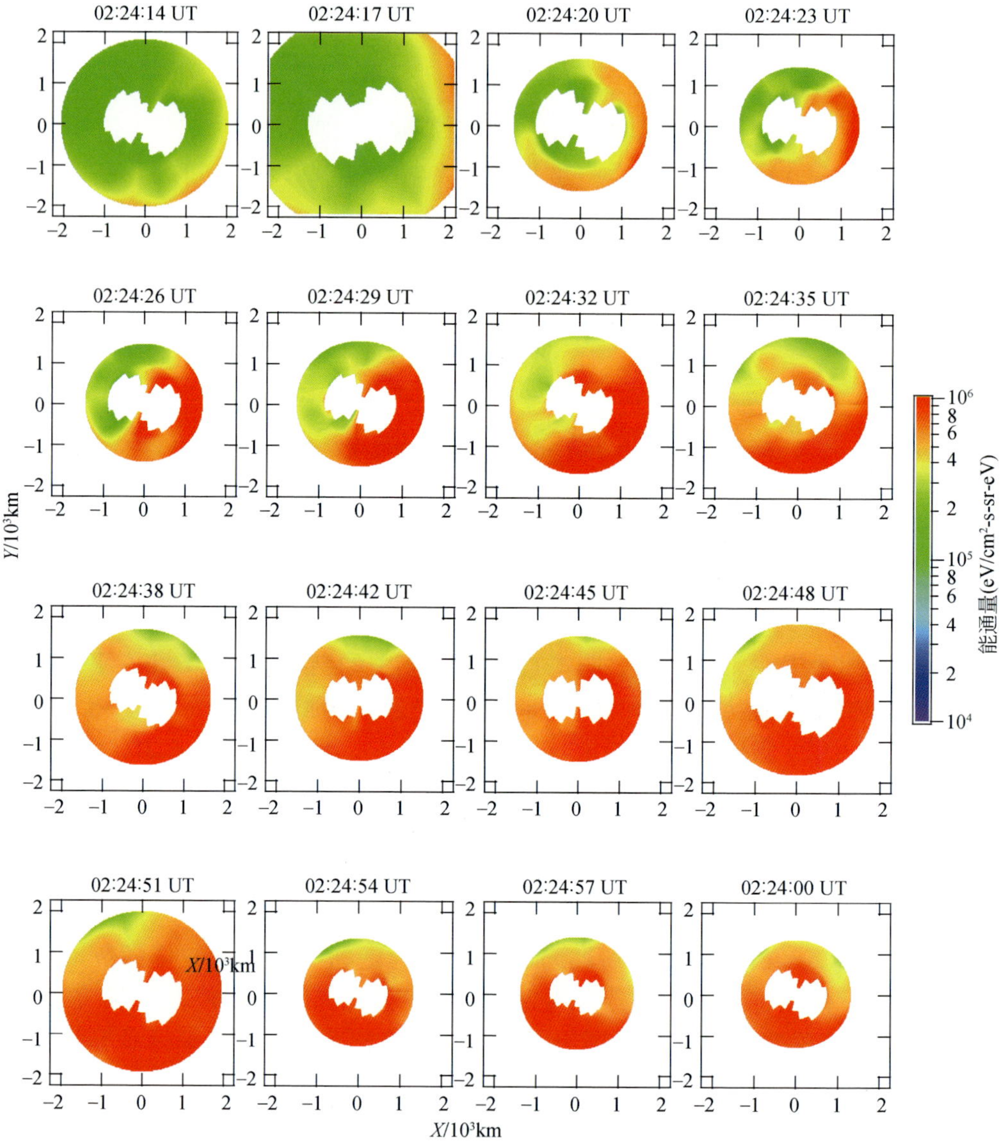

图 4.17　2009 年 2 月 28 日 THEMIS 的 P4 卫星附近 50～60keV 离子能通量的时间演化过程，该能通量是用观测到的能通量投影到离子回旋中心后重构出来的（Lui，2013）

间偶尔发生的磁冻结条件的破坏。这些特征提供了关于亚暴急始过程的重要线索。

基于电流中断模型，图 4.19 展示了两个电路中的发电机极区和负载区，以及电流和电场的位置。

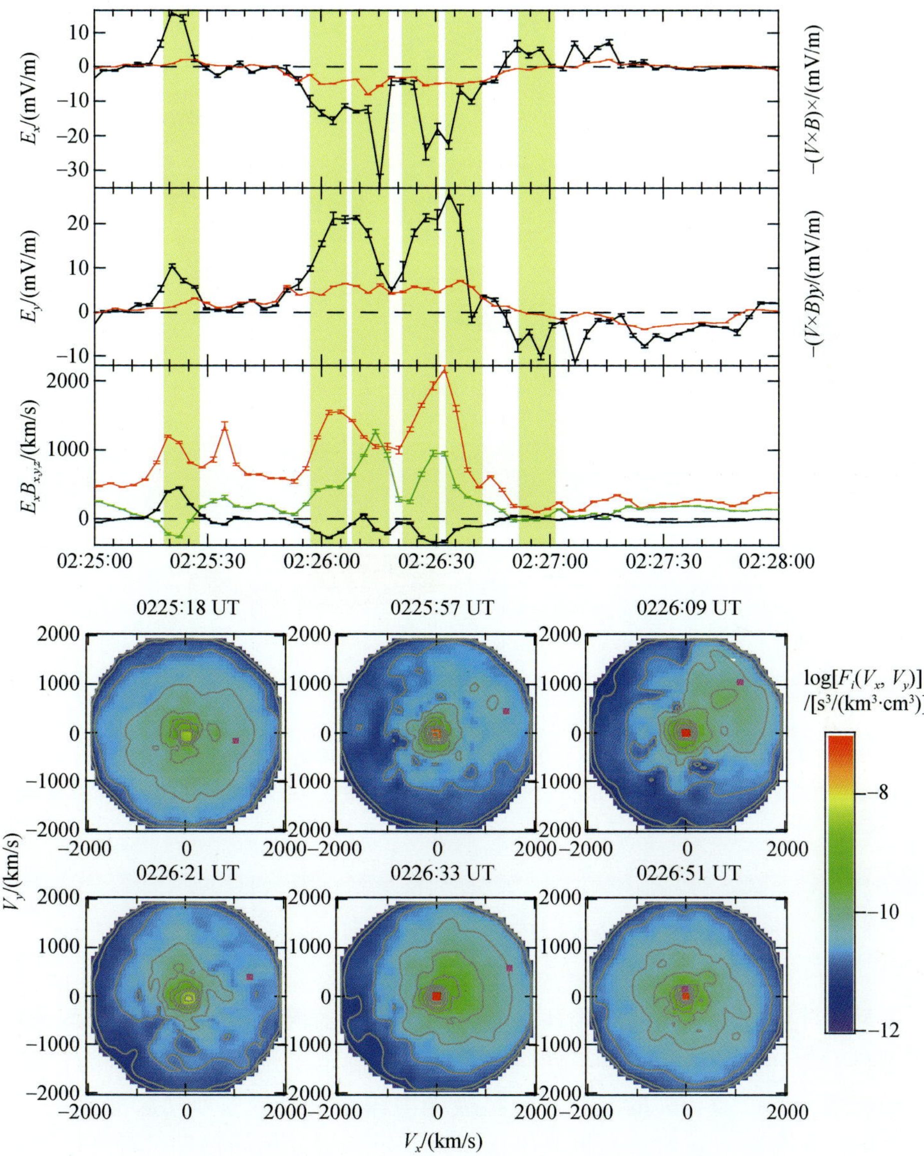

图 4.18　探测到的电场 E_x 和 E_y 与根据磁冻结条件预期值 $E=-V\times B$ 的比较（Lui，2013）

第三栏为根据磁冻结条件预期的等离子体流动，误差棒是平均值的标准差。底部两栏为垂直流平面内 V_x-V_y 内的离子速度分布序列，表明观测到的速度分布与满足 $E\times B$ 等离子流动所需的速度漂移（由红点表示）并不吻合

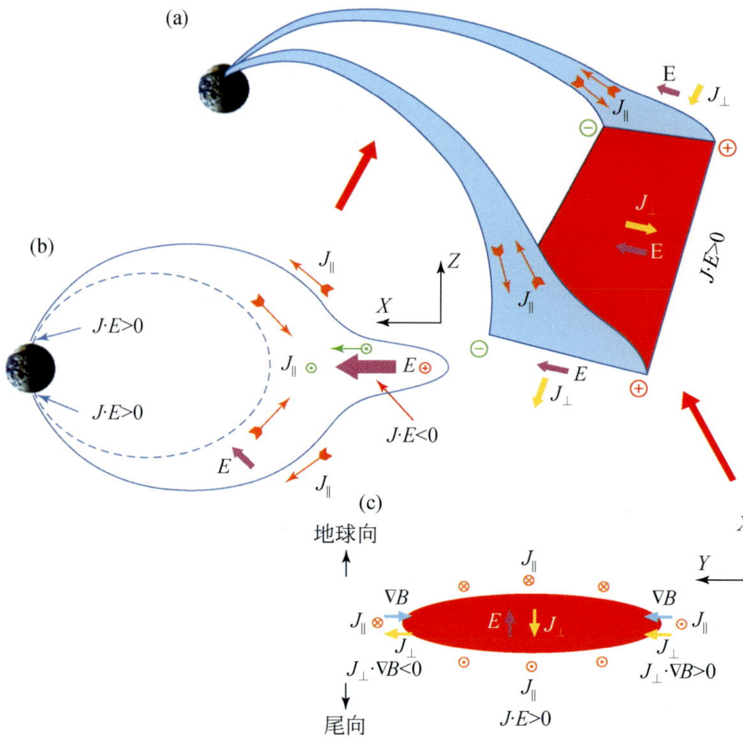

图 4.19　单个电流中断位置处磁力线滑动的发电机效应示意图

（a）亚暴电流系统的三维示意图；（b）子午面内的电流回路，磁尾偶极化区是发电机区而电离层为负载区；（c）赤道面内的子午电流回路及方位电流回路，其中子午电流回路的发电机区及方位电流回路的负载区都在电流中断区域（如红色所示）

4.7　亚暴极光弧处的极光串珠

亚暴极光弧处产生的极光串珠是另一个新的亚暴特性，是确定亚暴起始过程的关键线索之一。最近的一些事件研究中，已经确定了亚暴极光弧处极光串珠亮度的精确增长率以及相关的波长。此类极光串珠最终会导致亚暴膨胀相的发生，因此这些定量参数的确定会对极光串珠乃至亚暴急始过程的物理过程产生严格的约束限制。

图 4.20 展示了一个有关事例，极光串珠的空间结构在其中的极光图像序列中可明显看出［该图来自 Donovan 等（2006）的文章］。左列展示的是 2005 年 11 月 28 日 Fort Yukon 台站 ASI 仪器获得的真实白光极光图像，时间分辨率是 6s。右列展示的是伪彩色连续图像之间的差异（以高亮度显示极光串珠）。在极光爆发 10∶14 UT 之前，大约持续了 2min。极光串珠的波长大约为 100km。图 4.20

底部图来自 Donovan 等（2008）的文章，展示的是 2007 年 3 月 13 日极光弧沿着 5 个磁子午线切面并且在磁纬 62°～67°的极光峰值亮度的指数增长过程。630nm 极光的同步观测表明极光弧在闭合磁力线更靠近赤道 5°的位置，与磁场位形过渡区的初始位置相符。

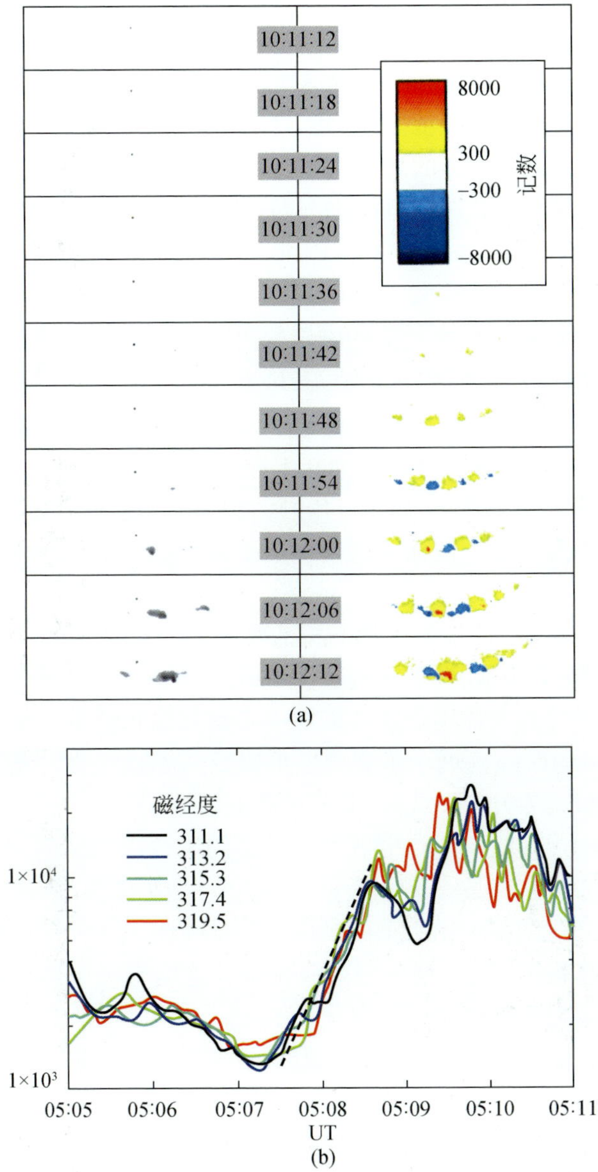

图 4.20　（a）Fort Yukon 台站观测到的极光串珠的发展过程；（b）极光串珠强度峰值的指数增长（Donovan et al.，2006）

Lui（1991）提出越尾电流不稳定性（CCI）引发亚暴膨胀相，这一点在重复观测到极光串珠的波长和增长率时得到了验证。这与之前研究描述的亚暴电流系统两个电流回路是由同一种不稳定性所建立的（图 4.19）。考虑到这些事件中磁层等离子体环境是未知的，那么探索何种等离子体参数能够求解 CCI 的色散方程来重现这两个观测是十分必要的。此外需要考虑的是不稳定性出现在磁尾的准确位置，这也决定了波长从电离层映射到磁层的比例因子。基于 T96 模型，Kalmoni 等（2015）针对其中的一个事例采用的比例因子是 33 左右。然而，他们注意到从 T96 模型映射得到的极光串珠源区的位置范围在 $-18\sim-8R_E$，主要是 $-12\sim-9R_E$。因为源区的位置经估算非常靠近同步轨道的高度，我们可以基于电离层中固定地方时该径向距离处的方位角扩展来检验源区位置的比例因子。对于磁纬 65°的极光串珠而言，径向距离为 $-6R_E$ 的比例因子大约为 14。因此，该研究采用的比例因子 A 的范围为 14～33，正比于径向距离 r（$-12\sim-6R_E$），$A=14+(33-14)(r/6-1)$。

重现合适的波长和增长率所需的磁层等离子体参数可以通过试错法获得。对于等离子体数密度 N，我们假定的范围是 0.1～3cm^{-3}，磁场 B 的范围是 5～40nT，离子温度 T_i 的范围为 0.1～10keV，电子温度 T_e 的范围为 0.05～5keV，离子和电子分布的相对漂移速度 V_d 为 0.1～1Va（阿尔文速度），从 CCI 的色散方程可以求解出波长和增长率（Lui，1991，2004）。这种分析需要注意的是 CCI 的解是否适用于不考虑磁力线曲率的情况下中性片的位形。此外，该方法也不能保证解的唯一性。

Kalmoni 等（2015）通过多事件分析清晰展示了极光串珠存在于很宽的波长范围内。尤其是 2011 年 10 月 2 日的事件中，23 个波长和相关的增长率被确定下来。这也为在单个等离子体不稳定性事件中考察宽波长范围的增长率扩展提供了很好的机会。图 4.21（a）展示了观测结果以及从不稳定性分析获得的解（Lui，2016）。这些数据的波长范围为 10～300km。在 $N=1cm^{-3}$，$B=26nT$，$T_i=0.5keV$，$T_e=0.4keV$，$V_d\sim V_A/7$ 情况下，CCI 的增长率剖面也一并给出。对于增长率峰值为 0.0390/s 的波动而言，其磁层处的波长为 2555km，周期为 8s。Kalmoni 等（2015）采用的比例因子为 33，并且在图 4.21（a）中将磁层波数与电离层波数联系起来了。CCI 增长率剖面表明，这组等离子体参数可以很好地匹配所展示的整个波数范围内的增长率。

Kalmoni 等（2015）总结了多事件观测的结果，并确定增长率在离散波数范围内是磁层波数的函数。对于 CCI 而言，同样的比较在图 4.21（b）中也给出了。每个波数的上下四分位数统计信息由图中盒子的上下边界表示，而盒子中间的横线就是中间值。值得注意的是，该统计是基于多个事件做出的，目前尚不清楚是否一个等离子体参数集可以代表所有的事例。尽管如此，一个精确的 CCI 分析所得到的预测还是有价值的，可以用来检验单一的剖面是否可以在增长率不确定性的范围内适应整个波数范围的情况。CCI 增长率的剖面是基于 $N=0.6\mathrm{cm}^{-3}$，$B=13\mathrm{nT}$，$T_i=1\mathrm{keV}$，$T_e=0.15\mathrm{keV}$，$V_d\sim V_a/3$ 得到的。所激发的波的增长率峰值是 0.0519/s，磁层处的波长为 3338km，周期是 8s。

因为图 4.21（b）的统计来自多个事件，而每个事件可能有不同的等离子体参数，因此另外一组等离子参数集也可以很好地重现这个多事件剖面。图 4.21（c）展示的是另外一组参数下的结果，的确可以获得一个符合观测统计的增长率剖面。该拟合下的参数是 $N=1.5\mathrm{cm}^{-3}$，$B=18\mathrm{nT}$，$T_i=1\mathrm{keV}$，$T_e=0.1\mathrm{keV}$，$V_d\sim V_a/4$，增长率峰值为 0.0595/s 的波动在磁层内的波长为 2229km，周期为 7s。

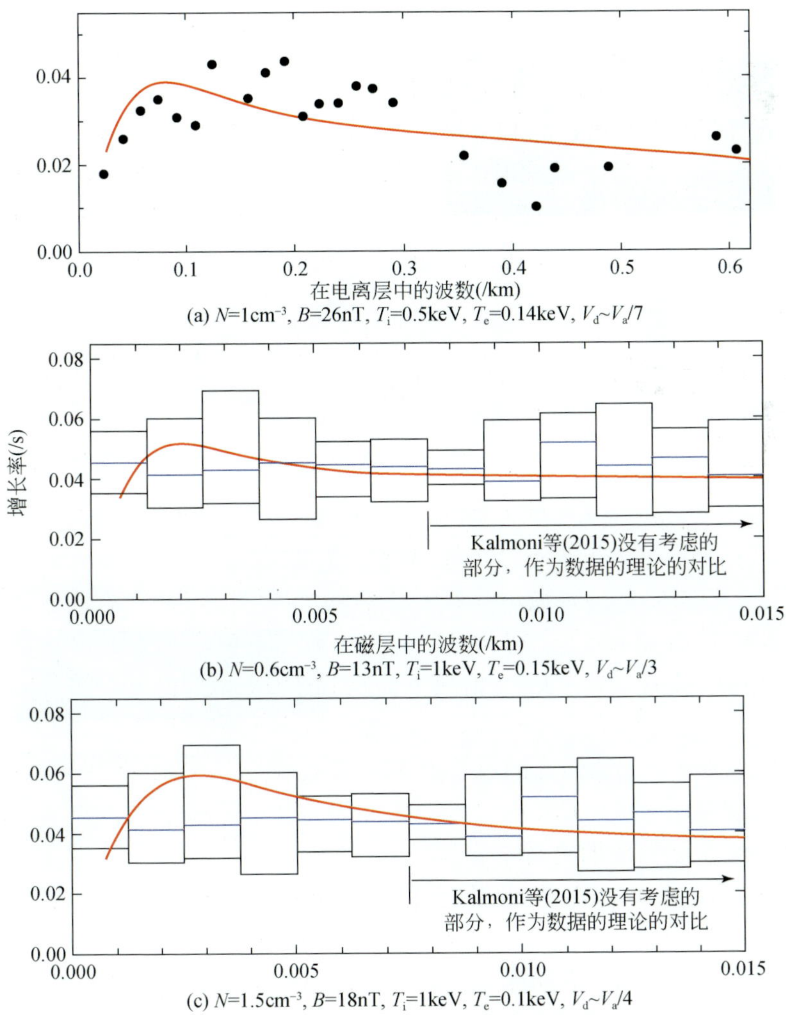

图 4.21　从 Kalmoni 等（2015）的多事件研究中重现极光串珠特性的不稳定性分析
（a）2011 年 10 月 2 日事件；（b）重现极光串珠的增长率时波数函数的一组等离子体参数集；
（c）另一组等离子体参数集（Lui，2016）

通过改变波长范围，可以对 CCI 重现波长为 10 ~ 300km、增长率为 0.02 ~ 0.11/s 的极光串珠进行测试。结果表明，如果起始位置在磁过渡区 $-6 \sim -12R_E$ 并且满足观测的限制，那么这些极光串珠特征可以通过越尾电流不稳定性得以重现。

磁层内 CCI 发展的结构与电离层极光串珠的联系在图 4.22 中予以展示，采用了修正双流不稳定性模式（Lui，1991）。众所周知，该不稳定性的结果就是产生场向电子加速（McBride et al.，1972）。这是因为电子需要沿磁力线传播较长的距离来与离子发生相互作用。这种相互作用激发波动并导致电子沿磁力线的加速（Lui，1991）。

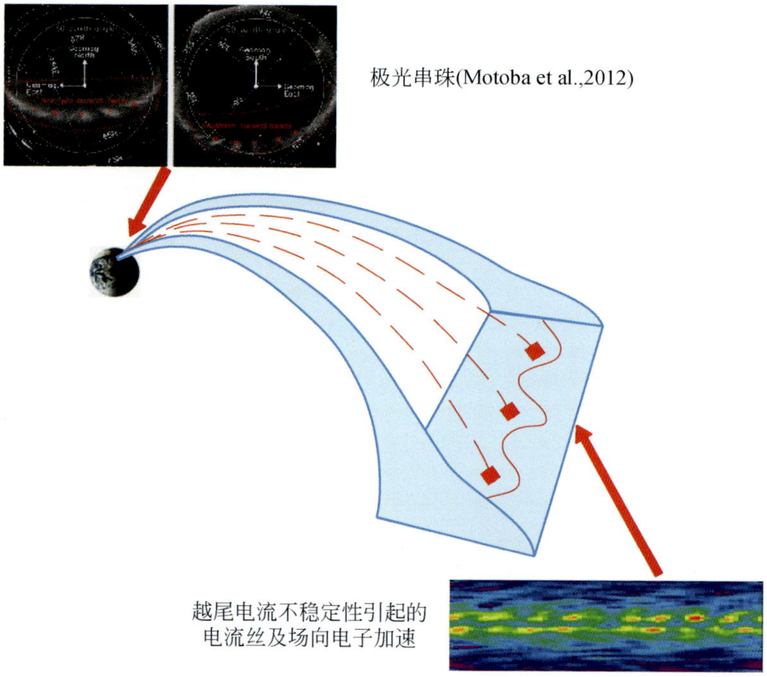

图 4.22　连接越尾电流不稳定性引起的磁层场向电子加速和电离层极光串珠的一个示意图（Lui，2016）

4.8　总　　结

最近的一系列观测发现加深了我们对亚暴现象及亚暴触发过程的理解。一个重大进展就是学术界达成了一个共识：亚暴在磁层内的触发位置通常位于磁力线从偶极型向尾向型过渡的区域。种种迹象表明磁层内的偶极化有两种不同的形式。瞬时 B_z 分量的北向增强叫做偶极化锋面。在 THEMIS 卫星以前，被很好研究的传统的近地偶极化具有不同于偶极化锋面的特性。多次偶极化锋面能否形成近地偶极化还一直存在争议。亚暴电流系统包含两个不同的电流回路并且其发电机区和负载区也都被确定下来了。亚暴极光弧处的极光串珠对亚暴的起始过程强加了严格的观测约束，并且这些特点与越尾电流不稳定性的预测能很好地吻合，这些都为近地越尾电流不稳定性触发亚暴的图像提供了强有力的证据。

一些挑战性的亚暴问题还仍然存在。比如说，最近的研究还将亚暴膨胀相起始作为主要的关注点，并且在理解整个亚暴膨胀相现象方面的进展还很有限。在亚暴增长相及膨胀相早期，等离子体片开始变薄，随后在亚暴膨胀相的末期和恢复相早期又开始膨胀。这个阶段，观测结果和亚暴边界层模型所暗示的双分量西向电集流可能开始形成（Kidd and Rostoker，1991；Rostoker，1996，2007；Kamide and Kokubun，1996；Gjerloev and Hoffman，2014）。在近地触发模型中，中磁尾磁场重联主要影响亚暴的后期发展。目前尚不清楚该磁场重联是否对双分量西向电集流的出现起作用。

参考文献

Akasofu S I. 1964. The development of the auroral substorm. Planetary and Space Science，12（4）：273-282.

Akasofu S I. 1968. Polar and Magnetospheric Substorms. Berlin：Springer.

Akasofu S I. 2013a. Therelationship between the magnetosphere and magnetospheric/auroral substorms. Annales Geophysicae，31（31）：387-394.

Akasofu S I. 2013b. Where is the magnetic energy for the expansion phase of auroral substorms accumulated? Journal of Geophysical Research：Space Physics，118（11）：7219-7225.

Akasofu S I，Lui A T Y，Meng C I. 2010. The importance of auroral features in search for substorm onset processes. Journal of Geophysical Research：Space Physics，115（A8）：399-429.

Angelopoulos V. 2008. The THEMIS mission. Space Science Reviews，141：453-476.

Angelopoulos V，McFadden J P，Larson D，et al. 2008. Tail reconnection triggering substorm onset. Science，321（5891）：931-935.

Angelopoulos V，McFadden J P，Larson D，et al. 2009. Response to Comment on "Tail reconnection triggering substorm onset". Science，324（5933）：1391.

Chao J K，Kan J R，Lui A T Y，et al. 1977. A model for thinning of the plasma sheet. Planetary and Space Science，25（8）：703-710.

Chen C X，Wolf R A. 1993. Interpretation of high-speed flows in the plasma sheet. Journal of Geophysical Research：Space Physics，98（A12）：21409-21419.

Chen L J，Bhattacharjee A，Sigsbee K，et al. 2003. Wind observations pertaining to current disruption and ballooning instability during substorms. Geophysical Research Letters，30（6）：301-318.

Cheng C Z，Lui A T Y. 1998. Kinetic ballooning instability for substorm onset and current disruption observed by AMPTE/CCE. Geophysical Research Letters，25（21）：4091-4094.

Chi P J, Russell C T, Ohtani S. 2009. Substorm onset timing via traveltime magnetoseismology. Geophysical Research Letters, 36 (8): 262-275.

Coroniti F V, McPherron R L, Parks G K. 1968. Studies of the magnetospheric substorm: 3. Concept of the magnetospheric substorm and its relation to electron precipitation and micropulsations. Journal of Geophysical Research: Space Physics, 73 (5): 1715-1722.

Donovan E, Liu W, Liang J, et al. 2008. Simultaneous THEMIS in situ and auroral observations of a small substorm. Geophysical Research Letters, 35 (17): 17-18.

Donovan E, Mende S, Jackel B, et al. 2006. The azimuthal evolution of the substorm expansive phase onset aurora. Proceedings of ICS, 8: 55-60.

Dubyagin S, Sergeev V A, Carlson C W, et al. 2003. Evidence of near Earth breakup location. Geophysical Research Letters, 30 (6): 1282.

Erickson G M. 1995. Substorm theories: United they stand, divided they fall. Reviews of Geophysics, 33 (S1): 685-692.

Erickson G M, Wolf R A. 1980. Is steady convection possible in the Earth's magnetotail? Geophysical Research Letters, 7 (11): 897-900.

Friedrich E, Samson J C, Voronkov I, et al. 2001. Dynamics of the substorm expansive phase. Journal of Geophysical Research: Space Physics, 106 (A7): 13145-13163.

Gabrielse C, Angelopoulos V, Runov A, et al. 2009. Timing and localization of near-Earth tail and ionospheric signatures during a substorm onset. Journal of Geophysical Research: Space Physics, 114 (1): 233-321.

Gjerloev J W, Hoffman R A. 2014. The large-scale current system during auroral substorms. Journal of Geophysical Research: Space Physics, 119 (6): 4591-4606.

Goertz C K, Smith R A. 1989. Thermal catastrophe model of substorms. Journal of Geophysical Research: Space Physics, 94 (A6): 6581-6596.

Haerendel G. 1992. Disruption, ballooning or auroral avalanche. Proceedings of the First International Conference on Substorms, (ICS-1): 417-420.

Henderson M G. 2009. Observational evidence for an inside-out substorm onset scenario. Annales Geophysicae, 27 (5): 2129-2140.

Hones E W. 1979. Transient phenomena in the magnetotail and their relation to substorms. Space Science Reviews, 23 (3): 393-410.

Hwang K J, Goldstein M L, Moore T E, et al. 2014. A tailward moving current sheet normal magnetic field front followed by an earthward moving dipolarization front. Journal of Geophysical Research: Space Physics, 119 (7): 5316-5327.

Kalmoni N M E, Rae I J, Watt C E J, et al. 2015. Statistical characterization of the growth and spatial scales of the substorm onset arc. Journal of Geophysical Research: Space Physics, 120 (10): 8503-8516.

Kamide Y, Kokubun S. 1996. Two component auroral electrojet: Importance for substorm studies. Journal of Geophysical Research: Space Physics, 101 (A6): 13027-13046.

Kan J R, Zhu L, Akasofu S I. 1988. A theory of substorms: onset and subsidence. Journal of

Geophysical Research: Space Physics, 93 (A6): 5624-5640.

Kepko L, Spanswick E, Angelopoulos V, et al. 2009. Equatorward moving auroral signatures of a flow burst observed prior to auroral onset. Geophysical Research Letters, 36 (24): 475-482.

Kidd S R, Rostoker G. 1991. Distribution of auroral surges in the evening sector. Journal of Geophysical Research: Space Physics, 96 (A4): 5697-5706.

Kozelov T V, Kozelova B V. 2013. Substorm-associated explosive magnetic field stretching near the earthward edge of the plasma sheet. Journal of Geophysical Research: Space Physics, 118 (6): 3323-3335.

Li H, Wang C, Fu S Y. 2014. Classification of fast flows in central plasma sheet: Superposed epoch analysis based on THEMIS observations. Journal of Geophysical Research: Space Physics, 119 (9): 7199-7213.

Liang J, Donovan E F, Liu W W, et al. 2008. Intensification of pre-existing auroral arc at substorm expansion phase onset: Wave-like disruption during the first tens of seconds. Geophysical Research Letters, 35 (17): 250-258.

Liu J, Angelopoulos V, Runov A, et al. 2013. On the current sheets surrounding dipolarizing flux bundles in the magnetotail: The case for wedgelets. Journal of Geophysical Research: Space Physics, 118 (5): 2000-2020.

Liu W W, Liang J, Donovan E F, et al. 2012. If substorm onset triggers tail reconnection, what triggers substorm onset? Journal of Geophysical Research: Space Physics, 117 (A11): 1120.

Lui A T Y, Burrows J R. 1978. On the location of auroral arcs near substorm onset. Journal of Geophysical Research: Space Physics, 83 (A7): 3342-3348.

Lui A T Y. 1979. Observations on plasma sheet dynamics during magnetospheric substorms//Dynamics of the Magnetosphere. Berlin: Springer: 563-597.

Lui A T Y. 1991. A synthesis of magnetospheric substorm models. Journal of Geophysical Research: Space Physics, 96 (A2): 1849-1856.

Lui A T Y. 2004. Potential plasma instabilities for substorm expansion onset. Space Science Reviews, 113 (1-2): 127-206.

Lui A T Y. 2008. Solving a four-decade-old mystery. Johns Hopkins APL Technical Digest, 27 (3): 233-238.

Lui A T Y. 2011a. Physical processes for magnetospheric substorm expansion onsets//The Dynamic Magnetosphere. Berlin: Springer: 65-115.

Lui A T Y. 2011b. Revisiting THEMIS substorm events implying magnetic reconnection as the substorm trigger. Journal of Geophysical Research: Space Physics, 116 (A3): 2211-2216.

Lui A T Y. 2011c. Reduction of the cross-tail current during near-Earth dipolarization with multi-satellite observations. Journal of Geophysical Research: Space Physics, 116 (A12): A12239.

Lui A T Y. 2013. Cross-tail current evolution during substorm dipolarization. Annales Geophysicae, 31 (6): 1131-1142.

Lui A T Y. 2014. Evidence for two types of dipolarization in the Earth's magnetotail. Journal of Atmospheric and Solar-Terrestrial Physics, 115: 17-24.

Lui A T Y. 2015. Dipolarization fronts and magnetic flux transport. Geoscience Letters, 2 (1): 15.

Lui A T Y. 2016. Cross-field current instability for auroral bead formation in breakup arcs. Geophysical Research Letters, 43 (12): 6087-6095.

Lui A T Y. 2010. Reply to comment by R J Stangeway on "Pressure gradient effect on a particle velocity distribution". Geophysical Research Letters, 37 (10): L10103.

Lui A T Y. 2009. Comment on "Tail reconnection triggering substorm onset". Science, 324 (5933): 1391.

Lui A T Y, Kamide Y. 2003. A fresh perspective of the substorm current system and its dynamo. Geophysical Research Letters, 30 (18): 223-250.

Lui A T Y, Lopez R E, Krimigis S M, et al. 1988. A case study of magnetotail current sheet disruption and diversion. Geophysical Research Letters, 15 (7): 721-724.

Lui A T Y, Meng C I, Akasofu S I. 1977. Search for the magnetic neutral line in the near-earth plasma sheet, 2. systematic study of IMP-6 magnetic field observations. Journal of Geophysical Research, 82 (10): 1547-1565.

Lui A T Y, Najmi A H. 1997. Time-frequency decomposition of signals in a current disruption event. Geophysical Research Letters, 24 (24): 3157-3160.

McBride J B, Ott E, Boris J P, et al. 1972. Theory and simulation of turbulent heating by the modified two-stream instability. The Physics of Fluids, 15 (12): 2367-2383.

McPherron R L. 1970. Growth phase of magnetospheric substorms. Journal of Geophysical Research, 75 (28): 5592-5599.

Nakamura R, Baumjohann W, Klecker B, et al. 2002. Motion of the dipolarization front during a flow burst event observed by Cluster. Geophysical Research Letters, 29 (20): 31-34.

Nakamura R, Retinò A, Baumjohann W, et al. 2009. Evolution of dipolarization in the near-Earth current sheet induced by Earthward rapid flux transport. Annales Geophysicae, 27 (4): 1743-1754.

Nishimura Y, Lyons L, Zou S, et al. 2010. Substorm triggering by new plasma intrusion: THEMIS all-sky imager observations. Journal of Geophysical Research: Space Physics, 115 (A7): A07222.

Ohtani S, Singer H J, Mukai Y. 2006. Effects of the fast plasma sheet flow on the geosynchronous magnetic configuration: Geotail and GOES coordinated study. Journal of Geophysical Research: Space Physics, 111 (A1): 331-372.

Ohtani S, Takahashi K, Higuchi T, et al. 1998. AMPTE/CCE-SCATHA simultaneous observations of substorm-associated magnetic fluctuations. Journal of Geophysical Research: Space Physics, 103 (A3): 4671-4682.

Panov E V, Nakamura R, Baumjohann W, et al. 2010. Multiple overshoot and rebound of a bursty bulk flow. Geophysical Research Letters, 37 (8): 162-169.

Parks G K, Laval G, Pellat R. 1972. Behavior of outer radiation zone and a new model of magnetospheric substorm. Planetary and Space Science, 20 (9): 1391-1408.

Pontius D H, Wolf R A. 1990. Transient flux tubes in the terrestrial magnetosphere.

GeophysicalResearch Letters，17（1）：49-52.

Pu Z Y，Chu X N，Cao X，et al. 2010. THEMIS observations of substorms on 26 February 2008 initiated by magnetotail reconnection. Journal of Geophysical Research：Space Physics，115（A2）：9-23.

Pu Z Y，Korth A，Chen A Z X，et al. 1997. MHD drift ballooning instability near the inner edge of the near-Earth plasma sheet and Its application to the substorm onset. Journal of Geophysical Research：Space Physics，102（A7）：14397-14406.

Pu Z Y，Korth A，Kang K B，et al. 1999. Drift ballooning instability in the presence of a plasma flow：A synthesis of tail reconnection and current disruption for the initiation of substorms. Journal of Geophysical Research：Space Physics，104（A5）：10235-10248.

Rae I J，Mann I R，Angelopoulos V，et al. 2009. Near-earth initiation of a terrestrial substorm. Journal of Geophysical Research：Space Physics，114（A7）：353-369.

Rostoker G. 1996. Phenomenology and physics of magnetospheric substorms. Journal of Geophysical Research：Space Physics，101（A6）：12955-12973.

Rostoker G. 2007. Substorms//Handbook of the Solar-Terrestrial Environment. Berlin：Springer：376-395.

Rostoker G，Eastman T. 1987. A boundary layer model for magnetospheric substorms. Journal of Geophysical Research：Space Physics，92（A11）：12187-12201.

Roux A，Perraut S，Robert P，et al. 1991. Plasma sheet instability related to the westward traveling surge. Journal of Geophysical Research：Space Physics，96（A10）：17697-17714.

Runov A，Angelopoulos V，Sitnov M I，et al. 2009. THEMIS observations of an earthward-propagating dipolarization front. Geophysical Research Letters，36（14）：171-183.

Saito M H，Miyashita Y，Fujimoto M，et al. 2008. Ballooning mode waves prior to substorm-associated dipolarizations：Geotail observations. Geophysical Research Letters，35（7）：75-86.

Saito M H，Miyashita Y，Fujimoto M，et al. 2010. Stepwise feature of aurora during substorm expansion compared with the near-Earth tail dipolarization：Possible types of substorm dynamics. Journal of Geophysical Research：Space Physics，115（A2）：587-601.

Samson J C，Wallis D D，Hughes T J，et al. 1992. Substorm intensifications and field line resonances in the nightside magnetosphere. Journal of Geophysical Research：Space Physics，97（A6）：8495-8518.

Sergeev V，Angelopoulos V，Apatenkov S，et al. 2009. Kinetic structure of the sharp injection/dipolarization front in the flow-braking region. Geophysical Research Letters，36（21）：147-148.

Sergeev V，Nishimura Y，Kubyshkina M，et al. 2012. Magnetospheric location of the equatorward prebreakup arc. Journal of Geophysical Research：Space Physics，117（A1）：127-146.

Shiokawa K，Baumjohann W，Haerendel G. 1997. Braking of high-speed flows in the near-Earth tail. Geophysical Research Letters，24（10）：1179-1182.

Shue J H，Ieda A，Lui A T Y，et al. 2008. Two classes of earthward fast flows in the plasma sheet. Journal of Geophysical Research：Space Physics，113（A2）：A02205.

Tamao T. 1964. The structure of three-dimensional hydromagnetic waves in a uniform cold plasma. Journal of Geomagnetism and Geoelectricity, 16 (2): 89-114.

Turner D L, Claudepierre S G, Fennell J F, et al. 2015. Energetic electron injections deep into the inner magnetosphere associated with substorm activity. Geophysical Research Letters, 42 (7): 2079-2087.

Wolf R A, Kumar V, Toffoletto F R, et al. 2006. Estimating local plasma sheet $PV^{5/3}$ from single-spacecraft measurements. Journal of Geophysical Research: Space Physics, 11 (A12): 99-103.

Xing X, Liang J, Spanswick E, et al. 2013. Auroral wave structures and ballooning instabilities in the plasma sheet. Journal of Geophysical Research: Space Physics, 118 (10): 6319-6326.

Xing X, Lyons L, Nishimura Y, et al. 2010. Substorm onset by new plasma intrusion: THEMIS spacecraft observations. Journal of Geophysical Research: Space Physics, 115 (A10): 161-168.

Yang J, Toffoletto F R, Song Y. 2010. Role of depleted flux tubes in steady magnetospheric convection: Results of RCM-E simulations. Journal of Geophysical Research: Space Physics, 115 (A5): A00111.

Yang J, Toffoletto F R, Wolf R A. 2012. Large-scale current systems and ground magnetic disturbance during deep substorm injections. Journal of Geophysical Research: Space Physics, 117 (A4): A04223.

Yang J, Wolf R A, Toffoletto F R. 2011. Accelerated thinning of the near-Earth plasma sheet caused by a bubble-blob pair. Geophysical Research Letters, 38 (1): 541-551.

Yao Z H, Liu J, Owen C J, et al. 2015. A physical explanation for the magnetic decrease ahead of dipolarization fronts. Annales Geophysicae, 33 (10): 1301-1309.

Zhu P, Bhattacharjee A, Ma Z W. 2004. Finite ky ballooning instability in the near-Earth magnetotail. Journal of Geophysical Research: Space Physics, 109 (A11): A011211.

第 5 章　地球空间的 ENA 成像探测与反演

路　立

中国科学院国家空间科学中心

ENA 是指在地球空间，能量大于 0.1keV 的中性原子（Hsieh，2015），它是由绕磁力线做螺旋运动的能量离子与地冕蒸发出来稀薄中性气体的低能原子进行电荷交换的产物。这些 ENA 携带着原属于等离子体团的物理信息，摆脱空间电磁场的束缚及原有动能，沿原螺旋轨道的切线方向从电荷交换点处开始作直线运动。其特性如同光源辐射出的光子，使得原本不可视的空间等离子体分布形态通过遥测中性原子图像的反演得到物理重现。美国的 IMAGER 卫星和中国的 TC-2 卫星上搭载的中性原子成像仪（HENA 和 NUADU），都曾成功地探测和反演了磁暴期间，磁层环电流区离子通量的全球分布和演化过程。本章专题综述近期地磁空间中性原子成像探测和反演的主要成果，我国中性原子成像仪的设计、仿真与研制，以及对未来 ENA 成像探测展望。

5.1　引　　言

在空间科学领域常用的有效研究方法主要是地球空间探测和理论模拟。地球空间探测主要是指卫星有效载荷的原位（in situ）探测。通常学者对探测数据的真实性很少质疑，但原位探测受到卫星轨道和卫星数量的限制，仅能给出特定时刻卫星所经过处的物理量探测，这些有限的探测物理量不足以满足建立空间环境探测模型的认知需求，随着卫星的运动和时间的延续，我们甚至无法区分探测器记录的演化是所探测物理量的时间变化还是空间变化。理论模拟研究则不同，通过理论模型在特定的初始条件和边界条件下可以模拟出空间地磁活动演化过程中任意时刻任何区域我们所关注的物理量的形态特征。但由于通过初始条件和边界条件所反映的探测真实信息太少，模拟结果通常不能反映空间环境变化的随机性特征，并总是处在不断被质疑和质证之中。中性原子成像探测与反演是介于原位探测和理论模拟之间的一种空间科学研究方式，它可以用特定时段中性原子成像遥测真实的反演结果，给出特定区域的等离子体空间分布形态和时间演化过程。

地球空间能量中性原子研究始于 20 世纪 50 年代初，Meinel（1951）发现沿地球磁力线记录氢原子的 H（656.3nm）发射谱线显著增宽和蓝移，而来自垂直于地球磁力线的 H 谱线却无此现象。他认为这些动能约 75keV 的沉降氢原子可能是外来高速质子与中性大气分子电荷交换后的产物。1968 年 Bernstein 等（1969）在磁纬，海拔 150 ~ 250km 的高空，首次直接探测到能量 1 ~ 20keV 的氢原子。20 世纪 50 年代末，卫星测量地球辐射带时，已经发现离子和逃逸层蒸发出来的中性气体成分的氢原子电荷交换后产生的 ENA（Stuart，1959）。

Roelof 等（1985）认为当三颗卫星（IMP-7、IMP-8 和 ISEE-1）所载粒子探测器的视线分别与当地磁力线垂直时，所探得的粒子应该是来自探测器视场内环电流的 ENA。他们发现磁暴恢复相期间，ENA 的计数率的衰变与 D_{st} 指数变化相似。这些源于环电流离子和当地气体分子的电荷交换所产生的 ENA 可以直接携带环电流离子的质量和能量信息，而 D_{st} 指数又是环电流产生的。ENA 和 D_{st} 的衰变率一致说明环电流区离子数量衰变是磁暴恢复相期间 D_{st} 指数衰变的主要原因。这个依照 ENA 遥测所得到的结论（Stuart，1959），给予当时的环电流演化机制（Dessler and Parker，1959）一个有说服力的探测验证。

地球空间的 ENA 遥测表明这项技术有助于进一步理解磁暴环电流的动力学过程，也使得 ENA 的成像探测得到越来越多空间探测计划的青睐。历史上搭载 ENA 探测仪器的卫星计划有 IMP-7、IMP-8 和 ISEE-1（Williams et al.，1978；Roelof，1987）、CRRES（Voss et al.，1992，1993）、Geotail（Lui et al.，1996；Wilken et al.，1997a；Orsini et al.，2000）、ASTRID（Barabash et al.，1997；Brandt et al.，1999）、CLUSTER（Wilken et al.，1997b）、POLAR（Blake et al.，1995；Henderson et al.，1997）、IMAGE（Burch，2003），以及中国的 DSP（Liu et al.，2005；McKenna-Lawlor et al.，2005）等。

5.2 节讨论依据具体空间探测计划的科学目标所设计和研制的中性原子成像仪；5.3 节介绍 ENA 成像探测的线性约束反演，并交替使用“反演”与“正演”以获取最佳反演结果；5.4 节讨论用高时间分辨的 ENA 成像探测数据反演结果揭示磁暴和亚暴演化过程中探测事件的因果时序，利用新的发现预测环电流离子输入路径；5.5 节介绍 ENA 极光，并以此作为 5.4 节所述环电流离子输入路径的探测依据，进一步讨论上述预测模型。

5.2　中性原子成像仪的物理设计

中性原子成像探测技术是 20 世纪末开始应用于空间探测的一种高新技术，它利用中性原子在空间运动不受电磁场约束的特性可对空间不同区域的能量离子进行可视化遥感，并通过反演得到空间等离子体分布图像。中性原子成像技术是目前对空间等离子体分布进行可视化遥感的唯一途径。美国的IMAGE卫星（2000～2005年）（Burch et al.，2001）运用中性原子成像技术取得了一批中性原子成像的空间探测资料，并通过这些探测资料对磁暴过程有了新的认知（Brandt et al.，2002a，2002b；Burch，2003）。我国的双星计划极轨卫星（TC-2）（2004～2008年）（Liu et al.，2005）上也搭载了中欧联合研制的中性原子成像仪——NUADU（McKenna-Lawlor et al.，2004），并成为双星计划中空间探测成果收获颇丰的重要载荷之一。中性原子成像仪的关键技术在于其高灵敏的小型半导体探测器组合设计和超高压偏转控制。针对不同的空间区域和科学探测目标研发中性原子成像技术，对空间科学研究有着十分重要的意义。

对于自旋稳定的卫星，把多个探测器单元沿180°仰角排布可使粒子分布图像覆盖全空间4π立体角；图像的最小时间分辨为一个卫星自转周期；探测的粒子能量范围通常从几十电子伏特到几百千电子伏特。

以往对近地空间等离子体的大多数认知都源于对带电粒子和电磁场的原位（in situ）测量，它们提供不同空间区域的平均探测模型。获取特定状态下的大视野瞬时图像，以了解磁层全区域的等离子体分布和动力学演化过程是当前空间探测新的发展方向。

对于足够热的能量中性原子（ENA），能量大于引力逃逸能，又不受电磁场影响，像光子一样沿直线从等离子体源向外运动。因此，探测不同方向运动的ENA可形成类似于普通摄影的ENA发射源图像。

在继承中国双星上中性原子成像仪（NUADU）（McKenna-Lawlor et al.，2004）主要技术特性的基础上，我们依据我国的磁层—电离层—热层耦合小卫星星座探测计划（MIT）（Liu et al.，2015）的总体科学目标和轨道特性对拟研制仪器进行了改进和升级，在保持原有时间分辨能力不变的前提下，把仪器的空间分辨率和能谱分辨率分别提高了近一倍。

MIT卫星计划的主要科学目标是利用小卫星星座系统，对近地磁层中MIT耦合关键区域进行探测，揭示电离层向磁层的上行粒子流的起源、加速机制与传输规律，认识来自电离层和热层的物质外流在磁层空间暴发生与演化过程中的重要作用，了解磁层空间暴引起的等离子体层、电离层和热层全球多尺度扰动的特征，揭示磁层—电离层—热层系统相互作用的关键途径和变化规律。MIT卫星计划中拟搭载中性原子成像仪的磁层卫星的轨道设计为极轨大椭圆轨道：对应的轨道倾角为90°，远地点高度6.677R_E，近地点高度1R_E。卫星采用自旋稳定，自旋轴垂直黄道面，自旋周期为6s。

中性原子成像仪在卫星轨道特定区间内所获得的中性原子探测图像可以提供环电流的形态信息，包括全球不对称性、能量粒子的漂移和注入。中性原子成像仪具有在不同磁层环境下探测高时空分辨环电流区能量中性原子（40～300keV）

分布的能力。

磁暴期间，尤其是强磁暴期间，氧离子丰度增加。依据双星上中性原子成像仪的探测数据分析（Lu et al.，2008；Lu et al.，2010），我们发现，当高能段（80keV 以上能道）氧离子通量增加到与质子相当时，由于随着能量增加质子电荷交换截面迅速减小，而氧离子的电荷交换截面比质子大约 200 倍（Smith and Bewtra，1987），因此 80keV 以上能道记录的 ENA 图像基本是由氧原子辐射形成的，对应的反演结果反映了磁暴时氧离子通量的全球分布特性。

依据 MIT 卫星的轨道设计和自旋方式，本书给出中性原子成像仪和探头部分传感器分布的设计图（图 5.1）。中性原子成像仪采用 30 组传感器，沿自旋轴 0°～180°均匀分布。图 5.2 给出中性原子成像仪传感器准直系统的几何结构、空间尺度和角分布的原理设计。定义太阳方向为自旋方位角的起点，从 0°～360°共 128 个像元，每个像元的仰方位角宽度为 2.8125°；仰角从 0°～180°共 30 个像元，每个像元的仰角宽度为 6°。中性原子探测图像的每个像素对应 6°（仰角）×2.8°（方位角）立体角；中性原子成像仪探头沿轨道的空间覆盖范围是 183.75°（仰角）×2.8°（方位角）。利用卫星自旋，仪器每个卫星自旋周可以覆盖全部 4π 立体角的视场空间。为了阻止带电粒子对中性原子测量的干扰，在粒子入射口处偏转板加±5000V 电压。中性原子不受电场影响可以直接入射到硅探测器上，并在硅探测器中沉积能量。本章对沉积能量进行了能谱分析，以获得不同能段各像素的入射粒子数统计分布，即中性原子探测图像。

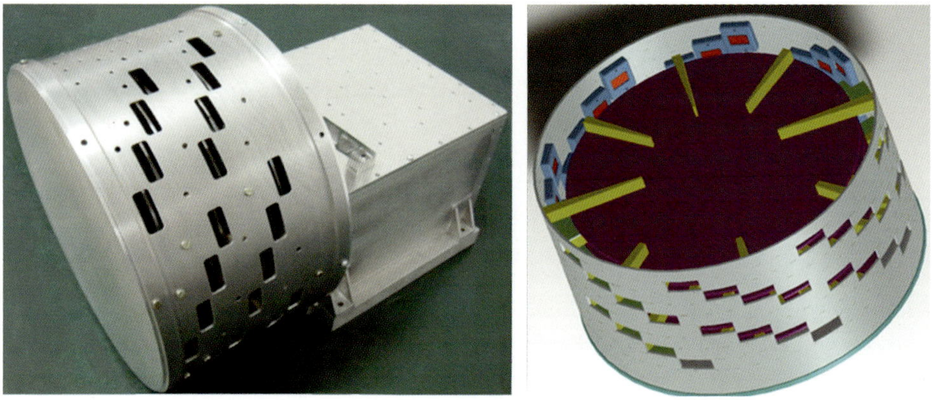

(a)　　(b)

图 5.1　中性原子成像仪（a）和探头部分的传感器分布设计图（b）

（Lu et al.，2014）

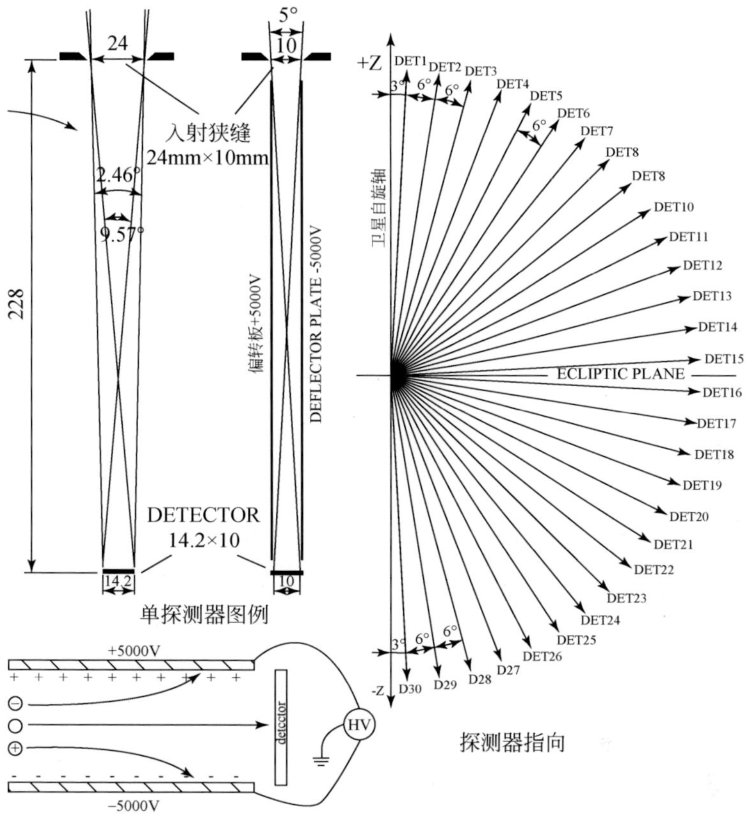

图 5.2　中性原子成像仪传感器准直系统的几何结构、空间尺度和角分布，以及对带电粒子偏转的示意图

图中 Input Aperture 表示入射狭缝，Deflector Plate 表示偏转板，S/C Spin Axis 表示卫星自旋轴，Single Detector for Definition 表示单探测器图例，Pointing Directions of the Detectors 表示探测器指向

对应的中性原子成像仪探头特性参数和几何因子参数见表 5.1。

表 5.1　中性原子成像仪探头特性参数（Lu et al.，2014）

几何参数/mm		
探测器长度	14.2	
探测器宽度	10	
视窗长度	24	
视窗宽度	10	
瞄准距离	228	
仰角特性		
	总宽/(°)	半宽/(°)
100%	2.462334281	±1.23116714
50%	6.025575007	±3.012787503
0%	9.577194403	±4.788597202

续表

方位角特性		
	总宽/(°)	半宽/(°)
100%	0	0
50%	2. 512570057	±1. 256285029
0%	5. 022726533	±2. 511363267
几何因子/(cm^2 sr)		
单探测器	0. 006555863	
30 个探测器	0. 19667589	

在特定轨道位置和卫星姿态条件下经过模拟仿真验证（Lu et al. , 2014），上述物理设计可以满足在磁层空间对环电流区 ENA 的成像探测需求。

5. 3　地球空间的中性原子探测图像反演

早期的反演工作是从仿真或“正演”开始的。Roelof（1987）将 1978 年 9 月 29 日大磁暴期间 ISEE-1 卫星上的 MEPI 粒子探测器扫描各方向所得的粒子计数转换成第一幅 ENA 探测图像［图 5. 3（b）］。他们通过反复地调整环电流区的离子通量分布模拟仪器视场内环电流离子通过电荷交换所产生的中性原子分布［图 5. 3（a）］。这幅图成了 *Geophysical Research Letters* 期刊的封面，它预示了中性原子图像包含环电流区离子空间分布的探测信息，从而开启了中性原子成像探测反演的先河。所谓“反演”是指从 ENA 成像探测数据中推算能够产生该 ENA 图像的能量离子分布。最先用中性原子成像仪（HENA），并成功获得磁暴期间环电流 ENA 探测图像和反演结果的是 2000 年美国发射的 IMAGE 卫星（Mitchell et al. ,2001；Burch，2003）。

多年以来，从中性原子图像中反演磁层离子分布取得了很大的进展。Roelof 和 Skinner（2000）建立了非线性反演计算方法；Perez 等（2000，2001）开发了线性约束反演计算方法；DeMajistre 等（2004）把 IMAGE 卫星上 HENA 的响应函数引入线性约束反演方程，并成功地应用于 HENA 探测图像的反演，其反演结果与 Cluster 卫星的原位探测在量值方面基本一致（Vallat et al. , 2004）。大多数发表的关于磁层离子分布反演的工作都是针对 IMAGE 卫星上 HENA 仪器的探测数据（Perez et al. , 2000，2001；Brandt et al. , 2002a，2002b；Zhang et al. , 2005）。在这些环电流区离子通量反演工作中，为了平滑噪声和满足反演计算的统计需求，每一幅用于反演的中性原子探测图像的积分时间都在 10min 以上，甚至长达 30min。

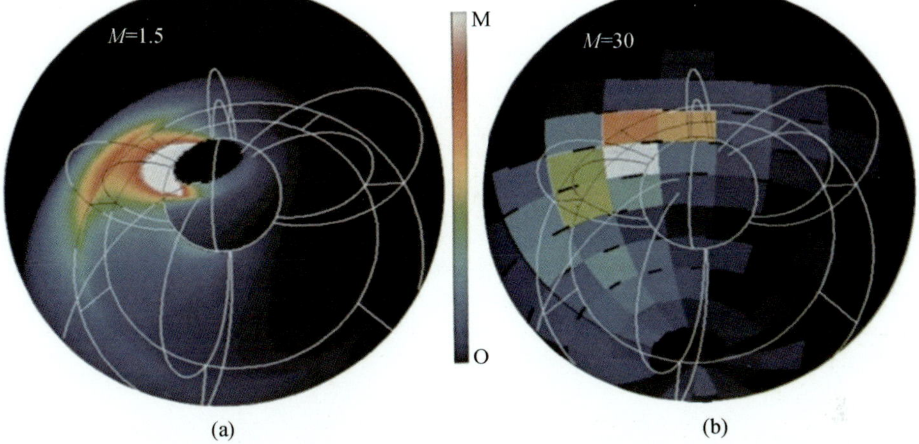

图 5.3　ISEE-1 卫星上的粒子探测器（MEPI）首次偶然探测到的 ENA 图像（Roelof，1987）
（a）仪器视场内环电流产生 ENA 的模拟；（b）仪器扫描视场所探测到的 ENA 计数分布；
中间色标表示通量，从低（O）到高（M）

本章采用的计算网格是在 GSM 坐标系中把壳指数 2～8 的磁壳层按经纬度均分，每个体元用对应的壳指数 L、经度 φ 和纬度 λ 表示。在壳指数 2～8 以外的区域，对 ENA 通量来说假定为“光学薄”。ENA 图像上指定像素（仰角 δ 和方位角 ε）的 ENA 通量计数可表示为

$$C_{\delta,\ \varepsilon} = \int \mathrm{d}l \Delta E \Delta T \Delta \Omega A(\delta,\ \varepsilon)\left[j_{ionH}\sigma_H(E) + j_{ionO}\sigma_O(E) \right] n \tag{5.1}$$

该方程称为控制方程。线性约束反演技术是把控制方程沿视线方向的积分，并写成数值积分形式：

$$C_{\delta,\ \varepsilon} = \Delta T \Delta E \sum_j \Delta \Omega_{i,\ j,\ k} A_{i,\ j,\ k}(\delta,\ \varepsilon) j^*_{i,\ j,\ k}(L,\ \lambda,\ \varphi,\ E,\ \alpha)\sigma^* (E) n_0 (L,\ \lambda)_{j,\ k} \Delta V_{i,\ j,\ k} \tag{5.2}$$

其中，下脚标 i，j 和 k 分别表示积分体元的 φ，λ 和 L 坐标。对 j 求和可以得到一组关于磁层离子分布的线性方程：

$$(C)_p = (K)_{q\times p}(J^*_0(L,\ \varphi))_q \tag{5.3}$$

其中，(K) 为系数矩阵，其元素由式（5.2）计算而来，$J^*_0(L,\ \varphi)$ 一个是列矩阵，表示环电流区离子分布函数。式（5.3）中的下标表示矩阵的维度：$p < \delta \times \varepsilon$，$q \leqslant i \times k$，它取决于模拟系统中与电荷交换相关的体元和与之对应的中性原子探测像素的个数。

严格地说，只有式（5.3）中的系数矩阵（K）为方阵，且对应的行列式不为零，方程才有唯一解。在中性原子图像反演实践中导出方程很难满足上述唯一解条件。因此，只能寻求方程在约束条件下的最小二乘解（DeMajistre et al.，

2004)，本章构造方矩阵：

$$(C - KJ_0^*)^{\mathrm{T}}\sigma_C^{-2}(C - KJ_0^*) + \gamma J_0^{*\mathrm{T}}HJ_0^* \tag{5.4}$$

其中，σ_C^{-2} 为中性原子计数协方差的倒数矩阵，γ 为约束系数，H 为约束矩阵（这里取零阶单位矩阵，$H = H_0 = I$）。对于双星 TC-2 上的中性原子成像仪（NUADU）的探测数据，σ_C^{-2} 为一个对角矩阵，对角线上的元素为 $1/\sigma_i^2$（σ_i 为中性原子像素所在仰角和方位角处的协方差）。将式（5.4）极小化，可以得到：

$$j_0^* = (K^{\mathrm{T}}\sigma_C^{-2}K + \gamma H)^{-1}K^{\mathrm{T}}\sigma_C^{-2}C \tag{5.5}$$

把式（5.5）用于具体的中性原子探测图像，若束缚因子 γ 太小会导致离子通量的解偏大，当束缚因子 γ 太大时，又会使得离子通量的解偏小。为了寻找最佳解，本节定义一个解的相对误差：

$$\overline{E}_R = \sqrt{\frac{(C - KJ_0^*)^{\mathrm{T}}(C - KJ_0^*)}{C^{\mathrm{T}}C}} \tag{5.6}$$

这里用反演出的离子通量分布归算出（正演）中性原子成像仪在相同位置的探测仿真结果直接与中性原子成像仪的探测结果进行比较，而不是对应的协方差（DeMajistre et al.，2004）。对式（5.6）进行统计时选择大于背景噪声的中性原子计数的探测像素进行相对误差统计，以便突出中性原子探测的主要特征。对应不同 γ，相对误差 $\overline{E}_R$ 的最小解 j_0^* 为最佳解。

本章以 2005 年 5 月 15 日的磁暴为例，通过对 NUADU 中性原子成像探测数据的反演，得到了能表现环电流形态的全球离子通量分布，图 5.4 给出了 3 个时段的中性原子探测图像（左图）、依据反演结果得到的中性原子探测仿真图像（右图）和赤道面全球离子通量分布（中图），每幅反演图像的时间积分为 16min。比较图 5.4 中的左图与右图，尤其是计数较高的像素，彼此很相像。把本节的反演结果进一步与同步高度 LANL（los alamos national laboratory）系列卫星（Belian et al.，1992）上同步轨道等离子体分析仪（SOPA）的原位探测结果进行比较，如图 5.5 所示，以证明反演结果的可信程度。由于最佳解是选择大于背景噪声的中性原子计数的探测像素进行相对误差统计，图 5.5 表明在探测像素统计计数比较高的夜侧和昏侧，如 LANL-84［图 5.5（a）］和 LANL-97［图 5.5（b）］，反演结果与原位探测更为接近。

自 2004 年 TC-2 卫星发射以来，中性原子成像仪（NUADU）以其高时空分辨特性多次在磁暴期间直接观测到很强的磁层中性原子源辐射信号。为了突出 NUADU 的时空分辨特性，我们也曾依据 NUADU 的研制特性，在线性约束反演技术基础上进一步开发了一种可以适用于较低 ENA 计数探测图像的线性约束迭代反演方法（Lu et al.，2008）。

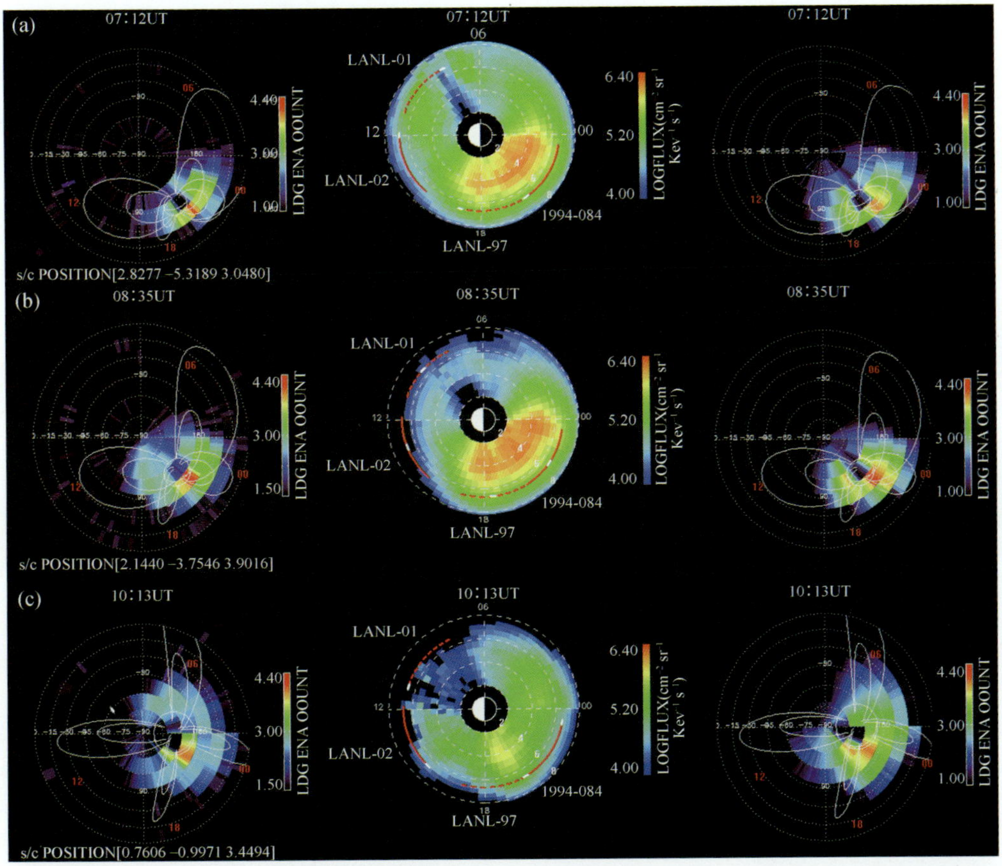

图 5.4　左侧为中性原子成像仪 NUADU，50～81keV 能道，在三个不同时段（分别标注在每幅图的上方）记录的中性原子探测图像；中间为线性约束反演方法得到的对应的赤道离子通量分布；右侧为用相应反演离子分布得到的中性原子成像仪在相同位置的探测仿真图像。同步高度 LANL 系列卫星的轨道用红色曲线标注在中间的离子通量分布图中，曲线上的白点是左侧中性原子探测图像记录时 LANL 系列卫星所在的位置（Lu et. al.，2010）

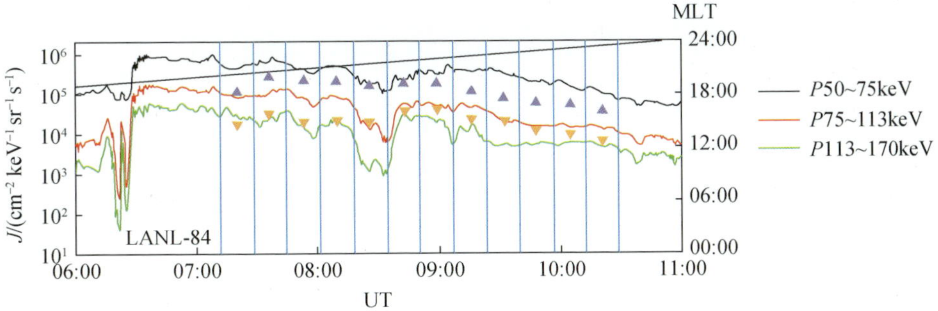

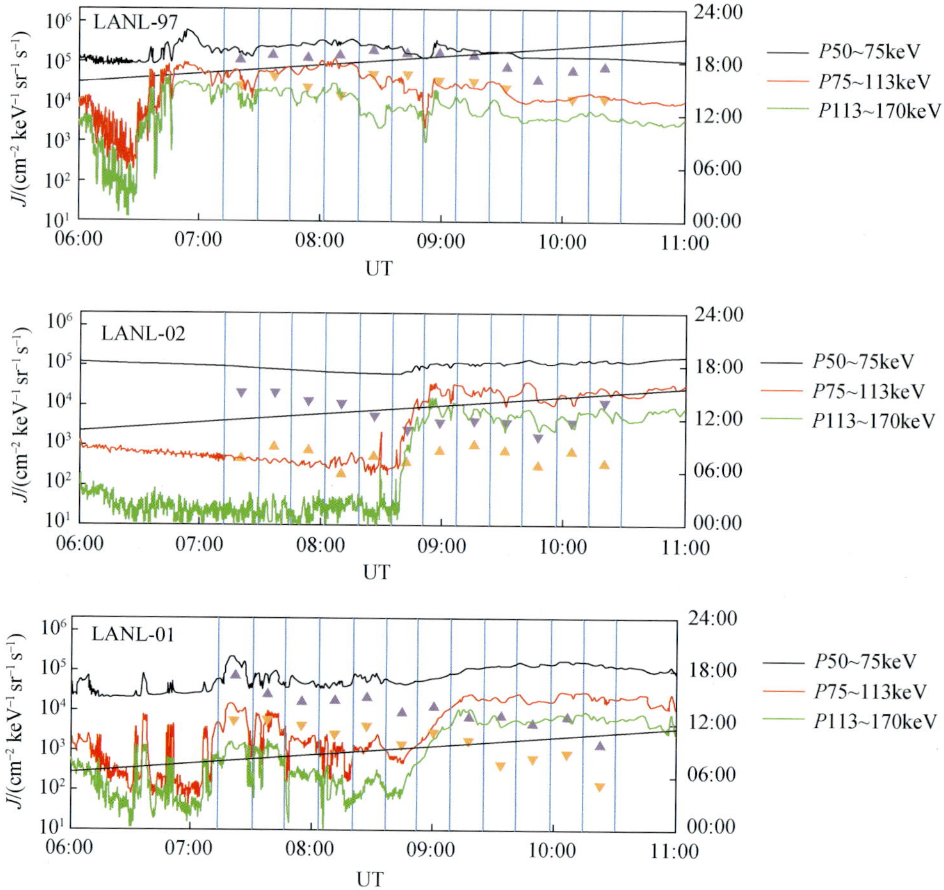

图 5.5　同步高度 LANL 系列卫星上 SOPA 仪器的原位探测结果与中性原子成像仪探测数据反演结果的比较。其中，紫色与橙色三角分别代表中性原子成像仪 50 ~ 81keV 和 81 ~ 158keV 能道探测图像的反演离子通量分布在对应 LANL 系列卫星所在位置的值（Lu et al., 2010）

5.4　中性原子成像探测的最新成果

典型的磁暴是由增强的太阳风和行星际磁场南向驱动的地磁空间响应。磁暴期间太阳风把能量输入磁层引起环电流增强（Tsurutani and Gonzalez, 1997）。环电流主要是由赤道区，2 ~ 7R_E范围内的能量离子和电子在磁场梯度下沿地磁经度方向的漂移所形成的。观测表明，磁暴期间环电流增强主要是在 L 约为 4 附近（Brandt et al., 2002a；Lu et al., 2008），由 D_{st}（或 SYM-H）指数量度。

以往的研究表明环电流离子来源于太阳风和电离层，经过在磁尾加速后最终注入内磁层（Sergeev et al.，1998；Kamide et al.，1998；Liu et al.，1995；Daglis et al.，1999）。只有少数太阳风离子可以从极盖区直接进入环电流（Peroomian and Ashour-Abdalla，1996）。环电流离子通常是由行星际南向磁场驱动的对流电场从磁尾注入（Wygant et al.，1998，Hori et al.，2005，Xie et al.，2006），或亚暴磁场偶极化过程产生的感应电场从磁尾注入（Delcourt，2002）。

亚暴偶极化感应电场把粒子从内等离子体片区注入地球同步高度（L 约为6）。多数由对流电场从内等离子体片区注入的能量离子沿一条开放的漂移路径从磁尾到磁层顶（Xie et al.，2006），它们只对部分环电流有贡献（Le et al.，2004）。环电流粒子的源和注入途径一直是困惑空间物理学者的关键问题。

在轨道远地点附近，高度大于$4R_E$的极区，中性原子成像仪可以记录磁暴期间环电流区ENA辐射的全球分布。这样的ENA成像探测数据可用于反演环电流离子的全球分布，以评估环电流在地磁活动期间的等离子体总能量（Jorgensen et al.，1997；Brandt et al.，2003）。中性原子成像仪可以监测环电流区的等离子体空间变化，它与同步高度卫星的原位离子探测相配合，可以帮助我们追踪磁暴期间的亚暴注入粒子去向（Brandt et al.，2002a，2002c）。但是统计需要中性原子探测图像积累较长的时间，通常需要十几分钟以上，反演结果会平滑掉一些演化细节，甚至模糊了事件的因果时序（Lu et al.，2010）。

我们仍以2005年5月15日磁暴为例（Lu et al.，2016），用双星卫星（TC-2）上中性原子成像仪（NUADU）获取的高时空分辨探测数据和反演结果仔细分析了磁暴期间系列亚暴不同阶段环电流的增长和衰减过程。我们把中性原子探测图像的时间分辨率提高到4min，将中性原子成像探测及反演时序演化结果与同步高度（L 约为6.6）LANL系列卫星上SOPA的原位探测结果及时序演化过程进行比较，并以GOES系列卫星上磁强计的磁场数据、LANL系列卫星上磁层等离子体分析仪（MPA）的等离子体流数据，以及相应的地磁指数辅助，讨论环电流增长与磁尾离子注入的因果时序。

5.4.1　高时空分辨中性原子成像探测与反演

2005年5月15日的磁暴是一个超强磁暴，依据磁强计在极光区和亚极光区对磁暴急始的记录，它不同于典型极光亚暴的开始。这个超大磁暴展示了复杂的时间演化过程（Lazutin and Kuznetsov，2008）和重要的空间天气效应。最初的扰动产生于一对相继发生的太阳耀斑。第一个急始产生在02：30 UT，后跟随着多变的太阳风结构；第二次冲击约在06：00 UT到达地球，06：15 UT行星际磁场南向，并开始了一个强地磁扰动事件。很多人都讨论过这个超强磁暴，如Kozyreva和Kleimenova（2007）、Echer等（2008）曾仔细研究了在这之前的强磁暴特性。

图5.6显示2005年5月15日，行星际磁场南向［图5.6（a）中的黑线］，

并伴随有强太阳风动压［图 5.6（b）］，约 06：00 UT，我们看到强磁暴的急始［图 5.6（c）］。该磁暴包含有两个 AE 约为 1800nT 的亚暴［图 5.6（d）］，分别发生在 06：08 UT 和 08：22 UT（Tverskaya et al.，2007）。依据图 5.6（d）的 AE 指数分布，我们发现还有一个 AE 约为 1400nT 的亚暴触发于 07：36 UT。磁暴的主相结束于 SYM-H = −305nT，约在 08：20 UT，并且紧跟着最后一个亚暴（08：22 UT）的开始。

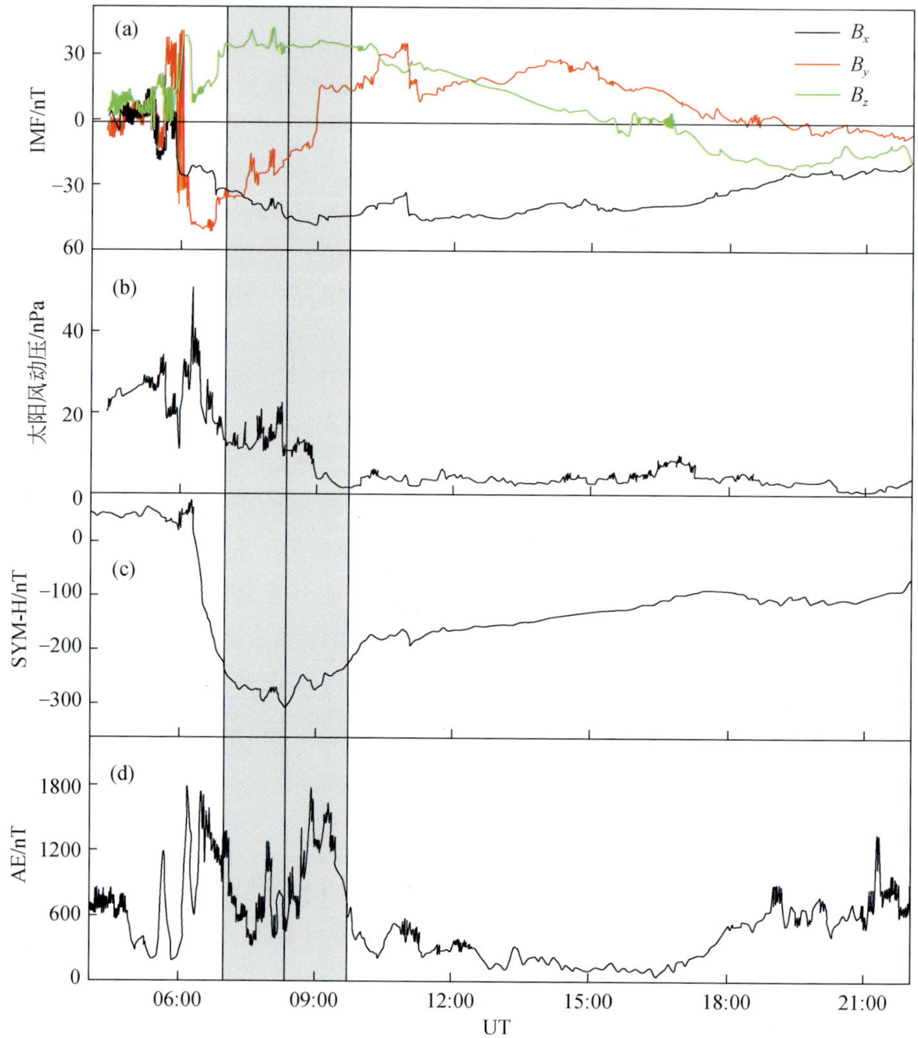

图 5.6　2005 年 5 月 15 日磁暴期间的行星际磁场（a），太阳风动压（b），SYM-H 指数（c）和 AE 指数（d）。其中，灰色阴影时段 07：00～09：44 UT，表示双星中性原子成像仪（NUADU/TC2）有 ENA 探测图像记录，三条竖线把阴影区分成两个子区间正好分隔磁暴的主相和恢复相（Lu et al.，2016）

中性原子成像仪（NUADU）具有全空间 4π 立体角覆盖能力，空间分辨为 11.5°×2.5°。TC-2 卫星位于辐射带外远地点附近，NUADU 的 50～81keV 和 81～158keV 能道在磁暴期间记录了约 2.7h（07：00～09：44 UT），如图 5.6 的灰色阴影区域所示。这些中性原子成像探测数据经过噪声清理（McKenna-Lawlor et al.,2010），按 5.4min 时长进行积分得到共 40 幅中性原子探测图像。我们把 40 幅 ENA 图像分成两组，在图 5.6 中用三条竖线隔成两个子区间；把 50～81keV 能道的每组 20 幅中性原子探测图像，分别对应系列亚暴中的两个亚暴（07：36 UT 和 08：22 UT），用图 5.7（a）和（b）展示。中性原子通量有两个峰值，分别在两个子区间内，07：45 UT 和 08：47 UT。我们注意到图 5.6 中前一个子区间（07：00～08：22 UT）位于磁暴的主相，而后一个子区间（08：22～09：44 UT）位于磁暴的恢复相。

我们为双星上的 NUADU 开发的线性约束反演方法（Lu et al.，2010）可以用于较短时间积分的中性原子探测图像的反演。图 5.7 中经过清理后的中性原子 4min 积分图像在中性原子辐射敏感区域尚有几百个探测计数，这已经满足了数据反演的统计需求。

我们依次把图 5.7 中 50～81keV 能道，时段 07：00～08：22 UT 和 08：22～09：44 UT 的中性原子积分图像通过反演，用图 5.8（a）和（b）展示出其对应的全球离子分布及演化过程。我们可以看到环电流离子通量分布的晨昏不对称性，它反映了部分环电流离子漂移、衰减的累积效应（Baker et al.，1997；Burch，2003；Brandt et al.，2002d；Kozyra and Liemhn，2003；Pollock et al.，2003）。

图 5.8（a）和（b）给出了 50～81keV 能道的全球离子分布的时变过程：离子通量最初在夜侧增强，然后西向移动，最后在昏侧减弱消散。在上述变化过程中离子通量增大的区域主要出现在午夜到黄昏的扇区内，并有两次峰值，分别出现在 07：45 UT 和 08：47 UT。对 81～158keV 能道探测数据我们做了与 50～81keV 能道相同的处理（Lu et al.，2016），发现 08：22～09：44 UT 时段，部分环电流的离子通量演化与前者不同，是先在昏侧增强，后向东移动到午夜，再向西消散。

5.4.2 磁暴及系列亚暴期间中性原子成像探测与其他卫星原位探测的比较分析

LANL 系列卫星运行在地球同步高度（约 6.6R_E）不同地方时的外辐射带空间环境中。我们把中性原子成像仪探测数据的反演结果按照 LANL/SOPA 原位探测的时间和空间位置叠加在离子探测图上，如图 5.9 所示，紫色圆点表示 50～81keV 能道的反演结果，橙色圆点表示 81～158keV 能道的反演结果。把中性原子成像探测数据的反演结果与 LANL/SOPA 相近能道的原位离子探测数据比较可以看出在夜侧［图 5.9（a）］、昏侧［图 5.9（b）］和晨侧［图 5.9（d）］两者

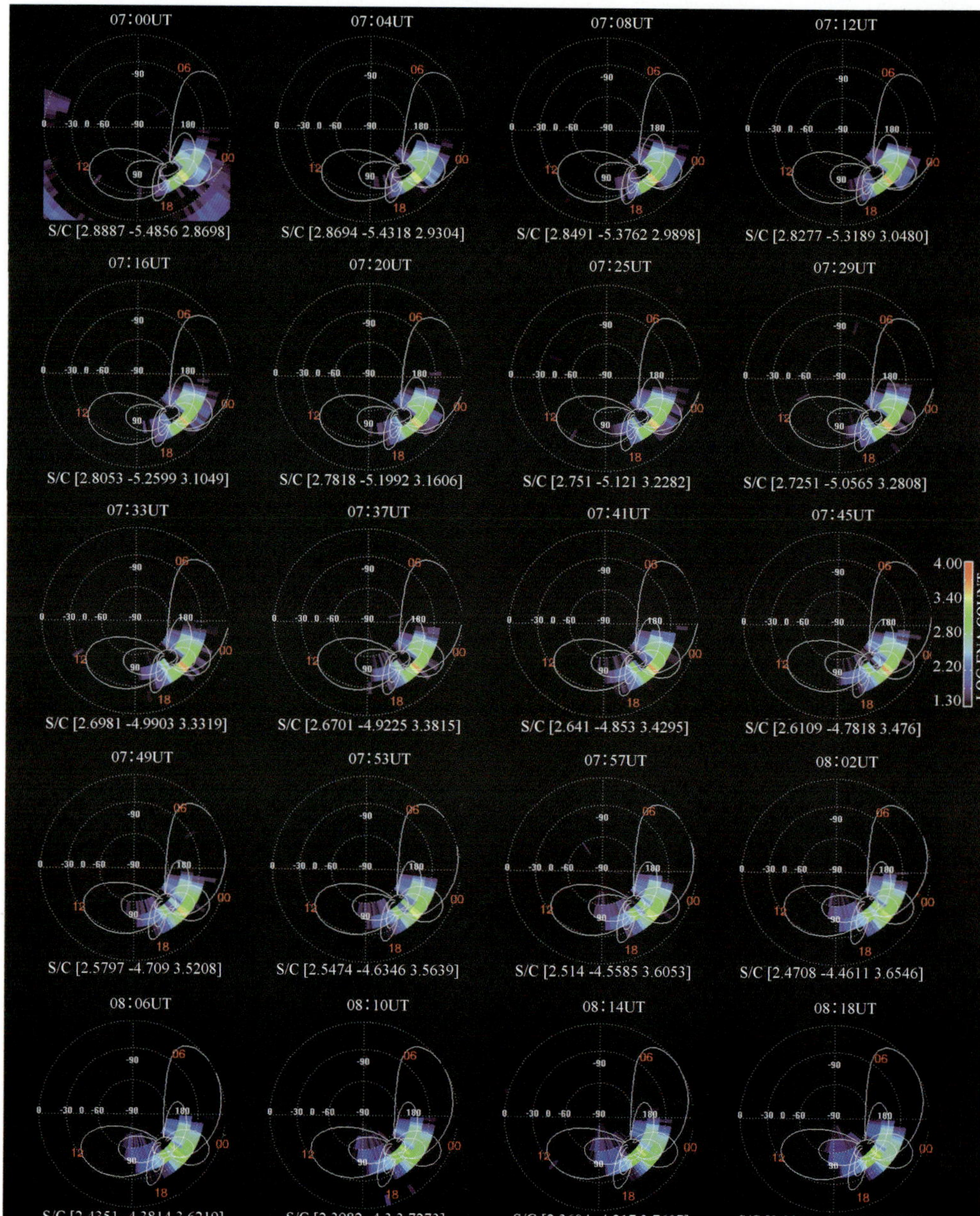
07:00UT
S/C [2.8887 -5.4856 2.8698]
07:04UT
S/C [2.8694 -5.4318 2.9304]
07:08UT
S/C [2.8491 -5.3762 2.9898]
07:12UT
S/C [2.8277 -5.3189 3.0480]
07:16UT
S/C [2.8053 -5.2599 3.1049]
07:20UT
S/C [2.7818 -5.1992 3.1606]
07:25UT
S/C [2.751 -5.121 3.2282]
07:29UT
S/C [2.7251 -5.0565 3.2808]
07:33UT
S/C [2.6981 -4.9903 3.3319]
07:37UT
S/C [2.6701 -4.9225 3.3815]
07:41UT
S/C [2.641 -4.853 3.4295]
07:45UT
S/C [2.6109 -4.7818 3.476]
4.00
3.40
2.80
2.20
1.30
LOG ENA COUNT
07:49UT
S/C [2.5797 -4.709 3.5208]
07:53UT
S/C [2.5474 -4.6346 3.5639]
07:57UT
S/C [2.514 -4.5585 3.6053]
08:02UT
S/C [2.4708 -4.4611 3.6546]
08:06UT
S/C [2.4351 -4.3814 3.6219]
08:10UT
S/C [2.3982 -4.3 3.7273]
08:14UT
S/C [2.3604 -4.217 3.7607]
08:18UT
S/C [2.3214 -4.1323 3.7921]

(a)

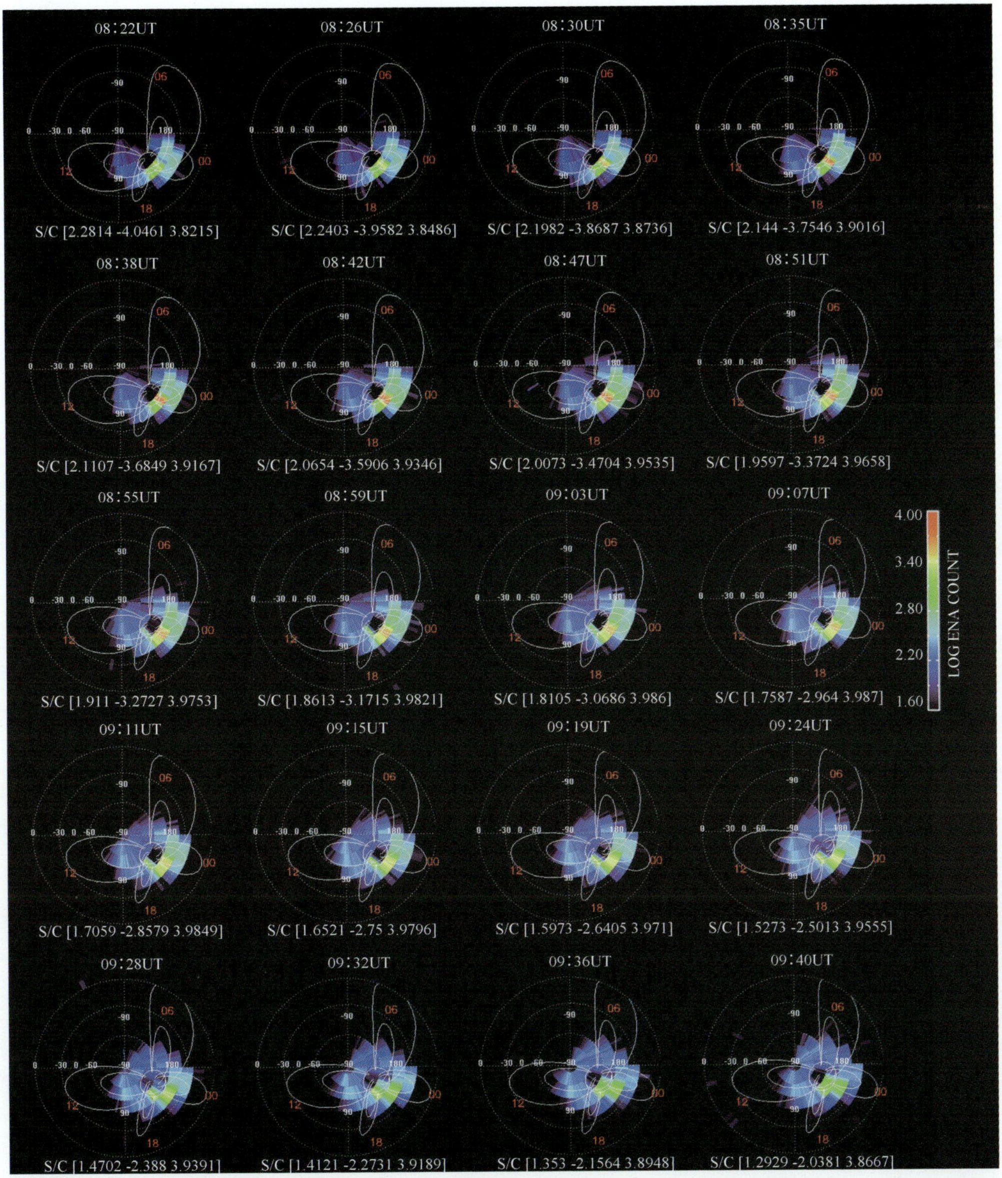

(b)

图 5.7　2005 年 5 月 15 日磁暴期间双星中性原子成像仪 50 ~ 81keV 能道记录的 4min 积分 ENA 探测图像的时间演化序列，（a）07：00 ~ 08：22 UT，（b）08：22 ~ 09：44 UT。每幅 ENA 图像中，仰角用圆形虚线标注，方位角用虚直线标注。白色曲线表示磁壳中 $L=4$ 和 $L=8$ 的磁力线在 ENA 探测图上的投影，对应的地方时标注为红色。右侧彩标表示探测粒子计数的对数值。ENA 图像的采集时间标注在图的上方；采集图像的卫星位置标注在图的下方（Lu et al.，2016）

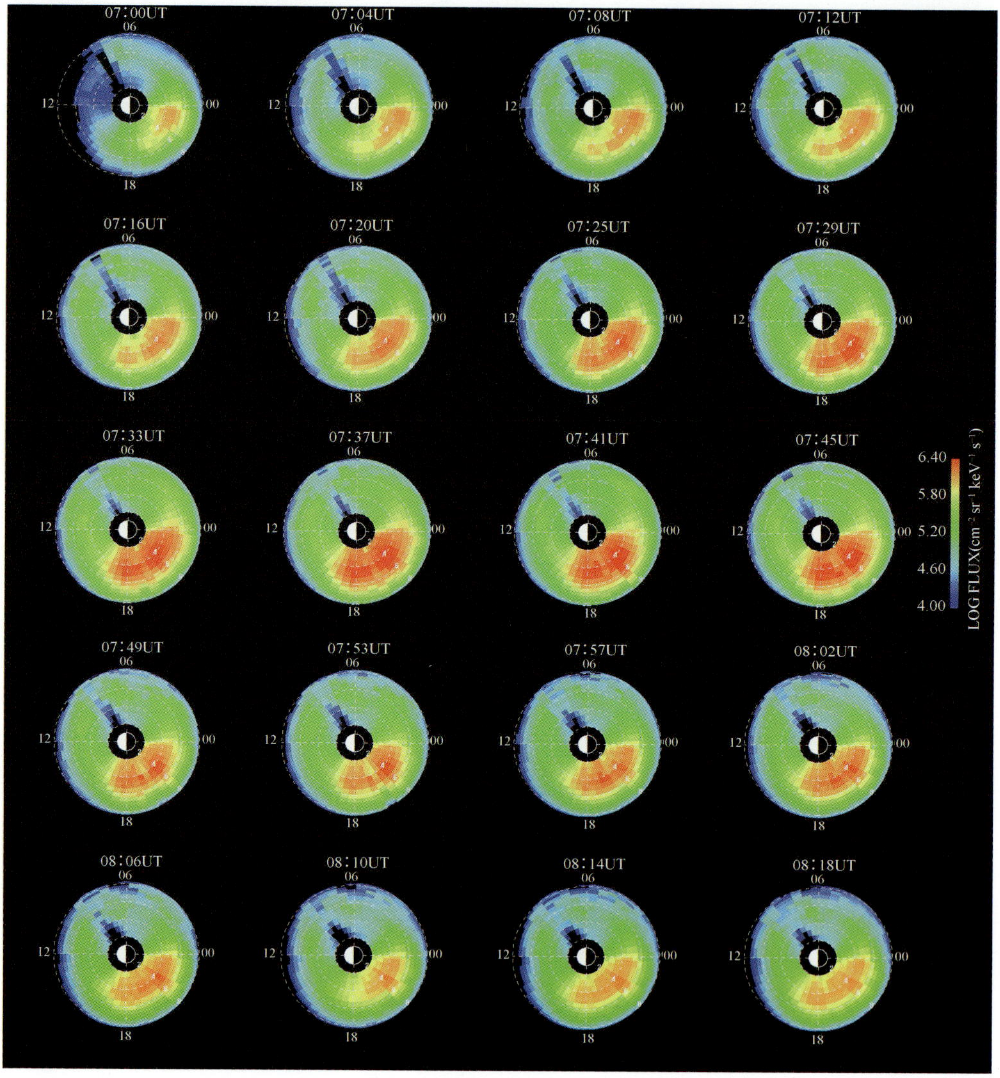
07:00UT
07:04UT
07:08UT
07:12UT
07:16UT
07:20UT
07:25UT
07:29UT
07:33UT
07:37UT
07:41UT
07:45UT
07:49UT
07:53UT
07:57UT
08:02UT
08:06UT
08:10UT
08:14UT
08:18UT
06
12
00
18
6.40
5.80
5.20
4.60
4.00
LOG FLUX(cm^-2 sr^-1 keV^-1 s^-1)

(a)

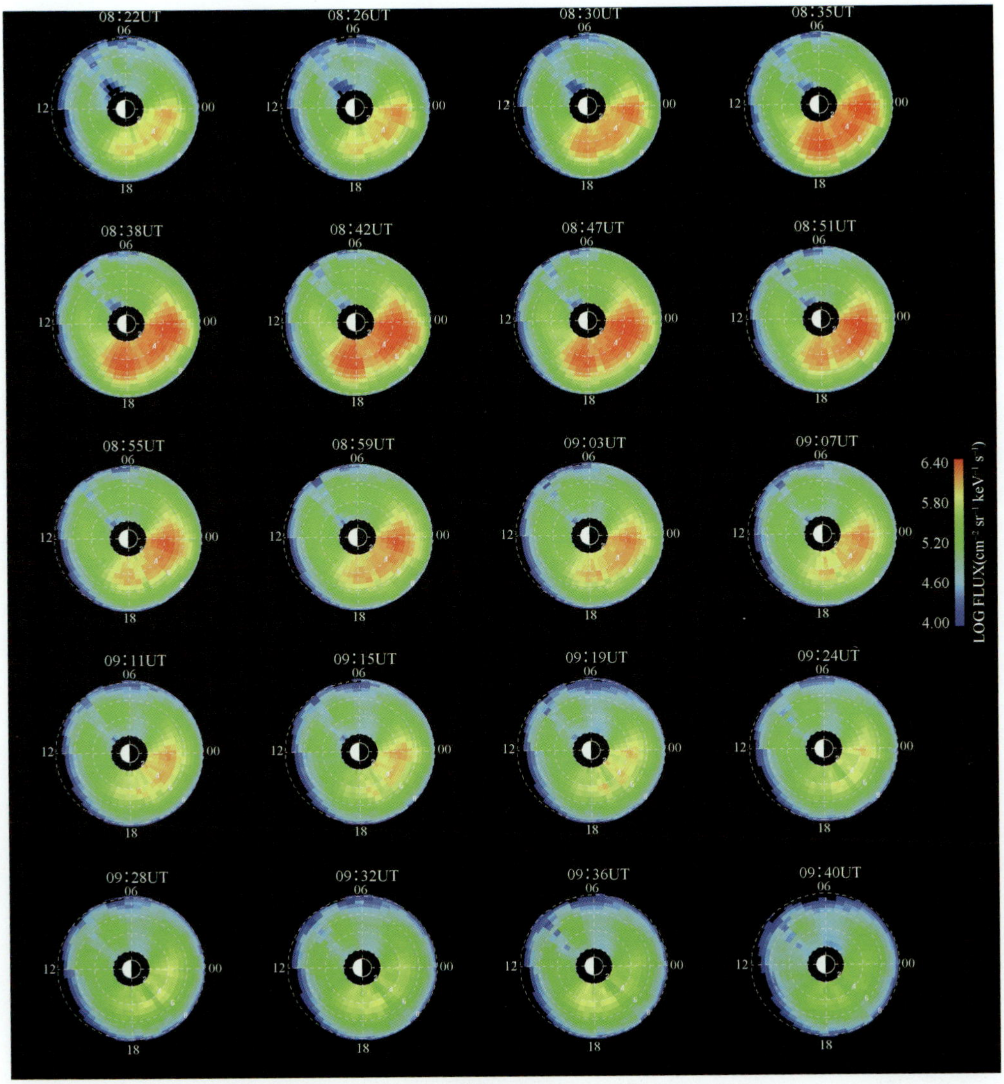

(b)

图 5.8　2005 年 5 月 15 日，50 ~ 81keV 能道，07 : 00 ~ 08 : 22 UT 时段（a）和 08 : 22 ~ 09 : 44 UT时段（b）反演的赤道区离子通量分布的时序演化过程，用 L-MLT 极坐标表示，通量大小的对数用右侧色标表示（Lu et al.，2016）

基本一致。由于磁暴期间磁层顶向阳面被压到同步高度以内，所以使用偶极磁场模型的反演结果（Lu et al.，2010）在午侧［图 5.9（c）］与原位探测的差别较大。

磁暴期间磁力线和磁壳 L 值将被尾向拉伸（Lu et al.，2010），离地球越远由这种拉伸引起的变形越大。因此，图 5.10 中，由偶极磁场模型反演的离子通量会略低于原位探测数据。然而磁场在 $\leqslant 4R_E$ 附近变化不大（McKenna-Lawlor et al.,2010），图 5.9 表明反演结果小于并接近同步高度（L 约为 6.6）的原位探测结果，这使得我们对图 5.8 在 L 约为 4 的中性原子成像数据反演结果的可信程度更有信心。

将 4min 时间分辨的离子通量反演结果与原位探测数据的比较使得描述环电流的演化时序更具有实际意义。图 5.9 中把两次环电流的增长过程用灰色阴影表示。通过比较我们发现原位探测的离子注入事件，即离子通量突然剧增现象，在晨侧发生于环电流开始增长之前［图 5.9（d）］；在昏侧离子注入事件几乎与环电流增长同时发生［图 5.9（b）］；然而，在夜侧观测到的离子注入事件明显滞后于环电流的增长［图 5.9（a）］。即便是我们忽略环电流离子从电荷交换形成中性原子到被中性原子成像仪捕获的时间延迟，上述探测结果从因果时序上不支持环电流离子是从磁尾内等离子体片中直接注入的传统概念。

夜侧 L 约为 4 附近环电流中能量离子通量分布在系列亚暴过程中呈现出周期性变化。参照 GOES-10 卫星和 GOES-12 卫星上的磁场探测数据（Lu et al.，2015），以及 LANL 系列卫星上的磁层等离子体分析仪（LANL-MPA）的等离子体对流数据，图 5.10 给出系列亚暴过程的描述：①磁场尾向拉伸时，同步高度观测到的对流是尾向的，赤道区磁场减小；由第一绝热不变量守恒，能量离子的投掷角在磁尾同步高度由垂直磁力线方向向平行磁力线方向扩散（Sauvaud and Winckler，1980），并沿磁力线地向运动，造成磁尾同步高度离子通量减小；这些能量离子在运行过程中又被内磁层的磁力线捕获，并反跳到近地环电流区域。这时我们看到近地环电流区能量离子通量增强。②亚暴触发时磁场偶极化，能量粒子被输运回同步轨道区，同时来自磁尾新的能量粒子向内磁层注入，以填充捕获区边界外移时对新能量离子成分的需求。

磁场偶极化以后从磁尾注入新的能量离子被内磁层磁力线所捕获，分布在很大的空间区域里，并没有直接进入环电流。我们看到在最后一次离子注入事件（08：40 UT）（图 5.9）后的 1h 里，双星上的中性原子成像仪观测到的环电流区离子通量在持续减弱，并没有任何增强的迹象。也就是说，只有在太阳风驱动的磁层磁力线尾向拉伸时，才能使磁尾捕获区的能量离子通过绝热扩散，沿磁力线地向运动到高纬度区域，又被内磁层近地磁力线再次捕获，并引起 AE 指数增加，进而通过反跳进入近地环电流区域。

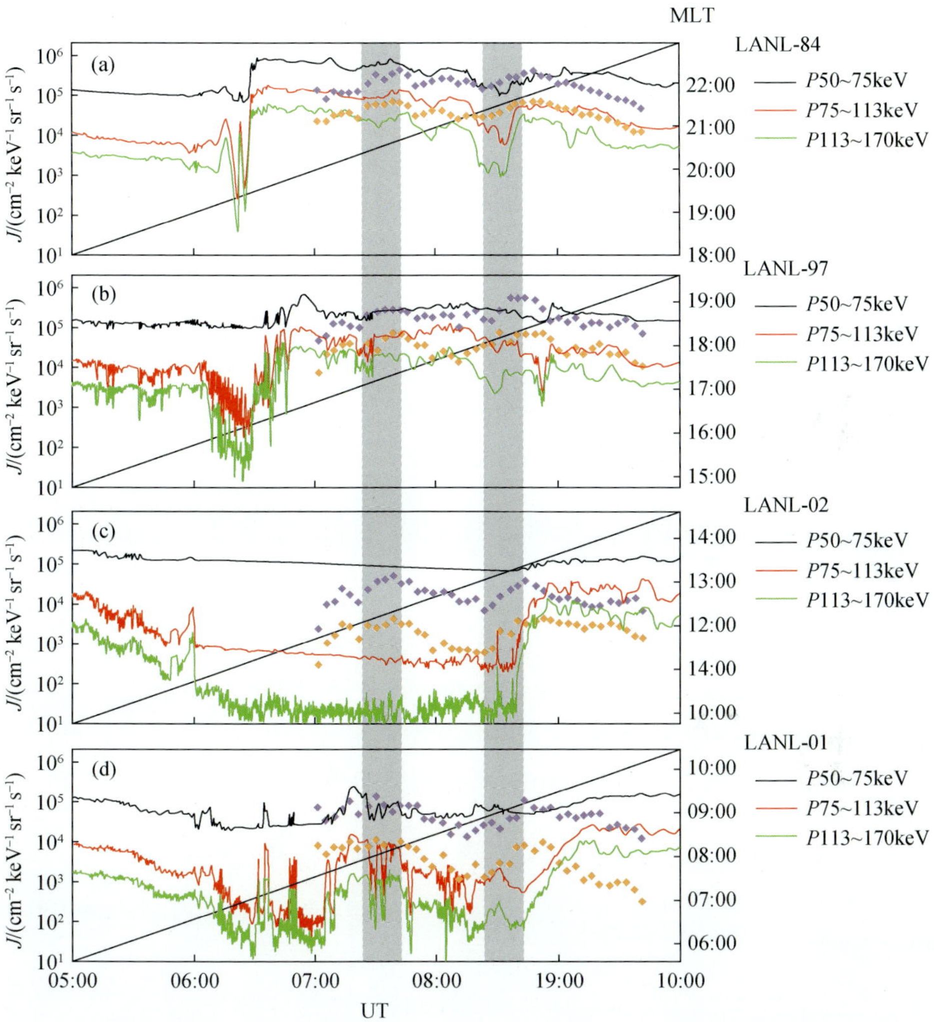

图 5.9　反演能量离子通量（紫色圆点为 50 ~ 81keV 能道，橙色圆点为 81 ~ 158keV 能道）与 LANL-SOPA 原位探测数据（探测曲线的能量范围标注在每幅图的右侧）的比较。LANL 星簇卫星的磁地方时用图中黑色直线和右边的坐标表示。两次环电流离子通量增长时段（07：20 ~ 07：45 UT 和 08：22 ~ 08：47 UT）用灰色阴影标注（Lu et al.，2016）

由 D_{st} 指数量度的环电流主要产生于 L 约为 4 的高能量离子通量区域，而不是内磁层 $L<10$ 的广泛空间。高时间分辨的中性原子成像探测反演数据表明强磁暴期间，环电流的演化过程与系列亚暴密切相关。环电流区的能量离子通量增长发生在磁力线尾向拉伸的亚暴增长相阶段，而不是磁场偶极化之后。我们的观测和研究结果挑战了环电流能量粒子是由磁尾直接注入的传统概念。亚暴增长相阶段在地球同步轨道上观测到的粒子缺失及注入信号也许能解释为捕获区外边界在

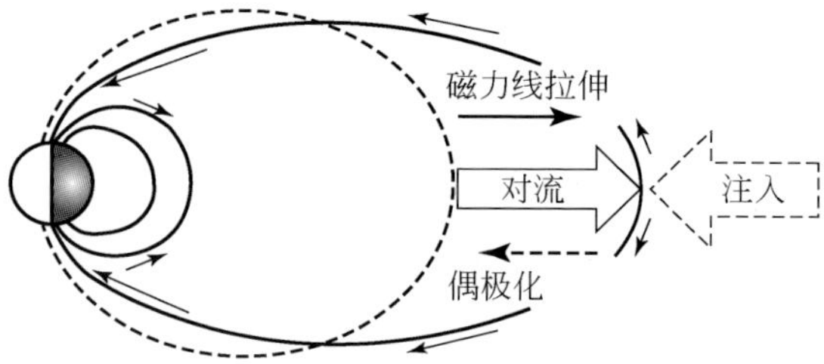

图 5. 10　亚暴期间磁场拉伸和偶极化过程示意图

沿磁力线的黑色小箭头表示磁场拉伸时能量离子的扩散路径（Lu et al.，2016）。图中 Stretching 表示磁力线拉伸，Convections 表示对流，Injections 表示注入，Dipolaration 表示偶极化

亚暴期间随着磁力线拉伸和偶极化的运动造成的。当然，我们的结论还需更多的观测事实加以论证。

5. 5　ENA 极光和 ENA 成像探测发展预期

亚暴增长相阶段，磁场位形尾向拉伸；离子投掷角从垂直磁场方向向平行磁场方向扩散；同步高度能量离子通量减小（Walker et al.，1976；Erickson and Winckler，1979）；这些离子沿磁力线聚集在南北两极极区磁镜点附近，它们与逃逸层蒸发的中性气体原子进行电荷交换形成 ENA 辐射源。20 世纪末期的一个中等磁暴期间，瑞典的 Astrid 卫星搭载的中性原子成像仪（PIPPI），在高度小于 1000km 的极区，就曾观测到来自极光带的 ENA（Brandt et al.，2001）。探测表明最强的 ENA 辐射是由沉降离子在黄昏侧的磁镜点附近与逃逸层蒸发的氧原子进行电荷交换所产生的（Barabash et al.，1997；Brandt et al.，1999，2001）。

地磁活动期间，如果 TC-2 卫星恰巧在极区近地点附近，中性原子成像仪（NUADU）也时常能观测到一种波浪形的 ENA 带状增强。图 5. 11 给出 2004 年 11 月 12 日 19：43 UT 中性原子成像仪（NUADU）4 个能道所探测到 ENA 增强带的事例。

2004 年 11 月 12 日的地磁活动是 2004 年 11 月 7 日特大磁暴的继续，NUADU 经过近地点附近时，曾在北极和南极两次探测到这种 ENA 增强带。图 5. 12 在 TC-2 卫星轨道图上用红色标出这两次探测到 ENA 增强带的位置和时段。当我们把地球轮廓和特征磁力线投影到每幅极坐标下的 ENA 探测图中时（图 5. 13），我们看到增强的 ENA 带位于磁镜点处的极光区上空。ENA 增强带倾向于发生在亚暴增长相（图 5. 14），磁力线尾向拉伸时，能量离子投掷角扩散后沿磁力线沉降到极区，被称为 ENA 极光（Liu et al.，2005）。

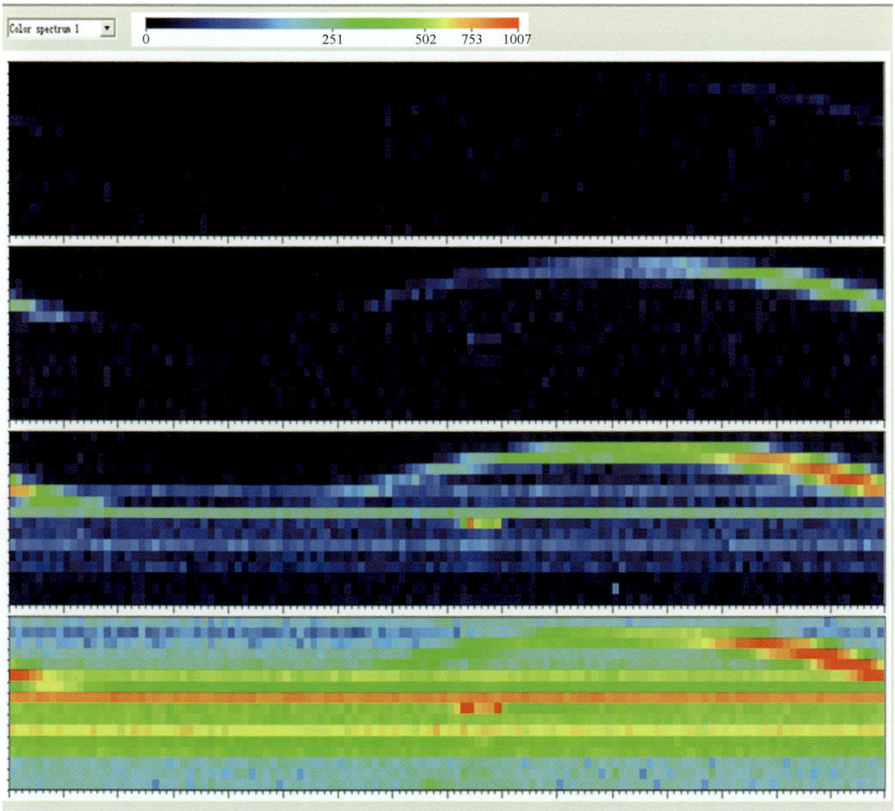

图 5.11　2004 年 11 月 12 日 19：43 UT，中性原子成像仪（NUADU）在近地点附近所获取的 4 个卫星自旋周（16s）的积分探测图像

横坐标为探测像素的 128 个方位角，纵坐标为 16 个仰角

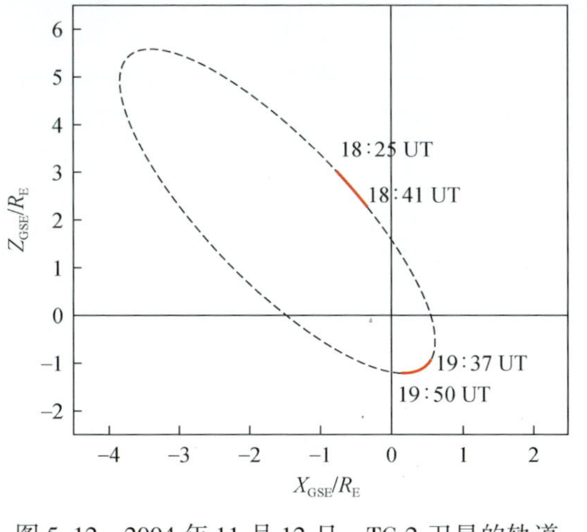

图 5.12　2004 年 11 月 12 日，TC-2 卫星的轨道

两段红色曲线，分别处在南极、北极，并标注了时间，表示 NUADU 探测到 ENA 极光的位置

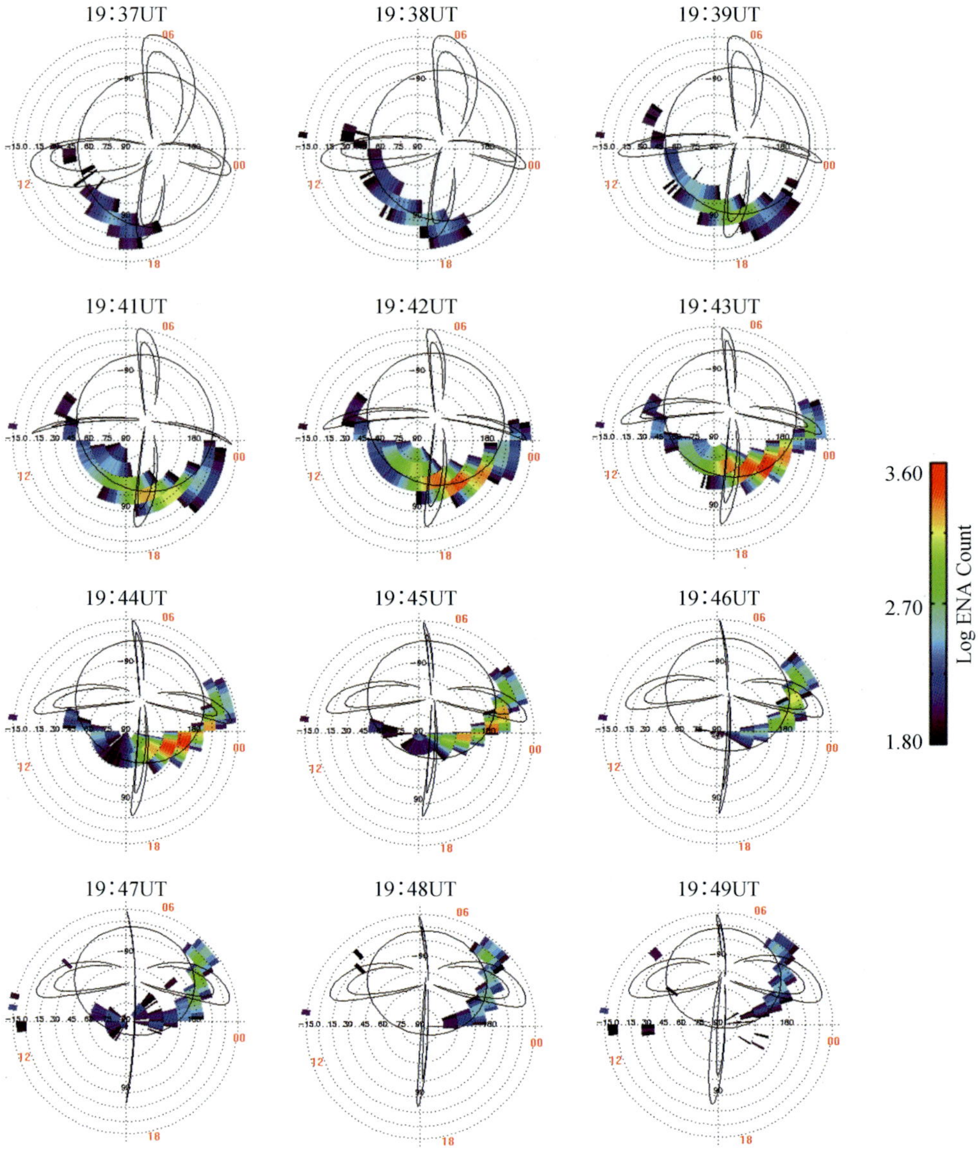

图 5.13　2004 年 11 月 12 日，1937—1949UT，50—81 keV 能道，64 秒积分的 ENA 极光探测图像演化序列

这里把地球轮廓和特征磁力线投影到每幅用极坐标表示的 ENA 极光探测图像中。图中 Log ENA Count 是指用对数表示的中性原子计数

北极探测到 ENA 极光约 1h 后，在南极近地点附近又一次探测到了 ENA 极光事件。这次 ENA 极光先是出现在黄昏，在午夜前 ENA 通量增强到极大，之后减弱并消散在子夜，历时约 13min。探测器离 ENA 源很近，我们采用 64s 积分就可满足 ENA 图像反演的统计需求。

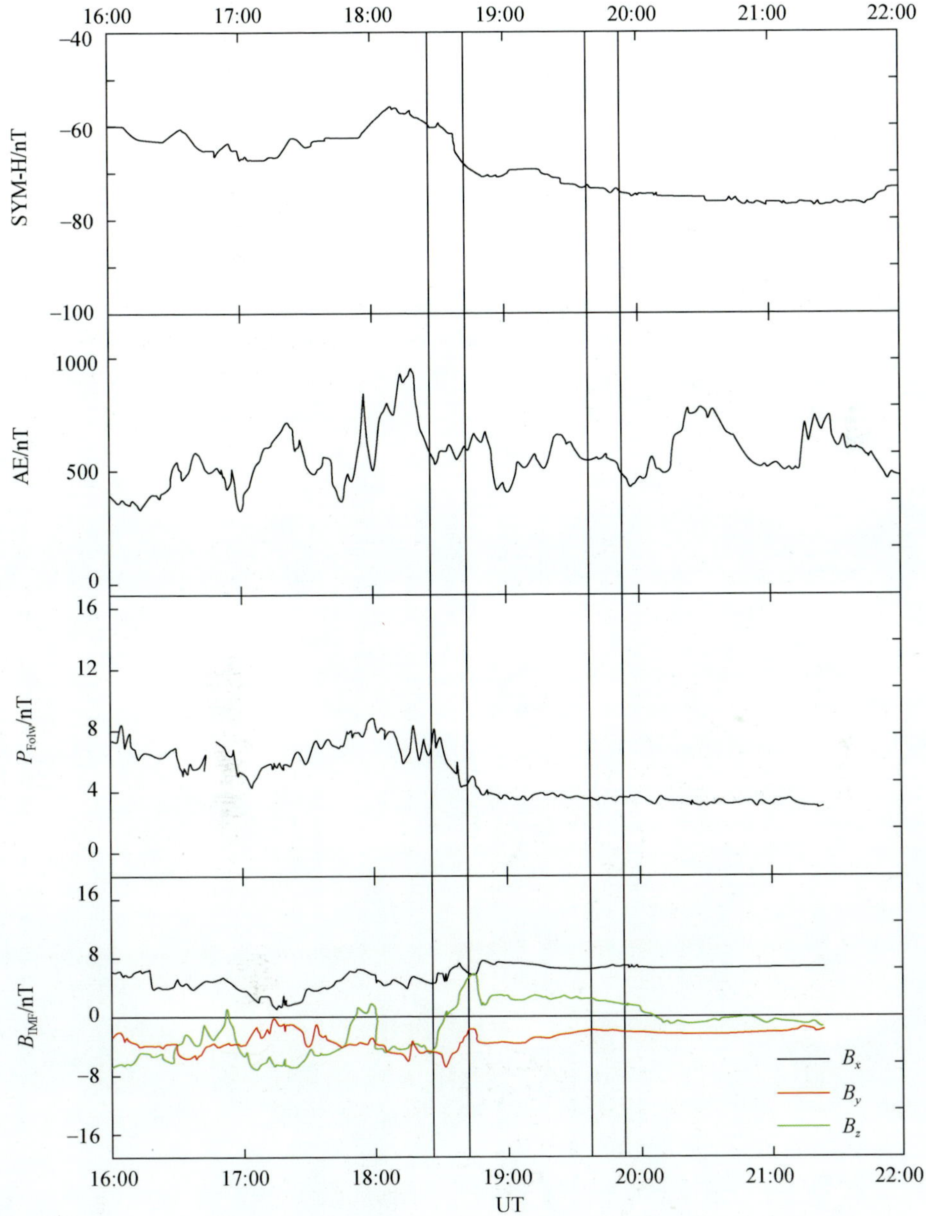

图 5.14　2004 年 11 月 12 日地磁活动期间，从上到下分别是 SYM-H 指数、AE 指数、太阳风动压和行星际磁场。其中时段，18：25～18：41 UT 和 19：37～19：50 UT（分别用竖线分隔），表示双星中性原子成像仪（NUADU/TC2）有 ENA 探测图像记录

ENA 极光反演面临的主要困难有：①观测位置离 ENA 源很近，特别是在靠近卫星自旋轴方向探测像素的重叠、跳变和不连续（图 5.11），需要加密 ENA

辐射体元的网格，这将挑战普通计算机（personal computer）的计算容量极限；②积分时间短（约 1min）使得背景计数非常低（图 5.13），我们采用迭代方式（Lu et al.，2008）以克服其最小二乘解的不稳定。在克服上述困难的前提下，我们得到反演结果的演化系列（图 5.15）。与 5.3 节和 5.4 节的反演结果相比，ENA 极光的反演结果通量极大区域明显离地球更远一些，接近 $L=6$。甚至形成双带或多带（19：42 ~ 19：45 UT）（图 5.15）。其中，靠外边的离子通量增强带在 $L=7$ 附近（19：44 UT）（图 5.15）。

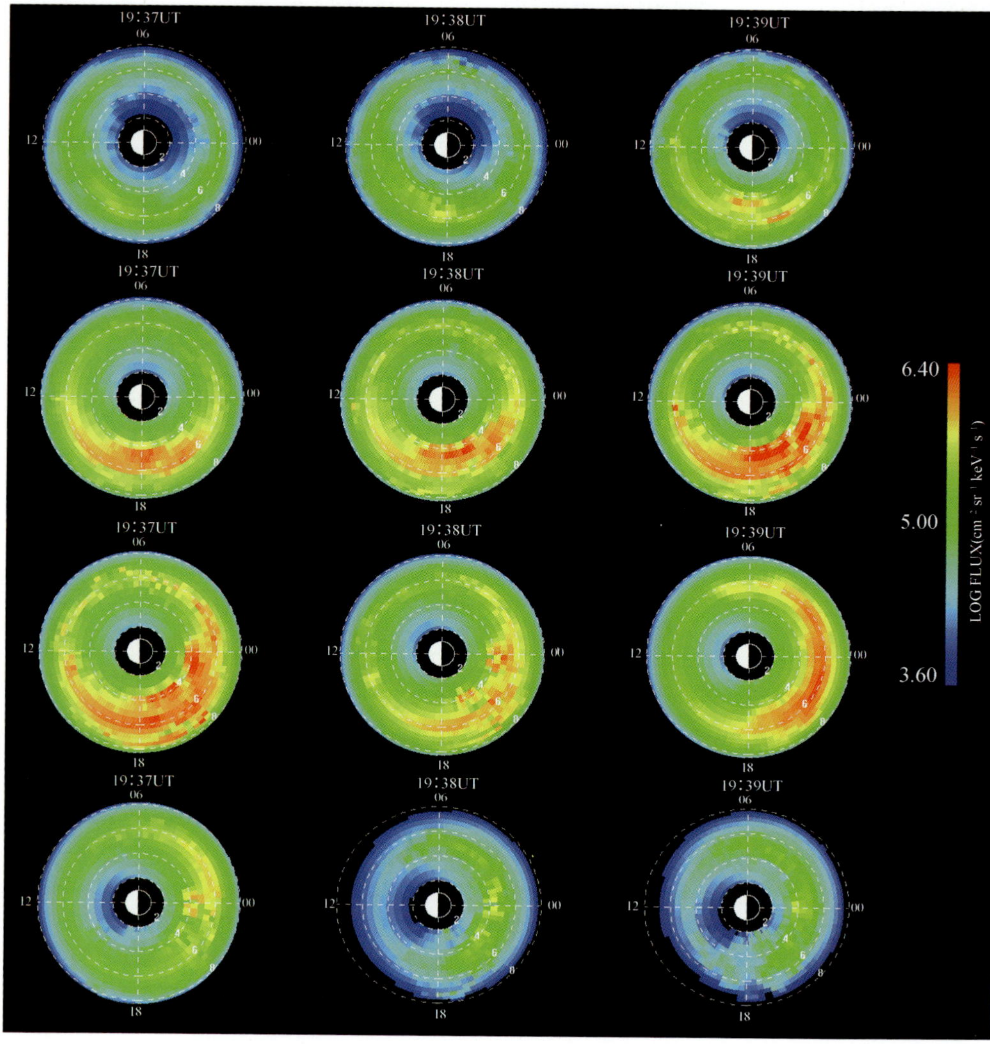

图 5.15　2004 年 11 月 12 日，50 ~ 81keV 能道，19：37 ~ 19：49 UT 时段反演的赤道区离子通量分布的时间演化过程，用 L-MLT 极坐标表示，通量大小的对数用右侧色标表示

反演模型中有两点假设与 ENA 极光探测环境不一致：磁场不是偶极场，投掷角模型中未考虑能量离子的投掷角扩散。实际上，由于投掷角扩散在 $L=6.5$ 附近同步高度的能量离子通量应该是很低的。如果这时在远地点附近有一台中性原子成像仪就能证实我们的判断。反演结果的物理意义也有所不同，它不再是反映赤道面上的能量离子通量分布。首先，我们明确地知道 ENA 极光的 ENA 源在极区，解出的赤道离子通量分布是表示极区沉降能量离子的来源区域。其次，解的量值是指在模型条件下，多大的能量离子通量可以产生我们所观测到的 ENA 极光。也就是说，解反映的是从赤道同步轨道高度运输到极区的能量离子通量，以及从极区反跳到环电流区的能量离子通量。图 5.15 从另一方面说明 ENA 极光与图示能量离子增强区域有关；或者说，图 5.15 是产生 ENA 极光的能量离子源区。按照 5.4 节图 5.10 表明的离子注入路径，ENA 极光区的能量离子会被较低磁壳的磁力线所捕获反跳到 $L=4$ 附近的环电流区。

反演采用偶极磁场模型，图 5.16 中反演离子源的实际位置应该尾向延伸到同步高度。上述反演结果是磁力线尾向拉伸期间同步高度能量离子沉降的探测证据，它也可以解释在亚暴触发之前同步高度的能量离子通量减小。

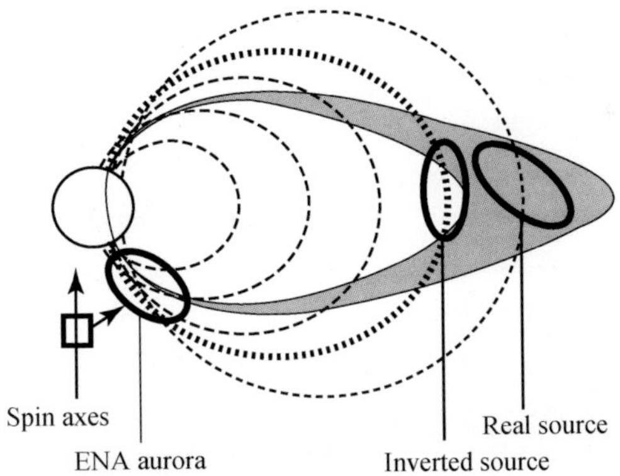

图 5.16　亚暴增长相期间，卫星近地点附近中性原子成像仪观测到的 ENA 极光位置和磁场尾向拉伸现象以及 ENA 极光反演的源区位置和实际位置示意图

图中 Spin axes 是指卫星自旋轴，ENA aurora 是指中性原子极光，Inverted source 是指反演源，Real source 是指真实源

我们始终关注 ENA 极光与环电流离子通量增长的时序关系。MIT 卫星计划（Liu et al.，2015）将能提供中性原子成像仪在远地点和近地点同时观测的机会，这样我们就可以用观测事实最终认定 5.4 节（图 5.10）提出的环电流离子注入途径。

致谢

本项研究得到了国家自然科学基金（41574152）的支持。

参考文献

Baker D N, Pulkkinen T I, Hesse M, et al. 1997. A quantitative assessment of energy storage and release in the Earth's magnetotail. Journal of Geophysical Research: Space Physics, 102 (A4): 7159-7168.

Barabash S, Brandt P C, Norberg O, et al. 1997. Energetic neutral atom imaging by the Astrid micro-satellite . Advances in Space Research, 20 (4-5): 1055-1060.

Belian R D, Gisler G R, Cayton T, et al. 1992. High-Zenergetic particles at geostationary orbit during the Great Solar Proton Event Series of October 1989. Journal of Geophysical Research: Space Physics, 97 (A11): 16897-16906.

Bernstein W, Inouye G T, Sanders N L, et al. 1969. Measurements of precipitated 1 ~ 20keV protons and electrons during a breakup aurora. Journal of Geophysical Research: Space Physics, 74 (14): 3601-3608.

Blake J B, Fennell J F, Friesen L M, et al. 1995. CEPPAD, comprehensive energetic particle and pitch angle distribution experiment on POLAR. Spaceence Reviews, 71 (1-4): 531-562.

Brandt P C, Barabash S, Norberg O, et al. 1999. ENA imaging at low altitudes from the Swedish micro-satellite Astrid: images and spectral analysis. Journal of Geophysical Research: Space Physics, 104 (A2): 2367-2379.

Brandt P C, Barabash S, Roelof E C, et al. 2001. Energetic neutral atom imaging at low altitudes from the Swedish micro-satellite Astrid: Extraction of the equatorial ion distribution. Journal of Geophysical Research: Space Physics, 106 (A11): 25731-25744.

Brandt P C, Demajistre R, Roelof E C, et al. 2002a. IMAGE/high-energy energetic neutral atom: Global energetic neutral atom imaging of the plasma sheet and ring current during substorms. Journal of Geophysical Research: Space Physics, 107 (A12), doi: 10. 1029/2002JA009307.

Brandt P C, Roelof E C, Ohtani S, et al. 2002b. IMAGE/HENA: Pressure and current distributions during the 1 October 2002 storm. Advances in Space Research, 33 (5): 719-722.

Brandt P C, Ohtani S, Mitchell D G, et al. 2002c. ENA observations of a global substorm growth phase dropout in the nightside magnetosphere. Geophysical Research Letters, 29 (20): 231-233.

Brandt P C, Ohtani S, Mitchell D G, et al. 2002d. Global ENA observations of the storm mainphase ring current: implications for skewed electric fields in the inner magnetosphere. Geophysical Research Letters, 29 (20): 11-15.

Brandt P C, Mitchell D G, Ohtani S, et al. 2003. Storm-substorm relationship during the 4 October 2000 storm. IMAGE global ENA imaging results//Disturbances in Geospace: The Storm-Substorm Relationship. American Geophysical Union, 42: 103-118.

Burch J L. 2003. Magnetospheric Imaging-The Image Prime Mission. Berlin: Springer.

Burch J L, Mende S B, Mitchell D G, et al. 2001. Views of Earth's magnetosphere with the IMAGE satellite. Science, 291 (5504): 619-624.

Daglis I A, Thorne R M, Baumjohann W, et al. 1999. The terrestrial ring current: origin, formation, and decay. Reviews of Geophysics, 37 (4): 407-438.

Delcourt D C. 2002. Particle acceleration by inductive electric fields in the inner magnetosphere. Journal of Atmospheric and Solar-Terrestrial Physics, 64 (5): 551-559.

DeMajistre R, Roelof E C, Brandt P C, et al. 2004. Retrieval of global magnetospheric ion distributions from high-energy neutral atom measurements made by the IMAGE/HENA instrument. Journal of Geophysical Research: Space Physics, 109 (A4): A04214.

Dessler A J, Parker E N. 1959. Hydromagnetic theory of geomagnetic storms. Journal of Geophysical Research: Space Physics, 64 (12): 2239-2252.

Echer E, Gonzalez W D, Tsurutani B T. 2008. Interplanetary conditions leading to Superintense geomagnetic storms (Dst < −250nT) during solar cycle 23. Geophysical Research Letters, 35 (6): L21108.

Erickson K N, Winckler J R. 1979. Particle flux decrease-increase events at synchronous orbit and the temporal sequence of aurora during substorms. Geophysical Research Letters, 7 (8): 597-600.

Grafe A, Feldstein Y I. 2000. About the relationship between auroral electrojets and ring current. Annales Geophysicae, 18 (8): 874-886.

Henderson M G, Reeves G D, Spence H E, et al. 1997. First energetic neutral atom images from Polar. Geophysical Research Letters, 24 (10): 1167-1170.

Henderson M G, Reeves G D, Jorgensen A M, et al. 2000. Polar CEPPAD/IPS energetic neutral atom (ENA) images of a substorm injection. Advances in Space Research, 25 (12): 2407-2416.

Hori T, Lui A T Y, Ohtani S, et al. 2005. Storm-time convection electric field in the near-Earth plasma sheet . Journal of Geophysical Research: Space Physics, 110 (A4): 254-254.

Hsieh K C. 2015. Detecting energetic neutral atoms in and out of the heliosphere (in Chinese). Chinese Journal of Space Science, 35 (3): 253-292.

Jorgensen A M, Spence H E, Henderson M G, et al. 1997. Global energetic neutral atom (ENA) measurements and their association with the Dst index. Geophysical Research Letters, 24 (24): 3173-3176.

Kamide Y, Baumjohann W, Daglis I A, et al. 1998. Current understanding of magnetic storms: Storm-substorm relationships. Journal of Geophysical Research: Space Physics, 103 (A8): 17705-17728.

Kozyra J U, Liemohn M W. 2003. Ring current energy input and decay. Space Science Reviews, 109 (1): 105-131.

Kozyreva O V, Kleimenova N G. 2007. Geomagnetic pulsations and magnetic disturbances during the initial phase of a strong magnetic storm of May 15, 2005. Geomagnetism and Aeronomy, 47 (4): 470-480.

Lazutin L L, Kuznetsov S N. 2008. Nature of sudden auroral activations at the beginning of magnetic storms. Geomagnetism and Aeronomy, 48 (2): 165-174.

Le G, Russell C T, Takahashi K. 2004. Morphology of the ring current derived from in-situ magnetic field measurements. Annales Geophysicae, 22 (4): 1267-1295.

Liu W W, Rostoker G. 1995. Energetic ring current particles generated by recurring substorm cycles. Journal of Geophysical Research: Space Physics, 100 (A11): 21897-21910.

Liu Y, Wang C, Xu J Y, et al. 2015. An Introduction to magnetosphere-ionosphere-thermosphere coupling small satellite constellation. Chinese Journal of Space Science, 5 (6): 653-663.

Liu Z X, Escoupet C P, Pu Z Y, et al. 2005. The double star mission. Annales Geophysicae, 23: 2707-2712.

Lu L, McKenna-Lawlor S, Barabash S, et al. 2008. Iterative inversion of global magnetospheric ion distributions using energetic neutral atom (ENA) images recorded by the NUADU/TC2 instrument. Annales Geophysicae, 26 (6): 1641-1652.

Lu L, McKenna-Lawlor S, Barabash S, et al. 2010. Comparisons between ion distributions retrieved from ENA images of the ring current and contemporaneous, multipoint ion measurements recorded in situ during the major magnetic storm of 15 May 2005. Journal of Geophysical Research: Space Physics, 115 (A12): A12218.

Lu L, McKenna-Lawlor S, Balaz J, et al. 2014. Technical configuration and simulation of the NAIS-H for the MIT mission (in Chinese) . Chinese Journal of Space Science, 34 (3): 341-351.

Lu L, McKenna-Lawlor S, Cao J B, et al. 2016. The causal sequence investigation of the ring current ion-flux increasing and the magnetotail ion injection during a major storm. Science China Earth Sciences, 59 (1): 129-144.

Lui A T Y, Williams D J, McEntire R W, et al. 1996. First composition measurements of energetic neutral atoms. Geophysical Research Letters, 23 (19): 2641-2644.

McKenna-Lawlor S, Balaz J, Barabash S, et al. 2004. The energetic NeUtral Atom Detector Unit (NUADU) for China's Double Star Mission and its calibration. Nuclear Instruments and Methods in Physics Research, 530 (3): 311-322.

McKenna-Lawlor S, Balaz J, Strharsky I, et al. 2005. An overview of the scientific objectives and technical configuration of the Neutral Atom Detector Unit NUADU on the Chinese Double Star Mission. Planetary and Space Science, 53 (1): 335-348.

McKenna-Lawlor S, Li L, Dandouras I, et al. 2010. Moderate geomagnetic storm (21-22 January 2005) triggered by an outstanding coronal mass ejection viewed via energetic neutral atoms. Journal of Geophysical Research: Space Physics, 115 (A8): 552-556.

Meinel A B. 1951. Doppler shifted auroral hydrogen emission. Astrophysical Journal, 113: 50-54.

Mitchell D G, Hsieh K C, Curtis C C, et al. 2001. Imaging of the Earth's ring current in energetic neutral atoms. Geophysical Research Letters, 28 (6): 1151-1154.

Orsini S, Milillo A, Daglis I A, et al. 2000. Simulation of ENA fluxes along the Geotail Spacecraft Orbit. Journal of Atmospheric and Solar-Terrestrial Physics, 62 (10): 919-926.

Perez J D, Fok M C, Moore T E. 2000. Deconvolution of energetic neutral atom images of the earth's magnetosphere. Space Science Reviews, 91 (1): 421-436.

Perez J D, Kozlowski G, Brandt P C, et al. 2001. Initial ion equatorial pitch angle distributions from energetic netural atom images obtained by IMAGE. Geophysical Research Letters, 28 (6): 1155-1158.

Peroomian V, Ashour-Abdalla M. 1996. Population of the near-earth magnetotail from the auroral zone. Journal of Geophysical Research: Space Physics, 101 (A7): 15387-15401.

Pollock C J, Brandt P C, Burch J L, et al. 2003. The role and contributions of energetic neutral atom (ENA) imaging in magnetospheric substorm research. Space Science Reviews, 109 (1): 155-182.

Roelof E C, Mitchell D G, Williams D J. 1985. Energetic neutral atoms (E ~ 50keV) from the ring current: IMP 7/8 and ISEE 1. Journal of Geophysical Research: Space Physics, 90 (A11): 10991-11008.

Roelof E C. 1987. Energetic neutral atom image of a storm-time ring current. Geophysical Research Letters, 14 (6): 652-655.

Roelof E C, Skinner A J. 2000. Extraction of ion distributions from magnetospheric ENA and EUV images. Space Science Reviews, 91 (1): 437-459.

Sauvaud J A, Winckler J R. 1980. Dynamics of plasma, energetic particles, and fields near synchronous orbit in the nighttime sector during magnetospheric substorms. Journal of Geophysical Research: Space Physics, 85 (A5): 2043-2056.

Sauvaud J A, Beutier T, Delcourt D. 1996. On the origin of flux dropouts near geosynchronous orbit during the growth pahse of substorms, 1, betatron effects. Journal of Geophysical Research: Space Physics, 101 (A9): 19911-19919.

Sergeev V A, Shukhtina M A, Rasinkangas R, et al. 1998. Event study of deep energetic particle injections during substorm. Journal of Geophysical Research: Space Physics, 103 (A5): 9217-9234.

Smith P H, Bewtra N K. 1987. Charge exchange lifetimes for ring current ions. Space Science Reviews, 22 (3): 301-318.

Stuart G W. 1959. Satellite-measured radiation. Physical Review Letters, 2 (10): 417-418.

Tsurutani B T, Gonzalez W D. 1997. The interplanetary causes of magnetic storms: A review. Geophysical Monograph Series, 98: 77-89.

Tverskaya L V, Ginzburg E A, Ivanova T A, et al. 2007. Peculiarities of the Outer Radiation Belt Dynamics during the Strong Magnetic Storm of May 15, 2005. Geomagnetism and Aeronomy, 47 (6): 696-703.

Vallat C, Dandouras I, Brandt P C, et al. 2004. First comparisons of local ion measurements in the inner magnetosphere with energetic neutral atom mgnetospheric image inversions: Cluster-CIS and IMAGE-HENA observations. Journal of Geophysical Research: Space Physics, 109 (A4).

Voss H D, Hertzberg E, Ghielmetti A G, et al. 1992. Medium energy ion mass and neutral atom spectrometer. Journal of Spacecraft and Rockets, 29 (4): 566-569.

Voss H D, Mobilia J, Collin H L, et al. 1993. Satellite observations and instrumentation for measuring energetic neutral atoms. Optical Engineering, 32 (12): 3083-3089.

Walker R J, Erickson K N, Swznson R L, et al. 1976. Substorm-Associated particle boundary motion at synchronous orbit. Journal of Geophysical Research: Space Physics, 81 (31): 5541-5550.

Wilken B, Daglis I A, Milillo A, et al. 1997a. Energetic neutral atoms in the outer magnetosphere: An upper flux limit obtained with the HEP-I. D spectrometer on board GEOTAIL. Geophysical Research Letters, 24 (2): 111-114.

Wilken B, Axford W I, Daglis I, et al. 1997b. RAPID, the imaging energetic particle spectrometer on cluster. Space Science Reviews, 79 (1-2): 399-473.

Williams D J, Keppler E, Fritz T A, et al. 1978. The ISEE 1 and 2 medium energy particles experiment. IEEE Transactions on Geoscience Electronics, 16 (3): 270-280.

Wygant J, Rowland D, Singer H J, et al. 1998. Experimental evidence on the role of the large spatial scale electric field in creating the ring current. Journal of Geophysical Research: Space Physics, 103 (A12): 29527-29544.

Xie L, Pu Z Y, Zhou X Z, et al. 2006. Energetic ion injection and formation of the storm-time symmetric ring current. Annales Geophysicae, 24 (12): 3547-3556.

Zhang X X, Perez J D, Chen T, et al. 2005. Proton temperature in the ring current from ENA images and in situ measurement. Geophysical Research Letters, 32 (16): 247-275.

第 6 章　电离层震前异常和同震扰动

刘正彦

“台湾中央大学”太空科学研究所

地震最明显的表征是地表剧烈震动，此震动会经大气层传至高层大气，进而扰动改变其中的电子浓度分布，并造成电波传播变化。近期研究显示，除了大地震所引起的高层大气剧烈变化外，震前也可能出现电离层电子浓度异常改变。本章将以 2008 年汶川地震为例，探讨该地震前数天，全球定位系统（GPS）电离层栓电子含量（TEC）的异常时空变化，以及地震发生时所引起的行进式电离层扰动。地震前电离层异常现象主要为震前 TEC 异常增加或减少（正或负）的极性、出现的地方时段、提前的天数、持续的时间或频次等。结果发现电离层 TEC 于汶川地震前 1 ~6 天的下午时段显著减少，此与中国西南部地区 1998 ~2015 年 63 个 6 级以上地震的异常特性相互吻合，因此判定为可能的震前时间异常。为了确认此时间异常与汶川地震有关，必须从震前空间异常分析，经由全球电离层图进行全球异常搜寻，并探讨其分布。研究结果显示，该电离层 TEC 异常现象于震前 1 ~6 天持续且频繁地出现于震中地区，此现象说明该异常与汶川地震极可能相关。法国 DEMETER 卫星观测的全球离子参数异常也证实了汶川地震前出现明显的异常。此外，中国地区的地表 GPS 接收机记录的 TEC 也可用来研究汶川地震时所引发的电离层扰乱。利用时间延迟法、圆圈法、射线循迹法及聚束法，可计算扰乱源头的位置和其传播速度，并确认扰乱是由该地震的地表震动引发。比较异常和扰乱的大小显示地震前电离层异常远大于同震扰乱，可能的原因是震前异常是电磁感应所产生，而同震扰乱是机械振动所造成。

6.1　引　　言

大地震引起的地表剧烈震动会造成地形地貌的改变，科学家推测相关的地表波动会引发大气层振动并传至电离层，造成其中的扰动。Barnes（1966）首次利用测高仪的电离图观察到 1964 年美国阿拉斯加州 M_w8.5 大地震时的电离层异常扰动现象，并提出地震与电离层扰动两者之间的可能联系。Davies（1990）回顾了利用高频多普勒探测系统和测高仪观察到大地震引起的电离层扰动。Liu 等（2006a，2006b，2010a，2011a）则利用全球定位系统（GPS）测量电离层 TEC，观察 1999 年中国台湾集集 M_w7.6 地震、2004 年印度尼西亚苏门答腊 M_w9.3 地震及 2011 年日本本州岛海域 M_w9.0 地震，所引发的地震和海啸同震效应。近年来，由于雷达与卫星科技的进步，世界各国科学家陆续发现各种不同的地震前异常现象（Hayakawa and Fujinawa，1994；Liu et al.，2000；Hayakawa and Molchanov，2002；Pulinets and Boyarchuk，2004）。Liu 等（2000）分析了 1994～1999 年连续 6 年电离层测高仪记录的数据，发现在中国台湾地区，95% 的 6 级以上地震前数天会出现电离层电子浓度显著减少。其后，又利用区域 GPS 接收机记录，发现 1999 年集集地震震中地区电离层 TEC，于震前 1 天、3 天、4 天下午时段显著减少。Liu 等（2009，2010b，2011b）也观察到 2004 年印度尼西亚苏门答腊 M_w9.3 地震、2008 年中国汶川 M_w8.0 地震、2010 年海地 M_w7.3 地震电离层 TEC 震前异常。图 6.1 说明，现今科学家已采用磁力计记录的地磁场，影像仪拍摄的地光，卫星观察地震前的红外辐射和超低频、极低频、特低频电磁辐射，地表测高仪记录的电离层电子浓度，GPS 观测的电离层 TEC 等异常信号。当前一批科学家致力于研究电离层同震效应，而未能观察到震前的异常现象，而另一批科学家发现了震前异常，却未探讨地震的同震扰乱。因此，本章将探讨 2008 年 5 月 12 日汶川 M_w8.0 地震期间的电离层 TEC 震前异常和同震扰乱。

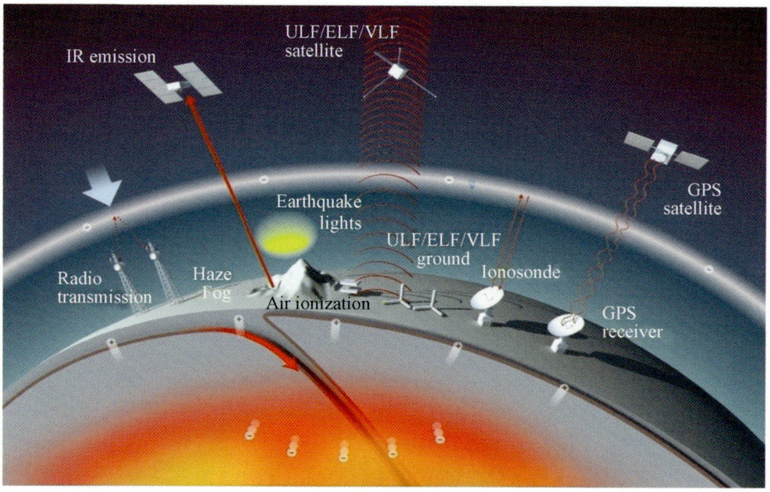

图 6.1　利用人造卫星和地面仪器观测电离层与岩石层地震前异常现象

影像仪拍摄的地光（Earthquake lights），卫星观察地震前的红外辐射（IR emission）和超低频（ULF）、极低频（ELF）、特低频（VLF）电磁辐射，地表测高仪（Ionosonde）记录的电离层电子浓度，GPS 观测的电离层 TEC 等异常信号

6.2　电离层震前异常现象

Liu 等（2001）首次应用台湾 13 台地面 GPS 接收机测量计算的电离层 TEC，检测 1999 年 9 月 21 日集集 $M_w7.6$ 地震相关异常的时间变化及空间分布。通常，一台地面接收机可以同时记录 10 个以上 GPS 卫星的信号（Liu et al.，1996）。因此，Liu 等（2001）获得的覆盖网络接收站的 TEC 图的分辨率为每 30s 就有 130 个 TEC 点。他们在台湾中心点（24°N，121°E）提取时间序列，并发现在 9 月 17 日、18 日、20 日（即地震前的 4 天、3 天、1 天的）下午时段，TEC 显著减少。许多统计分析（Chen et al.，2004；Liu et al.，2004a，2004b，2006a）研究证实，在台湾 $M \geqslant 5.0$ 地震前 1～6 天的下午或夜间时段，电离层 TEC 会出现长时间且显著的异常减少。由此推断，于下午持续出现且显著的 TEC 异常减小有可能是与地震相关的电离层时间异常（pre-earthquake ionospheric anomalies，PEIAs）。值得注意的是 PEIAs 的特征：异常增加或减少（正或负）的极性、出现的地方时段、提前的天数、持续的时间或频次等，往往会因区域的不同而有所改变。因此，对某一特定区域进行地震电离层 TEC 前兆检测时，首先应统计分析研究该地区长久以来地震电离层前兆并获得统计特征作为对比参考。归纳时间异常特征的统计分析方法有单纯的叠加累计（Liu et al.，2000）、胜算、逻辑回归（Liu et al.，2006c）、z 检验、接收者操作特征（receiver operating characteristic，ROC）曲线（Chen et al.，2015）。

目前，地面观察计算电离层 TEC 主要依赖全球导航卫星系统（GNSS，含 GPS、GLONASS、Galileo 或 Beidou（北斗）等）。电离层是一个频散的介质（dispersive medium），GNSS 卫星信号通过它时会造成电磁波速度的改变。其载波相位的超前和虚拟距离资料的延迟，与通过电离层路径上电子浓度的积分成正比。因此，利用此特性可以估算 GNSS 卫星至地面接收站之间传播路径上（slant）的斜向柱电子含量 STEC（Liu et al.，1996）：

$$\mathrm{STEC} = \int_{R_x}^{T_x} N(l)\,\mathrm{d}l \tag{6.1}$$

其中，STEC 为电子密度 N 从 GNSS 卫星发射天线 T_x 至地面接收天线 R_x 的路径积分（Davies，1990）。TEC 的单位为 TECu（$1\mathrm{TECu}=10^{16}\,\mathrm{el/m^2}$）。GNSS 卫星电波穿越电离层的路径长度会随着卫星的移动而有所改变，因此，STEC 会随着卫星的仰角而变。为了除去电波几何路径的效应，卫星观测电离层时通常会进行几何垂直修正，将 STEC 换算成垂直全电子含量（VTEC）。假设 GNSS 卫星发射信号通过电离层的质心，即含最大电子浓度上方附近的电离层点（ionospheric point），则电离层点在地面上的投影称为“亚电离层点”（sub-ionospheric point）。亚电离层点上的 VTEC 可表示成：

$$\mathrm{VTEC} \approx \mathrm{STEC} \times \cos \chi \tag{6.2}$$

其中，χ 为天顶角（图 6.2）。一般会将 VTEC 简称为 TEC。

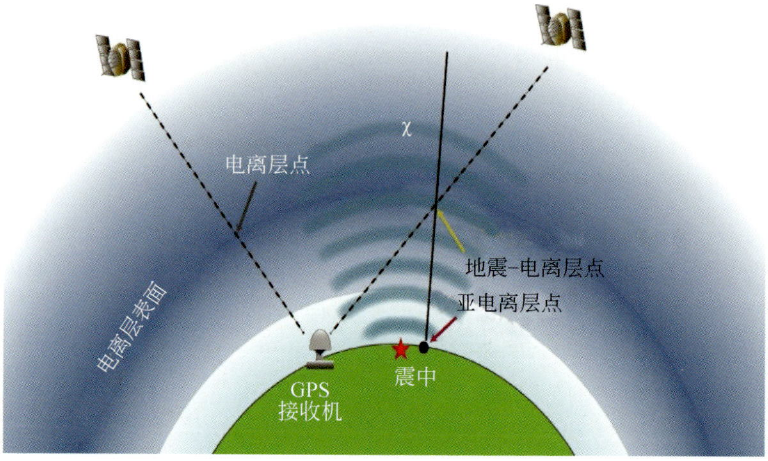

图 6.2 利用地面 GPS 接收机观察地震前异常和同震扰乱现象

斜向全电子含量（STEC）于电离层点可转为垂直全电子含量（VTEC）

本章 TEC 数据取自 IGS（International GNSS Services）网站，全球电离层图（global ionosphere map，GIM）为欧洲轨道测定中心（Center for Orbit Determination in Europe，CODE）利用散布于全球大约 200 个 GPS/GLONASS 地面观测站的资料，计算每天全球电离层 TEC 分布而得（图 6.3）。GIM 资料自 1995 年 1 月 1 日开始提供至今，其中到 1998 年 3 月 27 日，只提供了正午 12 时的资料；其后开始提供每 2h 的资料；于 2014 年 10 月 19 日起提供每 1h 的资料。由于每个接收机每 30s 即同时接收方圆 1000km 内的 5 ~ 10 颗 GPS 卫星电波信号，因此，每个接收机同时记载 5 ~ 10 个不同位置的电离层 TEC。目前欧美各国全球电离层图是以全球 1000 个 GPS 接收机网建构，结合内插与平滑之后其数据点经度×纬度分辨率为 5°×2.5°。GIM 提供长期稳定的全球 TEC 观测数据。

6.2.1 震前时间异常

对于特定区域的 TEC 异常侦测与判定，因为电离层变化剧烈，一般须以中位数建立参考。本节以观测区域中某一特定点的观测值前 15 天的数据为背景，分别计算参考标准的中位数（M）及其对应的上、下四分位（对应 UQ、LQ）。因此，上边界定义为

$$\mathrm{UB} = M + k(\mathrm{UQ} - M) \tag{6.3}$$

下边界定义为

$$\mathrm{LB} = M - k(M - \mathrm{LQ}) \tag{6.4}$$

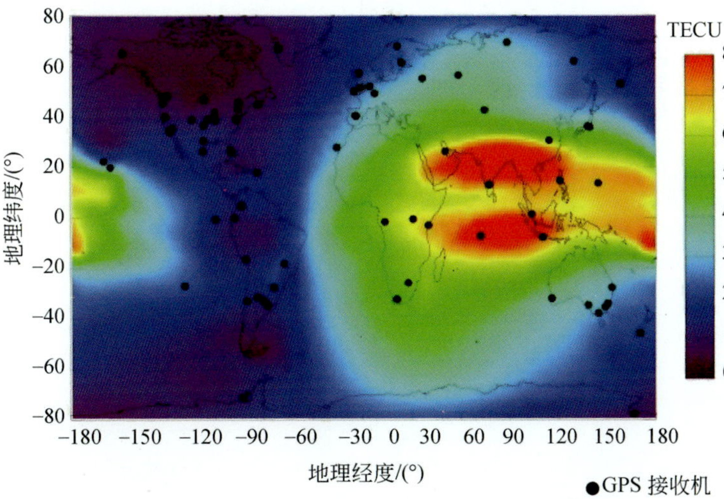

图 6.3　2014 年 9 月 30 日 09：10 UT 的 GIM-TEC

其中，k 为边界门槛参数，一般取 $k=1.5$（Liu et al.，2009）。当观测值大于上边界或者小于下边界，则判定为正异常或者负异常，因此，较大的 k 值对应较严格异常的判定。如果一天当中的异常频繁出现超过 8h，则可宣告为异常天。如果要得知侦测到异常是否与地震有关，仍需比对该地区前期地震前异常的统计特性。

1. 汶川地震前时间异常

汶川地震发生于 2008 年 5 月 12 日 12：28 LT（06：28 UT），震级 M_w8.0，震中位置 31.4°N，103.4°E，深度 19km，为近年来中国所发生过级数最大的地震。本书利用 GIM TEC 分析地震前后 15 天内的变化，并利用全球 GIM TEC 检测其相关异常是否为全球皆有的现象或是仅在震中附近出现的局部现象。图 6.4 为汶川地震前后 15 天震中上空电离层 TEC 时间序列及其对应的参考。可以看出在 5 月 6～8 日，即震前的 4～6 天出现明显的 TEC 负异常，而在 5 月 9 号，即震前 3 天 TEC 正、负异常交替出现。在 4 月 29 日，5 月 20 日、21 日分别出现较明显的负、正异常，但距离地震时间较长，可能是其他原因造成的电离层异常扰动。

2. 震前时间异常统计

为确认 2008 年 5 月 6～9 日出现的 TEC 负异常是否与汶川地震有关，将统计并对比研究 1998～2015 年中国西南部地区共发生 63 个 $M\geqslant6.0$ 级地震的震前异常特性。在此，选择全部地震震中的中点（32.5°N，95°E）观测的 TEC 进行统计研究。首先将观测数据归一化 $\delta TEC=(TEC-M)/M$，排除季节和太阳活动的影响。图 6.5 为 63 个 $M\geqslant6.0$ 和 26 个 $M\geqslant6.5$ 地震前后 30 天 δTEC 的中位数。结果显示，较大的地震伴随着较大的 δTEC。其中，26 个 $M\geqslant6.5$ 地震在震前的 2～6天出现明显的负异常，与汶川地震异常十分吻合。

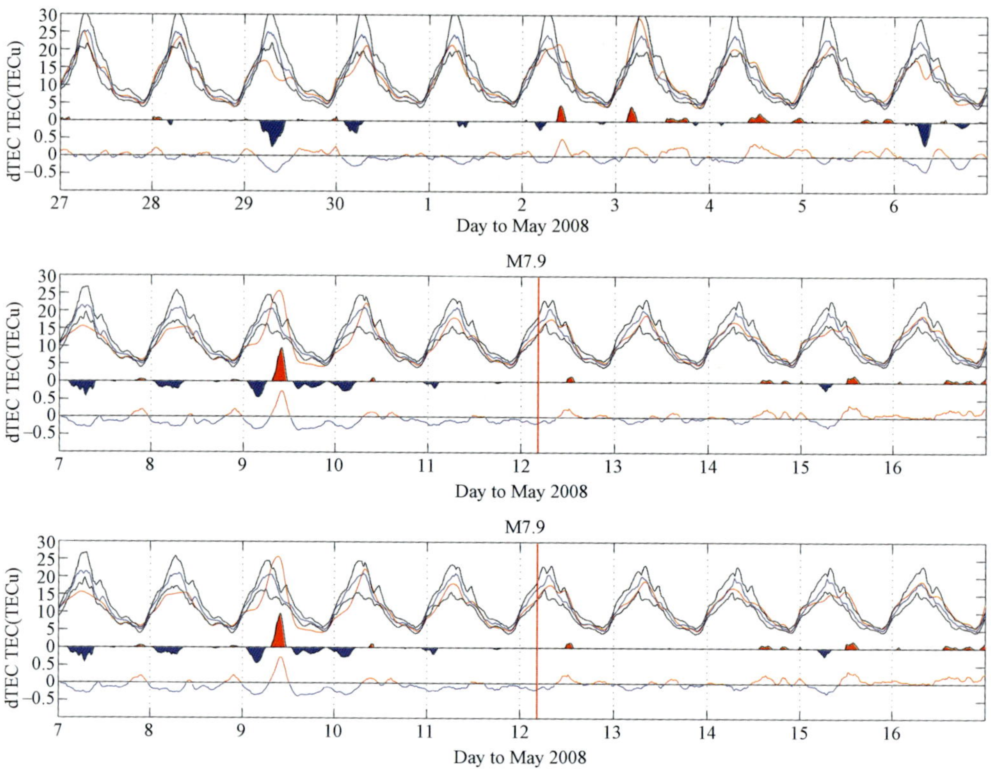

图 6.4　汶川地震前后 15 天电离层 TEC 时间序列

红线表示观测资料，两条黑线分别为上、下边界，观测值低于下边界的为负异常，用黑色面积表示；观测值高于上边界为正异常，用红色面积表示。汶川 $M_w7.9$ 地震后修正为 $M_w8.0$（Liu et al.，2009）

进行严格的统计 z 检验以找出显著异常时段。假定 p 为地震相关的异常出现的概率，p_0为 1998～2015 年共计 6488 天异常出现的平均概率，则根据 z 检验的定义：

$$z=\frac{p-p_0}{\sqrt{p_0(1-p_0)/n}} \tag{6.5}$$

其中，n 为地震的个数，异常判定时 $k=1.5$。当 $z>1.96$ 时，表示在置信度 0.05 水平，对应点异常概率明显高于背景概率，即可认定该点为显著异常点。采用此方法对全部地震前后 30 天的数据进行检验，分别考虑负异常和正异常，连续显著的异常时段分别用黑线和红线圈出，如图 6.5 所示。研究发现，地震前电离层 TEC 会出现较明显的负异常，与前人（Liu et al.，2009，2013）研究的异常趋势基本吻合，但 z 检验检测到的显著异常时段略有差别，且在距离地震较早时间存在局部短时间的正异常，与 Chen 等（2015）的结果一致，但由于持续时间较短，本章不予考虑。全部地震［图 6.5（a）］中，显著异常时段为震前 2 ~ 3 天的 00：00 ~ 03：00 UT，异常区 δTEC 中位数的最大强度为 4.7%；26 个 $M \geqslant 6.5$ 地震的异常时段位于震前 2 ~ 5 天的 02：00 ~ 06：00 UT，δTEC 中位数的最大强度为 11.3%。可见，随着震级的增大，δTEC 异常持续时间增长，且 δTEC 强度随之增加，说明异常持续时间、强度与地震震级存在一定的相关性。

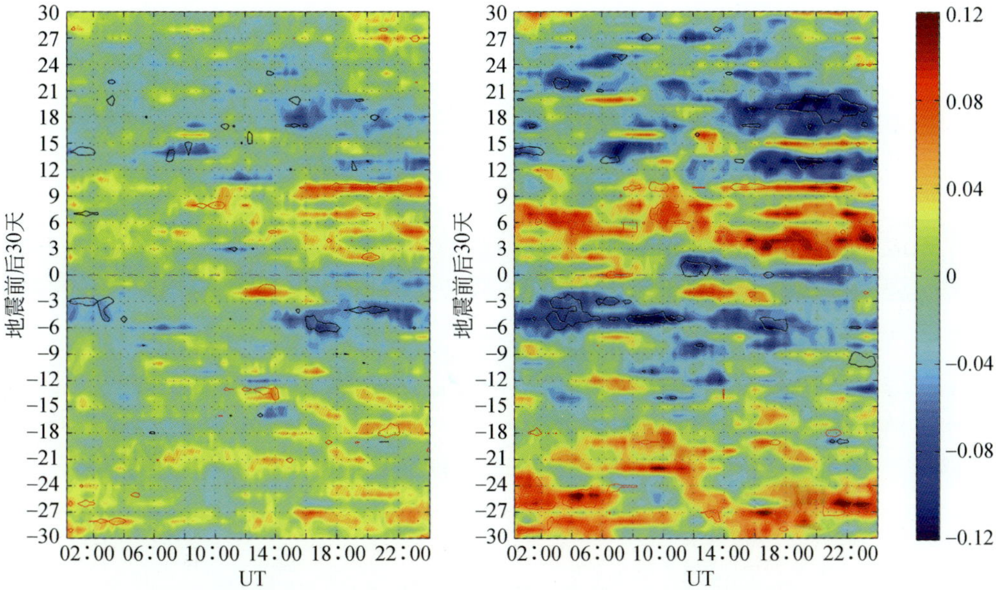

(a) 63个$M \geqslant 6.0$地震参考点的δTEC　　(b) 26个$M \geqslant 6.5$地震参考点的δTEC

图 6.5　地震前后 30 天电离层 δTEC

黑线和红线分别圈出置信度 0.05 水平的负异常和正异常时段（北京工业大学刘程艳提供）

z 检验的结果表明，地震前一定时段内电离层 TEC 会出现持续明显的负异常。但作为一种可靠的地震预警信息，还需要进一步确定这种异常与地震发生的相关性，即证实异常确实与地震发生有关，而非随机产生。因此，采用统计中接收者操作特征（receiver operating characteristic，ROC）曲线方法模拟地震预警。以参考点 26 个 $M \geqslant 6.5$ 地震为例，z 检验得到震前 2 ~ 5 天的 02：00 ~ 06：00 UT 出现 TEC 负异常，假定在研究区间 1998 ~ 2015 年共计 6488 天中每一天的 02：00 ~ 06：00 UT时段内若有 1/3 以上的观测点值小于下边界，则定义当天为异常天，同时预警未来的 2 ~ 5 天内将会有地震发生。改变参数 k，可以得到不同边界下的电离层异常天及对应的地震预警天。由上述规则，6488 天即被分为两类，有地震预警天和无地震预警天，与实际地震天对照（表 6.1）。

表 6.1　地震和预警的研究区间分类表

分类	实际发震	实际无震
有预警	TP（k）	FP（k）
无预警	FN（k）	TN（k）

定义有预警且实际发震的总天数为 TP（k），有预警而实际无震的总天数为 FP（k），无预警而实际发震的为 FN（k），无预警且无地震的为 TN（k），则准确预警率定义为

$$\mathrm{TPR}(k)=\frac{\mathrm{TP}(k)}{\mathrm{TP}(k)+\mathrm{FN}(k)} \tag{6.6}$$

错误预警率定义为

$$\mathrm{FPR}(k)=\frac{\mathrm{FP}(k)}{\mathrm{FP}(k)+\mathrm{TN}(k)} \tag{6.7}$$

ROC 检验中，k 的取值范围为 0～10，每 0.1 取一个值共计 101 个点，分别计算对应的 TPR（k）和 FPR（k），作图得到实际异常预警的 ROC 曲线，如图 6.6 红线所示。

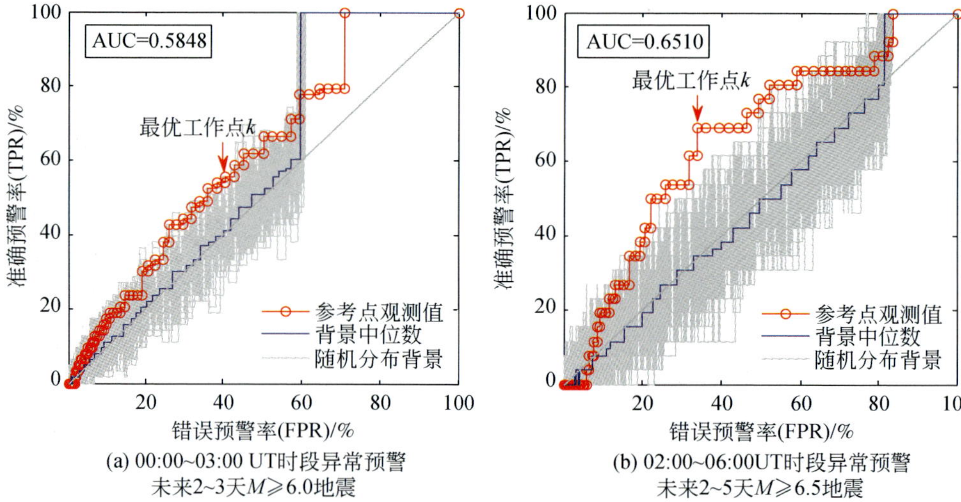

图 6.6　TEC 异常预警地震的接收者操作特性检验（北京工业大学刘程艳提供）

为比较实际预警与随机预警预测的效果，将对应固定 k 的异常进行同分布随机模拟，得到的异常分布序列作为参考。实际的异常序列基本符合 γ 分布（Chen et al.，2004），当 $k=1.5$ 时，得到 6448 天的 TEC 异常序列，由此计算得到 γ 分布的形状参数与尺度参数，再基于实际分布得到同参数的随机分布，共做 1000 次即得到 1000 个模拟随机分布，计算对应的准确预警率和错误预警率得到模拟

的 ROC 曲线作为背景，如图 6.6 灰线所示，蓝线为模拟结果的中位数，基本趋近于（0，1）对角线（称为几率线，表示无预警能力），符合随机分布的趋势。地震预警效果的评估在直观上可比较 ROC 曲线下包络的面积（area under the curve，AUC），AUC 越大表示预警效果越好。用 00：00 ~ 03：00 UT 异常时段预警未来 2 ~ 3 天 $M \geqslant 6.0$ 地震，AUC = 0.5848，而模拟 ROC 曲线（灰线）下最大面积 AUC^{*}_{max} = 0.5344，用 02：00 ~ 06：00 UT 异常时段预警未来 2 ~ 5 天 $M \geqslant 6.5$ 地震，AUC = 0.6510，模拟 ROC 曲线下最大面积 AUC^{*}_{max} = 0.5170。可见，震级越大预测结果越好，震前 TEC 异常的可靠性越高。两组结果都明显高于随机分布背景，说明此时段异常与地震发生显著相关。ROC 曲线中，红色圆圈代表不同 k 值时对应的 TPR 与 FPR。靠近（0，0）的工作点表示边界门槛 k 取较大值时，异常筛选条件较严格，此时异常个数较少，相对应的准确预警率和错误预警率都较小，靠近（1，1）的工作点表示 k 取较小值时，异常筛选条件较宽松，此时准确预警率较高但错误预警率也很高，在实际中，这两种工作点都不可取。一般选择 TPR-FPR 值最大的点定义为最优工作点（Chen et al.，2004），此时可得到相对较大的准确预警率同时付出相对较小的代价（错误预警率）。图 6.6（a）中，在最优工作点 TPR = 52.38%，FPR = 38.29%，即 63 个 6 级以上地震中有 33 个被准确预警，但是错误预警率达到近 40%，预警可靠性不高。图 6.6（b）中，在最优工作点 TPR = 69.23%，FPR = 36.10%，即 26 个 6.5 级以上地震中有 18 个被准确预警，错误预警率略有下降。当 k = 1.5 时，TPR = 80.77%，FPR = 54.22%，虽然准确预警率提高 11.54%，但错误预警率已经超过 50%，实际预测中不可取。对于 6.5 级以上的地震，异常判定门槛 k 应提高到 2.2，可得到最佳的预测效果。对比图 6.6（a）、（b）两组地震发现，地震较小时，异常分布特征相对不明显，容易干扰整体样本异常的判定及最终的检定结果，因此 AUC 值相对较小，TEC 异常预警可靠性不高。6.5 级以上地震的异常特征相对明显，异常时段更加集中且异常幅度较大，便于区分，因此 AUC 值较大，异常预警可靠性较高。

通过研究 1998 ~ 2015 年中国地区 63 个 $M \geqslant 6.0$ 级地震前后 30 天电离层 TEC 的变化，主要结果见表 6.2，发现地震前参考点（32.5°N，95°E）δTEC 出现异常减小，通过 z 检验的显著负异常时段为全部地震前 2 ~ 3 天的 00：00 ~ 03：00 UT，6.5 级以上地震为震前 2 ~ 5 天的 02：00 ~ 06：00 UT，异常区最大 δTEC 分别为 4.72%、11.3%，异常幅度随震级的增大明显增加。但参考点全部地震的异常幅度较小，原因可能由于震级较小的地震个数较多（37/63），产生的电离层异常相对不明显，因此对整体异常特性的影响较大。总体来讲，通过 z 检验，参考点电离层 TEC 在地震前的特定时段出现显著的异常减小，异常的强度与持续时间随震级的增加而增大，这对实际的地震电离层异常观测很有价值。但是，ROC

检验中，错误预警较高，可能的原因是 TEC 异常筛选时，未排除其他干扰因素，如磁暴、太阳扰动等对电离层的影响。

表 6.2　地震电离层异常统计检验结果汇总

	z 检验		ROC 曲线				
	参考点 TEC		参考点 TEC				随机异常
	异常时段	$\delta\mathrm{TEC}_{max}$	AUC	Best$k$	TPR	FPR	AUC^{*}_{max}
63 个 $M \geqslant 6$ 地震	00：00 ~ 03：00 UT 震前 2 ~ 3 天	4.72%	0.5848	1.4	0.5238	0.3829	0.5344
26 个 $M \geqslant 6.5$ 地震	02：00 ~ 06：00 UT 震前 2 ~ 5 天	11.3%	0.6510	2.2	0.6923	0.3610	0.5170

6.2.2　震前空间异常

本节将利用全球电离层图的 TEC 和法国 DEMETER 卫星测量的离子参数进行汶川地震前空间异常的讨论。

1. 汶川地震前 TEC 空间异常

通过研究汶川地震震中点电离层 TEC 在地震前后 15 天的变化，发现在地震前会出现明显的异常减小，为进一步确认这些异常是否与地震相关或是否是一个全球性的扰动，选取全球电离层图与对应的前 15 天的中位值进行比较，找到同一时间全球出现异常扰动的区域，进而与地震发生的区域进行比较。

图 6.7（a）为 2008 年 5 月 6 日 08：00 UT 全球电离层图，图 6.7（c）为 5 月 6 日前 15 天对应时段的中位数图，图 6.7（e）为全球电离层观测资料与对应前 15 天中位值的差值，图 6.7（g）为（e）的局部放大图。图 6.7（b）、（d）、（f）、（h）分别是与图 6.7（a）、（c）、（e）、（g）对应的全球在 2008 年 6 月 9 日 10：00 UT 的电离层图。图 6.7 显示，在 5 月 6 日 08：00 UT，即汶川地震前 6 天，全球电离层图在震中区附近的 TEC 异常减小，且异常幅度明显高于同时段全球的其他地区；在 5 月 9 日 10：00 UT，即发生地震前 3 天，震中区电离层 TEC 异常增加，异常幅度明显高于全球其他区域。尤其是，图 6.7（g）红色网格和 6.7（h）绿色网格分别表示该时刻该地区前 30 天异常极值（即 3%）。此点说明，异常仅仅出现于汶川震中附近。

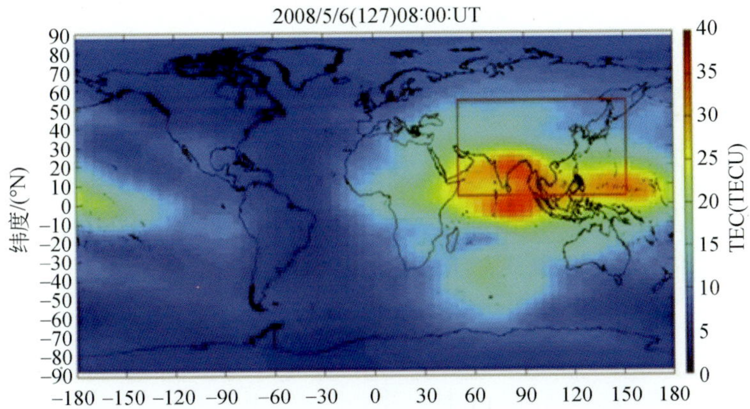
2008/5/6(127)08:00:UT
纬度/(°N)
90
80
70
60
50
40
30
20
10
0
−10
−20
−30
−40
−50
−60
−70
−80
−90
−180 −150 −120 −90 −60 −30 0 30 60 90 120 150 180
TEC(TECU)
40
35
30
25
20
15
10
5
0

(a)

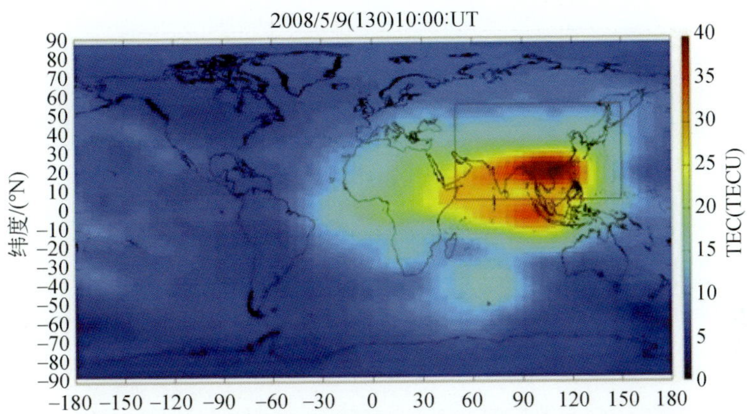
2008/5/9(130)10:00:UT
纬度/(°N)
90
80
70
60
50
40
30
20
10
0
−10
−20
−30
−40
−50
−60
−70
−80
−90
−180 −150 −120 −90 −60 −30 0 30 60 90 120 150 180
TEC(TECU)
40
35
30
25
20
15
10
5
0

(b)

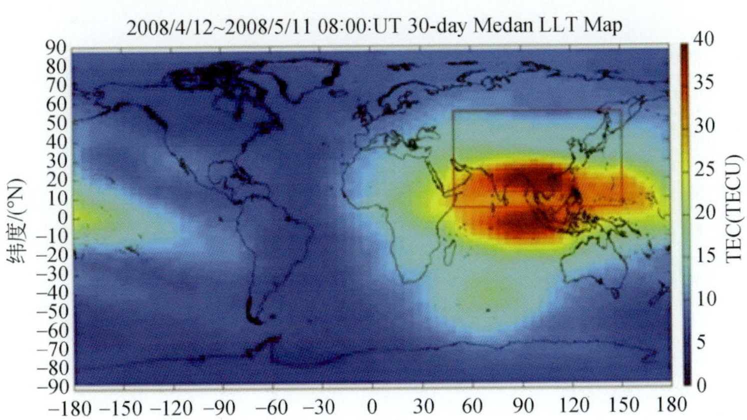
2008/4/12~2008/5/11 08:00:UT 30-day Medan LLT Map
纬度/(°N)
90
80
70
60
50
40
30
20
10
0
−10
−20
−30
−40
−50
−60
−70
−80
−90
−180 −150 −120 −90 −60 −30 0 30 60 90 120 150 180
TEC(TECU)
40
35
30
25
20
15
10
5
0

(c)

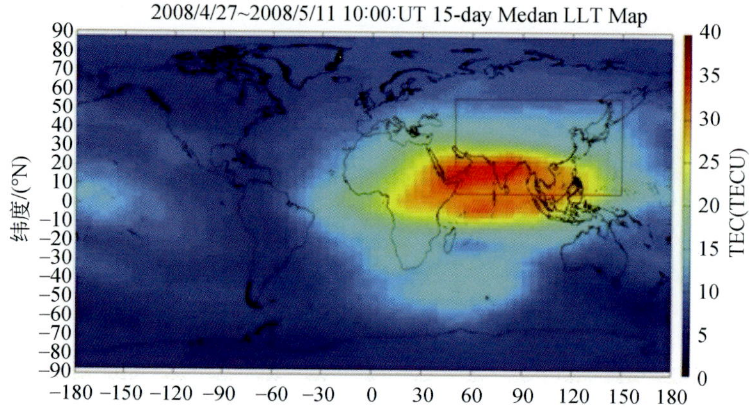
2008/4/27~2008/5/11 10:00:UT 15-day Medan LLT Map
纬度/(°N)
TEC(TECU)

(d)

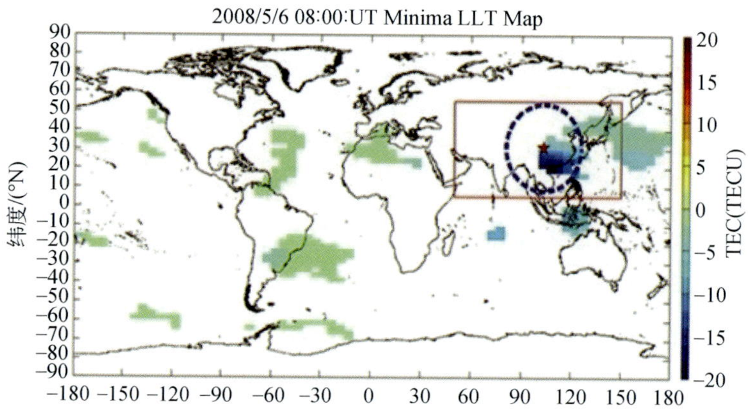
2008/5/6 08:00:UT Minima LLT Map
纬度/(°N)
TEC(TECU)

(e)

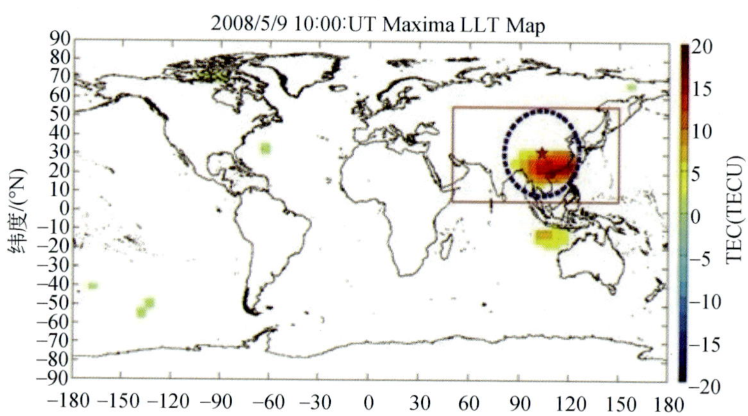
2008/5/9 10:00:UT Maxima LLT Map
纬度/(°N)
TEC(TECU)

(f)

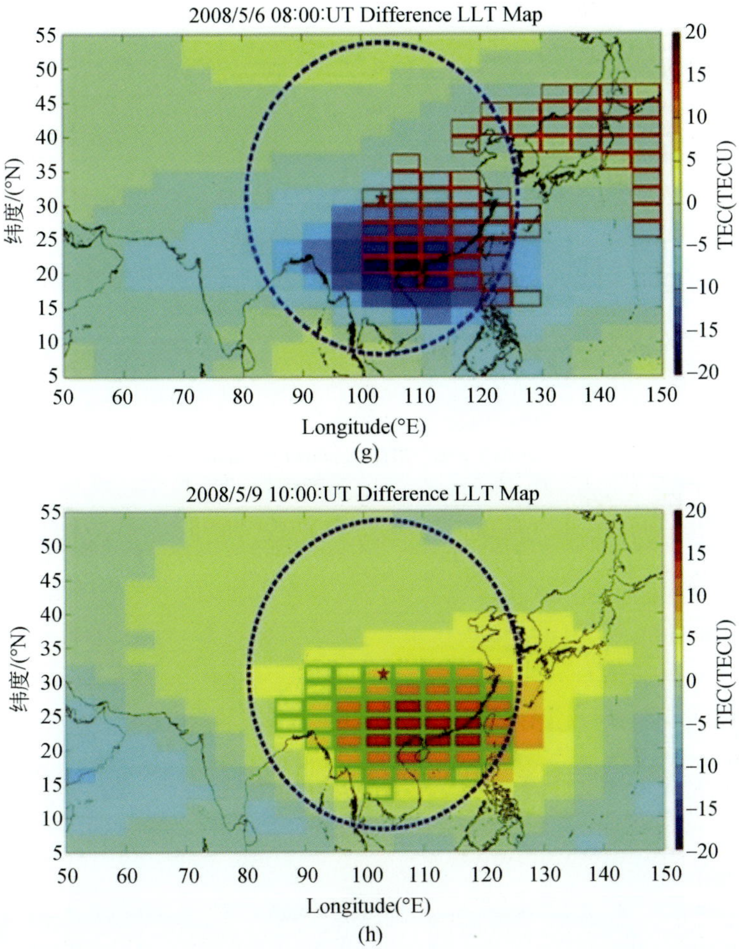

图 6.7　汶川地震前全球电离层图（Liu et al.，2009）

2. 汶川地震 DEMETER 卫星观测

DEMETER 卫星能够观测多种等离子体参数，包含日间（10：30 LT）及夜间（22：30 LT）电子密度 N_e、离子密度 N_i、电子温度 T_e 及离子温度 T_i 等。图 6.8 为汶川地震前 6 天（2008 年 5 月 6～11 日）与后 6 天（2008 年 5 月 13～18 日）的日间和夜间卫星轨迹上 N_e、N_i、T_e、T_i 的分布情况。图 6.8 中，红色星点代表震中位置，为比较同时段全球其他位置与震中区离子参数异常变化情况，选取与震中点地磁同纬度、经度分别间隔 90°的 A、B、C 三点作为对照点，分别计算了日间及夜间 4 点的离子变化（图 6.9）。利用盒须图分析地震前后的离子参数差异。盒须图的上、下边界分别代表上、下四分位，中间的横线则为中位

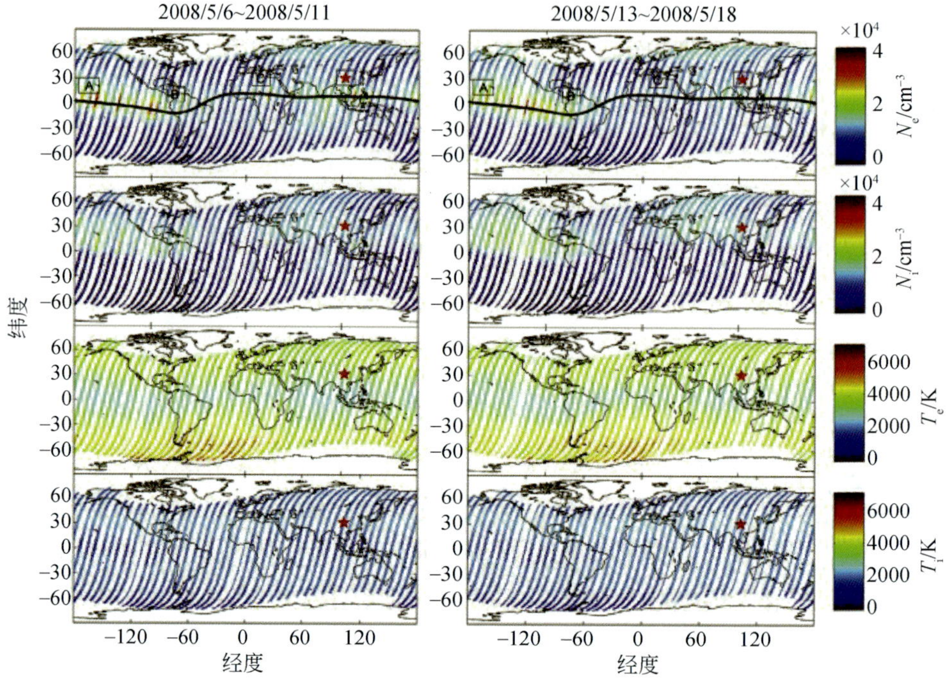

(a)白天

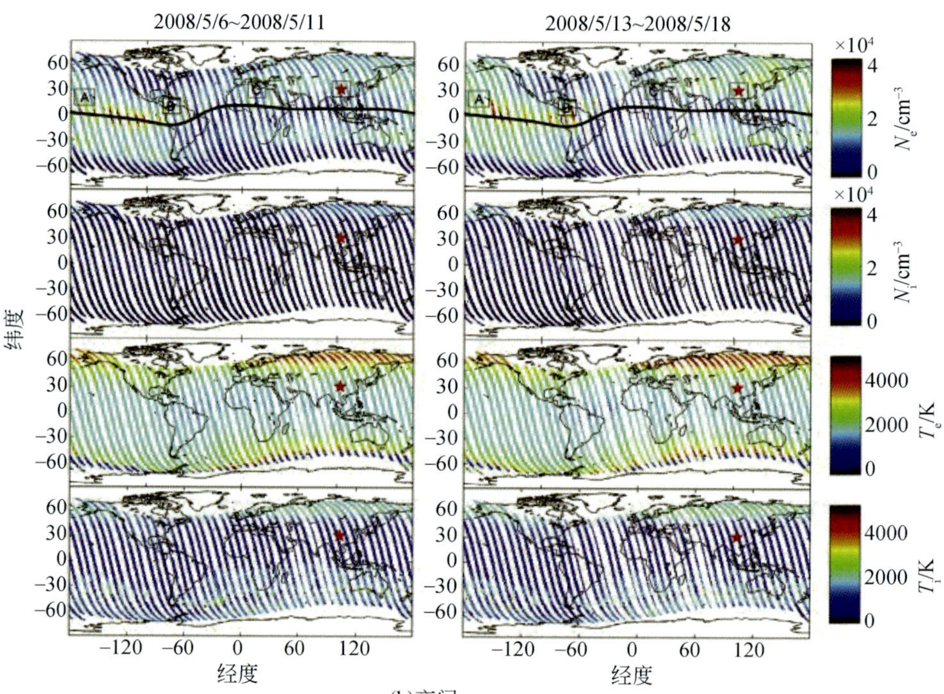

(b)夜间

图 6.8　DEMETER 卫星轨迹 N_e、N_i、T_e、T_i 参数（Liu et al.，2015）

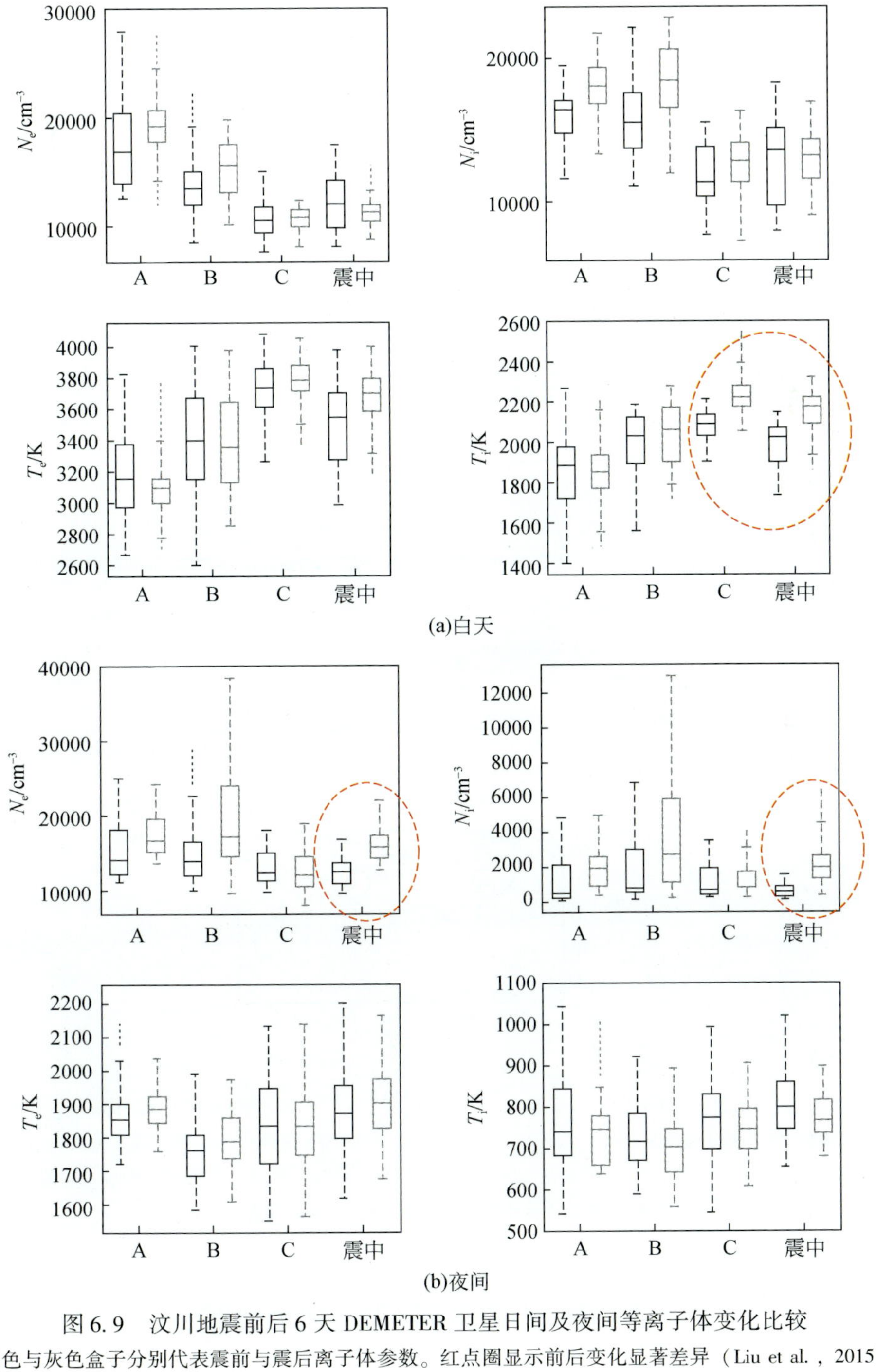

图 6.9　汶川地震前后 6 天 DEMETER 卫星日间及夜间等离子体变化比较

黑色与灰色盒子分别代表震前与震后离子体参数。红点圈显示前后变化显著差异（Liu et al.，2015）

数，当两个盒子不相互重叠时，说明两组数据差距显著（显著水平 0.06）（Liu et al.，2015）。分析发现，日间离子温度 T_i 在震中区及 C 区同时出现显著减少；而夜间震中区的电子密度 N_e 与离子密度 N_i 均出现显著减少。为进一步确认异常出现与地震的相关性，选取 2008 年 5 月 6～11 日 DEMETER 日间的 T_i、夜间的 N_e 及 N_i 资料进行全球空间分析（图 6.10）。交集结果发现，全球在此期间同时出现日间的 T_i、夜间的 N_e 及 N_i 异常的区域仅在震中点附近。可见，DEMETER 离子参数在震前的异常变化也与汶川地震有关。

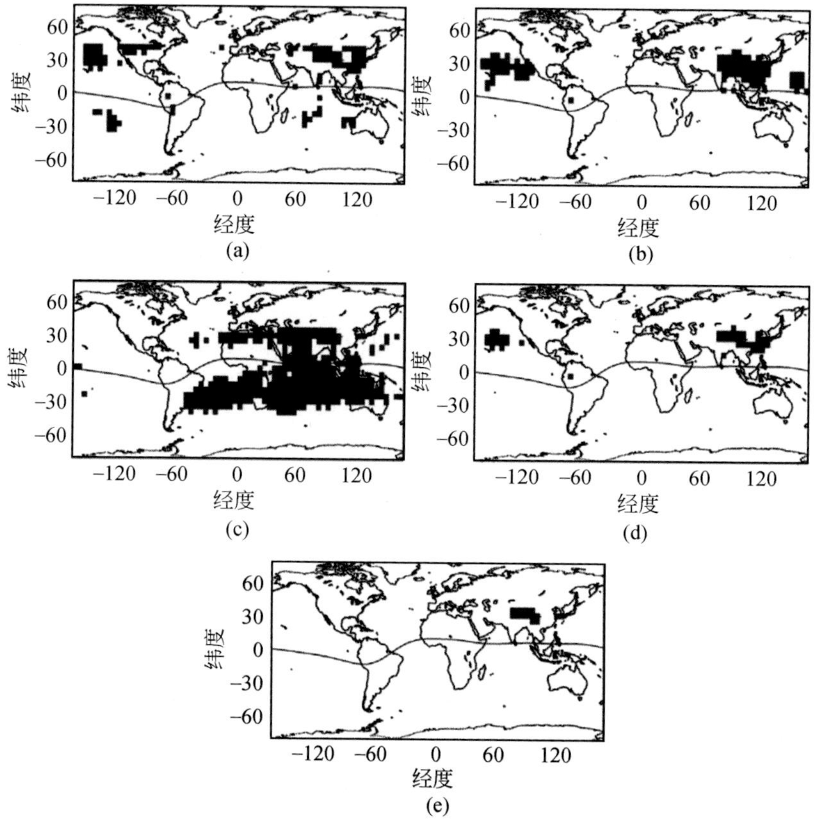

图 6.10　DEMETER 参数汶川地震前后 1～6 天显著负异常全球分布

蓝色色块表示显著负异常区域：（a）夜间电子浓度；（b）夜间离子浓度；（c）日间离子温度；（d）夜间电子浓度与夜间离子浓度异常有交集的区域；（e）夜间电子浓度、夜间离子浓度及日间离子温度异常有交集的区域（Liu et al.，2015）

6.3　地震电离层同震扰动研究

Barnes（1966）首次发现 1964 年 3 月 27 日美国阿拉斯加州 M 9.2 大地震时

测高仪记录的电离层异常扰动现象，并提出地震与电离层的扰动之间的可能联系。其后，科学家陆续发现地震后高频多普勒电离层扰动（Davies，1990）。Calaisand Minster 最早采用 GPS 探测 1994 年 Northridge 地震后电离层的 TEC 扰动情况，发现地震发生后几分钟，其震中上空的电离层 TEC 出现异常变化，并且随着到震中距离的增加，其异常出现的时间偏晚。Jung 等（2006）观察到 2001 年 1 月 13 日萨尔瓦多 M_w7. 6 地震和 1999 年 9 月 21 日集集 M_w7. 6 地震瑞利波引起的电离层 TEC 扰动。同样的，Liu 等（2006b，2011a）利用地面 GPS 接收机记录的 TEC 侦测到 2004 年 12 月 26 日印度尼西亚苏门答腊 M_w9. 3 地震和 2011 年 3 月 11 日日本本州岛海域 M_w9. 0 地震引发的海啸效应。

图 6. 11 为 2008 年汶川地震震中位置及 6 个 GPS 观测站点高通滤波后的 TEC，可以发现在昆明（Kunm）站的 06：35 ~ 07：20 UT 时段内存在 5 个明显的移行电离层扰动。就如同 5 个太空地震仪于 350km 高的位置记录到这些扰动。根据图 6. 12 滤波后的 TEC 时间变化与震中距离关系图，可以采用最小二乘法拟合出 5 个移行电离层扰动到达的时间为 06：36 UT。地震发生的时间是 06：28 UT，因此扰动的平均水平速度和垂直速度分别为 557. 250m/s 和 729m/s。

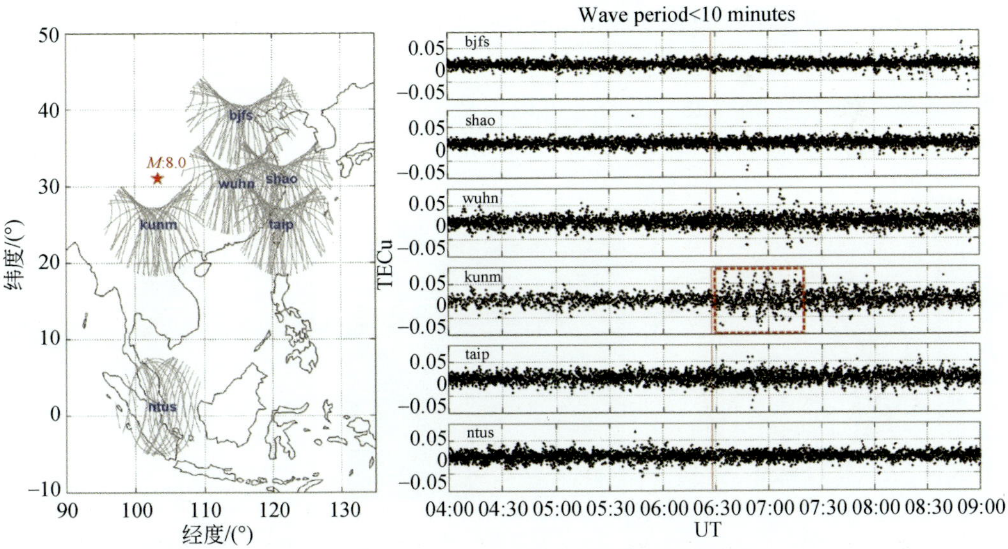

图 6. 11　2008 年汶川地震震中及 6 个 GPS 观测站点高通滤波后的 TEC（Liu et al.，2012）

由于移行电离层扰动是被假定在固定的高度 350m 处侦测到的，这里可以简化为只考虑其水平速度和距离。第一种方法为圆圈法，设定地震发生时间为 06：36 UT，水平速度的变化范围为 400 ~ 800m/s，步长为 50m/s，图 6. 13（a）可以看出当水平速度为 600m/s 时，5 个圆圈相交在震中正上方（稍微偏西）。此外，射线寻迹法和聚束法也可用来确定地震参数。射线寻迹法是首先给定一个速

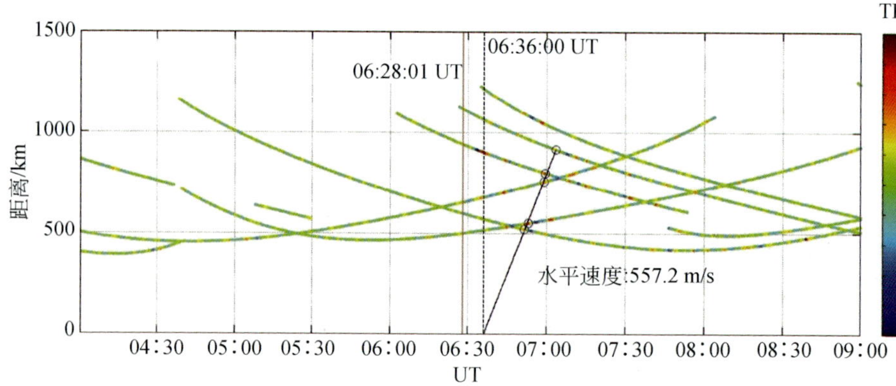

图 6.12　滤波后的 TEC 时间变化与震中距离关系（Liu et al.，2012）

度模型，在观测区域各点依次猜测扰乱源点并计算地震波到达各个太空地震仪的距离和时间以及到达时间的均方差，同时计算等值图，当均方差达到最小值时，该点即为扰乱源位置。基于同样的原理，聚束法是给定一个地震发生时间，同样猜测扰乱源点，并计算到达各个太空地震仪速度及其均方差。图 6.13（b）是射线寻迹法计算的云图，当水平速度为 620m/s 时，云图在 30.4°N，102.9°E 处收敛，这个位置在汶川地震震中西南方 86km。图 6.13（c）是聚束法计算的云图，当地震发生时间为 06：28 UT 时，可以看到移行电离层扰动的来源为 31.1°N，103.0°E，这个位置在汶川地震震中西向 30km。

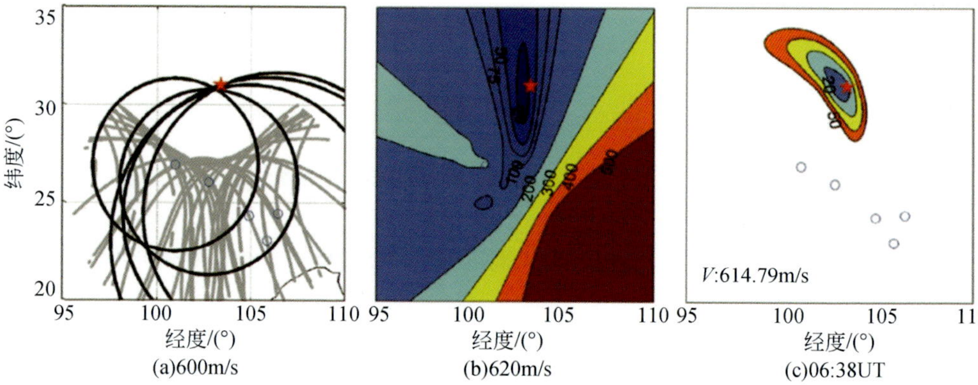

图 6.13　利用三种方法计算搜寻汶川地震电离层扰乱位置（Liu et al.，2012）

（a）圆圈法，篮圈代表太空地震仪位置、灰曲线为卫星地面轨迹、5 个黑圈是圆圈法计算的扰乱位置；（b）射线寻迹法；（c）聚束法，红色与蓝色分别代表云图均方差值的大小。红星代表汶川地震震中位置

6.4 结　　论

电离层地震效应可分为前兆与同震。前兆部分，截至目前仍具有争议性，其原因主要是电离层极易受到太阳辐射、太阳风、磁暴、电离层暴等全球效应的影响。要区别异常是来自上述的全球效应，还是区域的地震孕震时，是一件非常困难的工作。首先，要利用稳健和严谨的统计方法明确判定或检测异常信号。电离层变化极大，一般不遵循常态分布，因此建议以中位数建立标准。当观测值极端偏离其对应的中位数参考时，方可宣告异常信号的出现。对于固定区域的定点异常信号监测，必须与其先前长时间地震前后的异常统计结果比对。统计方法很多，在此以 z 检定和接受者操作特征曲线，总结该监测地区异常的正负极性、出现时段及持续时间。当观测的异常与统计结果相符时，即可宣告观测的异常信号可能为时间异常前兆。本章汶川地震的时间异常（图 6.4）与对应统计特性［图 6.5（b）］相吻合，并通过 ROC 的检验［图 6.6（b）］，因此极有可能为时间异常前兆。然而，也有可能是全球效应的巧合引起，为了进一步确认此时间异常与该地区即将来临的地震有关，必须进行全球搜寻此类异常的分布。在此，可采用 GIM 全球 5183 个 TEC 网格分布的同步监测。图 6.7 显示汶川地震不仅是负异常显著且集中出现于震中地区，极少出现的正异常亦独独出现于震中附近。此结果确认时间前兆与汶川地震有关。在此同时，DEMETER 卫星的电子浓度、离子浓度及离子温度的异常分布，同时且集中出现于汶川震中上空。GIM TEC 和 DEMETER 等离子体参数的异常分布相互吻合，再次说明大地震前会出现电离层异常前兆。

利用时间延迟法、圆圈法、射线循迹法及聚束法分析 TEC 扰乱，证实大地震时地表的震动会引发电离层扰乱。事实上，许多大地震和其伴生的海啸（Liu et al.，2006a，2006b，2010a，2010b，2011a），皆已被证实能引发电离层各种形式的扰动，并具备不同的传播速度。相对于地震前兆异常量约为 10TECu，同震扰动只有 0.1TECu，此差异主要是因为前者为地震孕震地区产生的电场的电磁效应所引起（Liu and Chao，2016），后者是地表拍动大气的机械振动效应所造成（Liu et al.，2012）。

致谢

感谢北京工业大学刘程艳和章菲，以及“台湾中央大学”林沛萱和张益伟的文字与图文编辑的协助。

参考文献

Barnes D F. 1966. Gravity changes during the Alaska earthquake. Journal of Geophysical Research,

71 (2): 451-456.

Chen Y I, Huang C S, Liu J Y. 2015. Statistical evidences of seismo-ionospheric precursors applying Receiver Operating Characteristic (ROC) curve on the GPS total electron content in China. Journal of Asian Earth Science, 114: 393-402.

Chen Y I, Liu J Y, Tsai Y B, et al. 2004. Statistical tests for pre-earthquake ionospheric anomaly. Terrestrial Atmospheric and Oceanic Sciences, 15 (3): 385-396.

Davies K. 1990. Ionospheric Radio. London: Peter Peregrinus Ltd.

Hayakawa M, Fujinawa Y. 1994. Electromagnetic Phenomena Relater to Earthquake Predication. Tokyo: Terrapub.

Hayakawa M, Molchanov O A. 2002. Seismo Electromagnetics: Lithosphere-Atmosphere-Ionosphere Coupling. Tokyo: Terrapub.

Jung T K, Liu J Y, Tsai H F, et al. 2006. Ionospheric disturbances triggered by the Mw7.6 earthquake off the coast of El Salvador on 13 January 2001. Terrestrial Atmospheric and Oceanic Sciences, 17 (2): 345-351.

Liu J Y, Chao C K. 2016. An observing system simulation experiment for FORMOSAT-5/AIP detecting seismo-ionospheric precursors, Terrestrial Atmospheric and Oceanic Sciences, 28 (2): 117-127.

Liu J Y, Tsai H F, Jung T K. 1996. Total electron content obtained by using the global positioning system. Terrestrial Atmospheric and Oceanic Sciences, 7 (1): 107-117.

Liu J Y, Chen Y I, Pulinets S A, et al. 2000. Seismo-ionospheric signatures prior to M≥6.0 Taiwan earthquakes. Geophysical Research Letters, 27 (19): 3113-3116.

Liu J Y, Chen Y I, Chuo Y J, et al. 2001. Variations of ionospheric total electron content during the Chi-Chi earthquake. Geophysical Research Letters, 28 (1): 1383-1386.

Liu J Y, Chuo Y J, Shan S J, et al. 2004a. Pre-earthquake ionospheric anomalies registered by continuous GPS TEC measurement. Annales Geophysicae, 22 (5): 1585-1593.

Liu J Y, Chen Y I, Jhuang H K, Lin Y H. 2004b. Ionospheric foF2 and TEC anomalous days associated with M ≥ 5.0 earthquakes in Taiwan during 1997-1999. Terrestrial Atmospheric and Oceanic Sciences, 15 (3): 371-383.

Liu J Y, Chen C H, Chen Y I, et al. 2006a. Seismo-geomagnetic anomalies and M≥5.0 earthquakes observed in Taiwan during 1988-2001. Physics and Chemistry of Earth, 31 (4-9): 215-222.

Liu J Y, Tsai Y B, Chen S W, et al. 2006b. Giant ionospheric disturbances excited by the M9.3 Sumatra Earthquake of 26 December 2004. Geophysical Research Letters, 33 (2): 356-360.

Liu J Y, Chen Y I, Chuo Y J, et al. 2006c. A statistical investigation of pre-earthquake ionospheric anomaly. Journal of Geophysical Research: Space Physics, 111 (A5): A05304 (1-5).

Liu J Y, Chen Y I, Chen C H, et al. 2009. Seismo-ionospheric GPS total electron content anomalies observed before the 12 May 2008 Mw7.9 Wenchuan earthquake. Journal of Geophysical Research: Space Physics, 114 (A4): 231-261.

Liu J Y, Tsai H F, Lin C H, et al. 2010a. Coseismic ionospheric disturbances triggered by the Chi-Chi earthquake. Journal of Geophysical Research: Space Physics, 115 (A8): A08303 (1-12).

Liu J Y, Chen Y I, Chen C H, et al. 2010b. Temporal and spatial precursors in the ionospheric global positioning system (GPS) total electron content observed before the 26 December 2004 M9. 3 Sumatra-Andaman Earthquake. Journal of Geophysical Research: Space Physics, 115 (A9): 434-441.

Liu J Y, Chen C H, Lin C H, et al. 2011a. Ionospheric disturbances triggered by the 11 March 2011 M9. 0 Tohoku Earthquake. Journal of Geophysical Research: Space Physics, 116 (A6): 97-108.

Liu J Y, Le H, Chen Y I, et al. 2011b. Observations and simulations of seismoionospheric GPS total electron content anomalies before the 12 January 2010 M7 Haiti earthquake. Journal of Geophysical Research: Atomosphere, 116 (A4): A04302 (1-9).

Liu J Y, Chen C H, Tsai H F, et al. 2013. A statistical study on seismo-ionospheric anomalies of the total electron content for the period of 56 M≥6. 0 earthquakes occurring in China during 1998-2012, Chinese. Journal of Space Science, 33 (3): 258-269.

Pulinets S, Boyarchuk K. 2004. Ionospheric Precursors of Earthquakes. Berlin: Springer.

第 7 章　地球极区空间观测研究

黄德宏　胡红桥　刘瑞源　杨惠根

中国极地研究中心国家海洋局极地科学重点实验室

7.1　引　　言

在日地空间物理研究中，极区空间环境观测占有极其重要的地位。地磁场在极区近乎垂直地进出并向外一直延伸到磁层和行星际空间，使极区成为地球开向太空的窗口，太阳风能量和粒子进入地球空间的入口，太阳风能量粒子进入地球磁层后沿着磁力线沉降到南北极区电离层和中高层大气，产生一系列重要的地球物理现象，如极光、磁暴、磁层亚暴、电离层暴、极盖吸收、西向浪涌及对中层大气加热和电离等，这些空间天气过程在极区最先发生，最为强烈，并逐步向中低纬度地区传播。在极区开展空间环境观测，开展磁层—电离层—热层耦合过程研究，对于空间天气研究、应用和预报服务都具有非常重要的意义。

自 1984 年开展极地考察以来，经过 30 多年的发展，我国已经在南极地区先后建立了长城站、中山站和昆仑站，2004 年在北极地区建立了黄河站。表 7.1 给出了这些台站的地理坐标和修正地磁坐标。南极长城站位于亚极光带和威德尔海电离层异常区及南大西洋地磁异常区，是地球空间环境的特殊区域，在日地空间环境研究方面，我国在南极长城站主要开展了电离层和地磁观测。南极中山站和北极黄河站同处在极隙区纬度，不仅可以观测到丰富的日地能量传输过程的电离层征兆和极光现象，还构成了地球极隙区纬度上唯一的地磁共轭台站，两站的协同观测可以开展极区空间环境的南北极对比研究，是我国极区空间环境观测的两个重点建设台站。20 世纪 90 年代，我国开始在中山站建设高空大气物理综合观测系统，在国家极地考察项目支持下，并随着国际合作项目的实施，综合系统具备了对极区电离层、极光和地磁观测要素开展多手段、多频段、多要素的观测能力，积累了超过 10 年的观测数据。近 10 年来，在中国极地考察“十五”能力建设项目和内陆站建设项目、东半球空间环境地基综合监测子午链（简称子午工程）、国际极地年中国行动计划及国家重点野外台站建设等重大项目的支持下，中山站极区空间环境监测研究能力得到了快速提升，建成了极区空间环境实验室，完成了高频相干散射雷达、不同视野极光 CCD 成像系统、磁子午面极光光谱仪、电离层闪烁三角观测网新增设备的建设和电离层数字测高仪及通门式磁力计设备的更新，中山站已经成为南极地区国际一流的空间环境监测科学考察站。黄河站已建成三波段极光全天空成像系统、磁子午面极光光谱仪、法布里-帕罗干涉成像仪、成像式宇宙噪声接收机、磁通门磁强计、感应式磁力计、三频信标接收机和电离层闪烁观测网等观测手段，空间环境观测是黄河站科学考察项目的三个旗舰项目之一。在黄河站所在的斯瓦尔巴特群岛分布着国际上最先进的日地空间环境观测系统，包括欧洲非相干散射雷达（EISCAT）、国际超级双子极光雷达（SuperDARN）和挪威科学探测火箭发射试验场等，使黄河站成为开展空间环境国际联合观测的理想场所。2006 年我国正式加入 EISCAT 组织，使得我国科学家能够直接利用这一国际上最为先进的高空大气地面观测设备开展研究工作。

表 7.1　我国极地考察站的地理和修正地磁坐标

站名	地理坐标		修正地磁坐标	
	纬度	经度	纬度	经度
南极长城站	62°12′59″S	58°57′52″W	-48. 42°	11. 83°
南极中山站	69°22′24″S	76°22′40″E	-74. 82°	98. 32°
南极昆仑站	80°25′01″S	77°06′58″E	-78. 04°	55. 29°
北极黄河站	78°55′12″N	11°55′48″E	76. 52°	108. 56°

南极昆仑站是建在冰穹 A 的内陆考察站，也处在极隙区纬度，昆仑站对地球极隙区高空大气观测在时间上和空间范围上进行了扩展，目前正逐步部署试验性的空间环境观测设备。

由于篇幅和水平有限，难以概全。本章将简要介绍我国在南极中山站和北极黄河站建设的极区空间环境的主要观测系统，内容侧重于极光、电离层和地磁观测。

7. 2　南极中山站空间环境观测

中山站极区空间环境观测设备从观测要素的角度可以分为电离层、地磁和极光观测三类，观测设备及对应的观测参数、观测模式和起止时间见表 7. 2。

表 7. 2　中山站极区空间环境观测系统

观测设备	观测参数	观测模式	起止时间
数字磁变仪（磁通门磁强计）	地磁偏角（D）、地磁水平强度（H）和地磁垂直强度（Z）的相对变化	全天候连续记录	1989 ~ 1992 年
质子磁力仪（CZM-2）	地磁总强度	每周两次	1989 ~ 2001 年

续表

观测设备	观测参数	观测模式	起止时间
磁通门经纬仪（DIM-100）	地磁偏角（D）和地磁倾角（I）	每周两次	1989～2001 年
VLF 接收机	哨声	与极光同步观测	1989～2011 年
CMJ92 和 ULF02 型脉动仪	地磁脉动	全天候连续记录	1989 年
数字磁变仪（石英光电磁变仪）	地磁偏角（D）、地磁水平强度（H）和地磁垂直强度（Z）的相对变化	全天候连续记录	1992 年
数字式电离层测高仪	电离层高度剖面及漂移	常年观测，每小时 8 次	1995～2009 年（DPS-4） 2010 年（DPS-4D）
全天空电视摄像机	全天空范围极光辉度	黑天观测，模拟信号录像或 4s/帧数字化采样	1995～2011 年
感应式磁力计	地磁 H（南北）、D（东西）分量时间变化率	常年观测，采样频率 0.5～2s	1996 年
多通道扫描光度计	磁子午线方向磁北—磁南方向的 427.8nm、557.7nm、630.0nm 极光谱线（段）绝对光强值	黑天观测，采样频率 8s	1997～2010 年
磁通门磁力计	地磁三分量的相对变化	常年观测，采样频率 1s	1997～2006 年
		新设备启用，采样频率高达 25Hz	2013 年
成像式宇宙噪声接收机	电离层吸收强度二维分布	常年观测，采样频率 4s	1997 年
CCD 单色极光全天空摄像机	全天空 557.7nm 或 630nm 谱线极光强度	黑天观测，曝光时间为 10s，时间分辨率为 15s	1998～2010 年
G856 质子磁力仪	地磁总强度	每周两次	2002 年
磁通门经纬仪（CTM-DI）	地磁偏角（D）和地磁倾角（I）	每周两次	2002～2011 年
中山站—昆仑站地磁链	地磁三分量的相对变化	常年观测，时间分辨率大于 1s	2007 年
GSV4004 电离层 TEC 与闪烁监测仪	电离层 TEC、电离层闪烁	全天候连续记录	2007 年

续表

观测设备	观测参数	观测模式	起止时间
高频相干散射雷达	电离层对流速度、谱展宽、回波强度	常年观测，时间分辨率 3min	2010 年
极光光谱仪	磁子午线方向极光光谱线强度分布	黑天观测，采样频率 10s	2010 年
多波段极光 CCD 成像系统	427. 8nm、557. 7nm、630nm 极光强度二维分布	黑天观测，采样频率小于 10s	2010 年
电离层闪烁监测网	电离层电子总含量、闪烁指数	常年观测	2010 年
Overhauser 磁力仪（90F1）	地磁总强度	全天候连续记录	2010 年
磁通门经纬仪（MAG01H）	地磁偏角（D）和地磁倾角（I）	每周两次	2011 年
数字磁变仪（GM4）	地磁偏角（D）、地磁水平强度（H）和地磁垂直强度（Z）的相对变化	全天候连续记录	2011 年

7. 2. 1　中山站极光观测

在诸多极区空间环境现象中，唯有极光能被人眼直接观测到。常见的地面极光观测设备有单个极光谱线上的大尺度全天空成像以及关注极光精细结构的小尺度成像观测，极光光谱仪则能够一次获得磁子午线上所有可见光谱段上极光谱线（段）的强度信息，通过极光光谱仪或多台极光成像仪获取的不同谱线的极光强度可以反演沉降粒子的能谱分布特征。极光的观测受天气的影响较大，适合的观测条件是晴朗的、无强月光干扰的夜间。中山站极光观测的时段为每年的 2 ~ 10 月，单次最长可观测时间段为 15h，即 16：00 LT 至次日 07：00 LT。

中山站地面极光观测开始于 1995 年安装的多通道扫描光度计、极光全天空电视摄像机和单色极光全天空 CCD 成像仪 3 台设备，2010 年由 1 台多波段极光全天空成像仪，3 台视场角分别为 8°、19°、47°的窄视野极光成像仪及 1 台磁子午面极光光谱仪完成了早期极光光学观测设备的更新，在成像质量、观测谱（线）段范围及时间分辨率等方面都比原设备有着质的提升。其中多波段极光全天空成像仪通过切换滤光轮的方式可以实现极光 427. 8nm 、557. 7nm 和 630. 0nm 三个谱线的全天空成像观测，极光分光光谱仪的光谱观测范围为 400 ~ 750nm，光谱分辨率为 0. 37nm/pixel。所有极光观测设备都采用了 EMCCD 相机，其优势是在高时间分辨率的条件下，能够保证图像具有很高的信噪比。

图7.1（a）给出了中山站多波段全天空成像仪三个波段（427.8nm、557.7nm和630.0nm）在2014年7月21日18：00～24：00 UT时段内获得的磁子午线上极光强度随时间的变化图（即Keogram图）。三个波段在21：06 UT时刻所对应的极光全天空图像如图7.1（b）所示，其中557.7nm极光图像中的红色圆圈标示出了47°视野的小尺度极光成像仪的对应视野范围，箭头方向对应图7.1（c）中47°成像仪的箭头方向。47°成像仪中的红色圆圈标示出了19°视野的小尺度极光成像仪的对应视野范围，而19°成像仪中的红色圆圈标示出了8°视野的小尺度极光成像仪的对应视野范围。极光多波段全天空成像和小尺度成像的结合，可以对长时间序列（如Keogram图）的极光活动进行快速浏览，也可以对极光精细结构（如窄视野图像）进行细致分析。图7.2给出了中山站2014年7月21日21：06 UT时刻由磁子午面极光分光光谱仪获得的极光谱线信息。

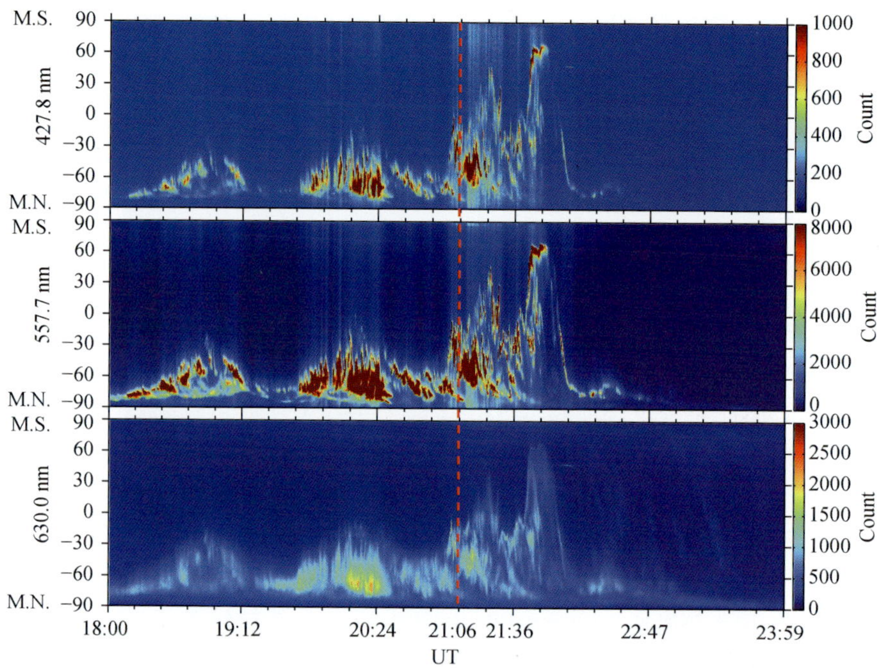

(a)

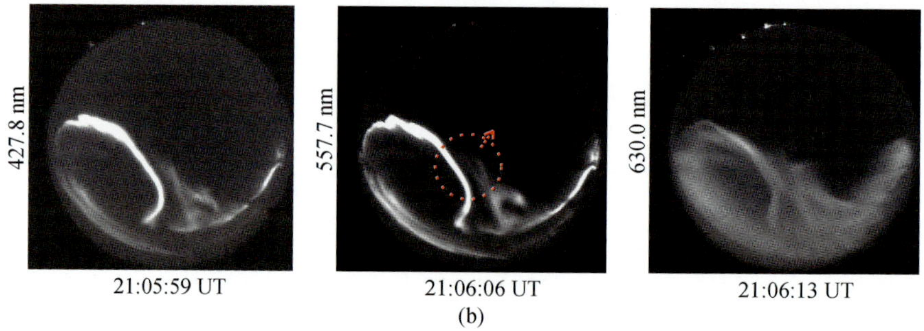

(b)

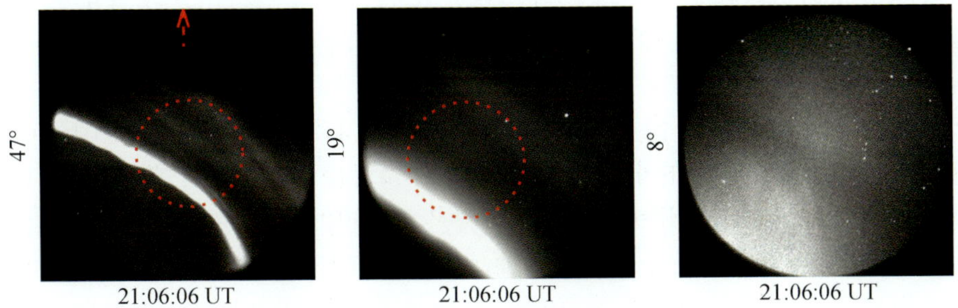

(c)

图 7.1　中山站极光成像观测数据

（a）中山站多波段极光成像仪 427.8nm 、557.7nm 和 630.0nm 三个谱线在 2014 年 7 月 21 日 18：00～24：00 UT 时段内的 Keogram 图；（b）21：06 UT 时刻的三个波段上的极光全天空图像；（c）21：06 UT 时刻三台小尺度极光成像仪的极光图像

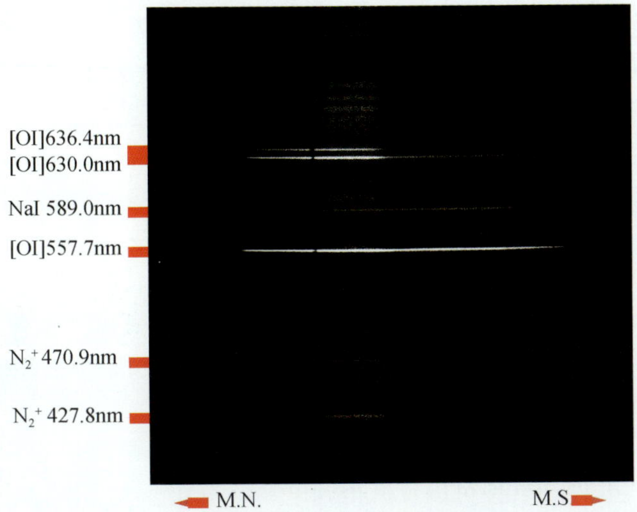

图 7.2　2014 年 7 月 21 日 21：06 UT 时中山站极光光谱仪观测数据

中山站极光综观统计显示，午后（14：00～18：00 MLT）和子夜前后（22：00～03：00 MLT）是极光发生的高发时段（Yang et al.，2000）；卫星探测发现的“15 MLT 极光热点”在中山站地面极光观测出现率统计中得到验证，此外还存在两个不同的极光高发区域，即靠近正午的日侧冕状极光高发区以及午后极光弧高发区（胡红桥等，1999）；中山站午后极光的强度与行星际磁场的变化紧密相关，并直接受太阳风电场和能量的影响（胡红桥等，2002a，2006）。Hu 等（2013）对 Polar 卫星北极紫外极光的全域观测和南极中山站全天空极光成像仪对比分析发现北半球午后扇区卫星观测到的紫外“极光亮斑”对应于中山站在南半球午

后扇区的极光弧上观测到的极光涡旋结构，认为发生在平行电场区域上方的电流片不稳定性导致极光弧上产生涡旋结构，并且午后上行场向电流的南北共轭特性影响午后极光亮斑/极光涡旋的南北共轭特性。

7.2.2　中山站电离层观测

中山站电离层观测包括电离层剖面参数、电离层漂移、电离层对流、电离层闪烁和电离层吸收的观测，主要的设备有主动发射探测信号的数字式电离层测高仪和高频相干散射雷达，以及被动接收的成像式宇宙噪声接收机和 GPS 电离层 TEC/闪烁仪。

1. 数字式电离层测高仪 DPS-4D

中山站数字式电离层测高仪 DPS-4 运行时间段为 1995 ~ 2009 年，2011 年新一代 DPS-4D 建成。中山站测高仪 DPS-4D 的室外发射天线由两个相互正交的、工作在高频波段的 Delta 宽波段（1 ~ 30MHz）天线组成，由 4 个宽带短波正交环形有源天线组成接收天线系统。室内组件主要包括主、从计算机系统，以及数字信号处理器、定时控制器、相位相干振荡器和时钟发生器、晶振源、信号合成器、发射控制器、调谐器、接收机、电源控制器、天线开关、采样器、固态功率放大器和半倍频程滤波器等。

中山站测高仪 DPS-4D 的工作频段为 1 ~ 20MHz，最小发射步进频率为 1kHz，脉冲重复频率为 50Hz、100Hz、200Hz；高度窗口数为 128、256、512，对应的高度分辨率为 10km、5.0km、2.5km；幅度分辨率为 3/8dB；相位分辨率为 2π/256；最高时间分辨率为 5min；动态范围为 70dB；接收机灵敏度为 -130dBm；多普勒分辨率最小为 0.012Hz。

中山站测高仪 DPS-4D 可以实时生成频高图，获得电离层参数和电子浓度剖面。通过专用数据处理软件可以反演得到电离层参数、电离图描迹、电子密度剖面、最大可用频率、倾斜回波等衍生数据产品；对多重回波探测技术获取的漂移测量数据进一步处理还可以得到反射源位置的天空图、等离子体漂移速度及电离层倾斜的天顶角和方位角等参数。

利用中山站测高仪数据，对处在地理和地磁高纬的中山站电离层特征参量如 F_2 层临界频率（f_oF_2）变化特征进行研究（刘瑞源等，1997；刘顺林等，1997；沈长寿和资民筠，1998；贺龙松等，2000）。徐中华等（2006）在对 1995 ~ 2004 年观测数据的统计分析后发现：中山站电离层 f_oF_2 存在明显的日变化和年变化特征，日变化中 f_oF_2 出现极大值的时间存在“磁中午异常”现象，中午 f_oF_2 在太阳活动低年不出现“冬季异常”，而在太阳活动高年出现“半年异常”。Xu 等（2014）对比分析了南极中山站、挪威 Tromsø 站和北极朗伊尔站电离层 F_2 层最大电子数密度（N_mF_2）的气候学特征。中山站 N_mF_2 日变化极大值出现在地方时中午和磁中午之间，与中山站具有几乎相同地理纬度的 Tromsø 站，其 N_mF_2 极大值出现在地方时中午，而与中山站具有相近地磁纬度的朗伊尔站，N_mF_2 日变化极大值出现在磁中午。

2. 高频相干散射雷达

在子午工程和极地考察“十五”能力建设项目的共同支持下，中山站高频相干散射雷达于 2010 年 3 月完成建设，并于 2010 年 4 月正式运行，是中山站监测极区电离层对流的重要设备，它的建成填补了国际 SuperDARN 在南极高磁纬度区域的一个观测空白。

中山站高频雷达天线阵由主、副两个天线阵构成，主天线阵由 16 个水平极化对数周期天线构成，收发共用；副天线阵由 4 个同样的对数周期天线构成，只作接收。高频雷达收发系统和控制设备由 16 个功放及发射机、2 个双通道数字接收机、2 个移相矩阵、控制系统、计算机及外围设备和分析处理系统等组成。

中山站高频相干散射雷达工作频率范围为 8 ~ 20MHz，根据回波的情况自由调节，可以探测斜距在 180 ~ 3000km 的高频后向散射回波，其探测高度涵盖电离层 *D* 区、*E* 区和 *F* 区。在常规或者快速扫描工作模式下，雷达通过相控阵在 16 个固定波束方向上连续扫描（即波束 0 ~ 15），相邻波束间隔约为 3. 24°，16 个波束共覆盖约 52°的方位角。常规工作模式下雷达在每个波束方向上停留时间为 7s，快速扫描为 3s，一次完整的常规扫描大约需要 2min，快速扫描为 1min。中山站高频雷达的距离分辨率为 15km、30km、45km 可调。在常规观测模式下，波束扫描的测量区间从 180km 开始，共测量 75 个距离门，距离分辨率为 45km，最大测量距离为 3555km。中山站高频雷达是双通道雷达，两个雷达通道可以独立地工作，如通道 *A* 进行全波束扫描时，通道 *B* 可以在不同的工作频率、不同的距离分辨率和不同的扫描方式下工作，可以得到不同时空间分辨率的数据。

图 7. 3 给出了 2014 年 9 月 12 日 18：00 UT 至 9 月 13 日 16：00 UT 时间段内中山站高频雷达中心波束探测到的回波强度、回波速度和多普勒展宽参数值。

中山站高频雷达回波具有明显的日变化特征且受地磁活动影响较大（刘二小等，2012），雷达回波发生率的峰值在地磁活动较低时位于日侧电离层；随着地磁活动的增强，峰值减小并移向夜侧。统计研究还发现，不同波束的回波发生率随雷达发射频率的不同而有差异。回波发生率存在明显的周日变化特征，较大波束的观测显示有明显的季节变化特征。对中山站高频雷达而言最佳工作频率为 9 ~ 10MHz。

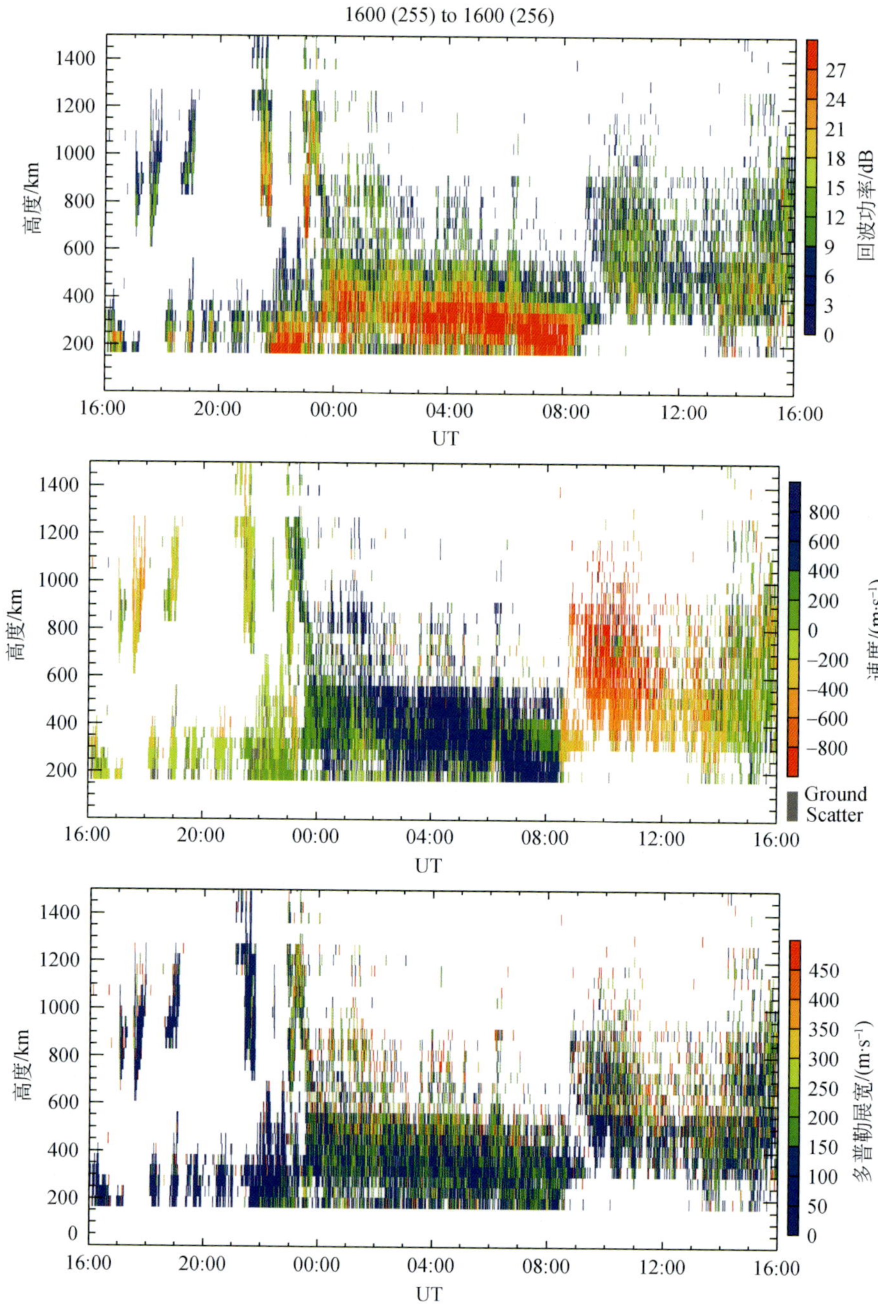

图 7.3　2014 年 9 月 12 日 16：00 UT ~ 9 月 13 日 16：00 UT 中山站高频雷达中心波束观测数据（回波强度、回波速度、多普勒展宽参数）

3. 成像式宇宙噪声接收机

成像式宇宙噪声接收机通过接收穿过电离层后的银河宇宙噪声的强弱来反演电离层吸收和极光粒子沉降。中山站成像式宇宙噪声接收机于 1997 年建成，由室外 8×8 天线阵、移相控制器和室内控制系统组成，64 副偶极子天线经过平衡与非平衡转换器连接到移相控制器。2012 年对接收机记录控制系统进行了升级，解决了 GPS 失锁问题，在数据存储和网络传输得到改进。

中山站成像式宇宙噪声接收机的工作频率为 38. 2MHz，时间分辨率为 1s，空间分辨率为 20km，对天顶 45°张角，在 90km 高度视场宽约 200km。图 7. 4（a）为中山站成像式宇宙噪声接收机天线阵投影到 90km 电离层吸收高度上的 64 个波束图，图 7. 4（b）为 2012 年 7 月 14 日南北中心方向 N4 在东西方向 E1 ~ E8 通道上的强度吸收数据。

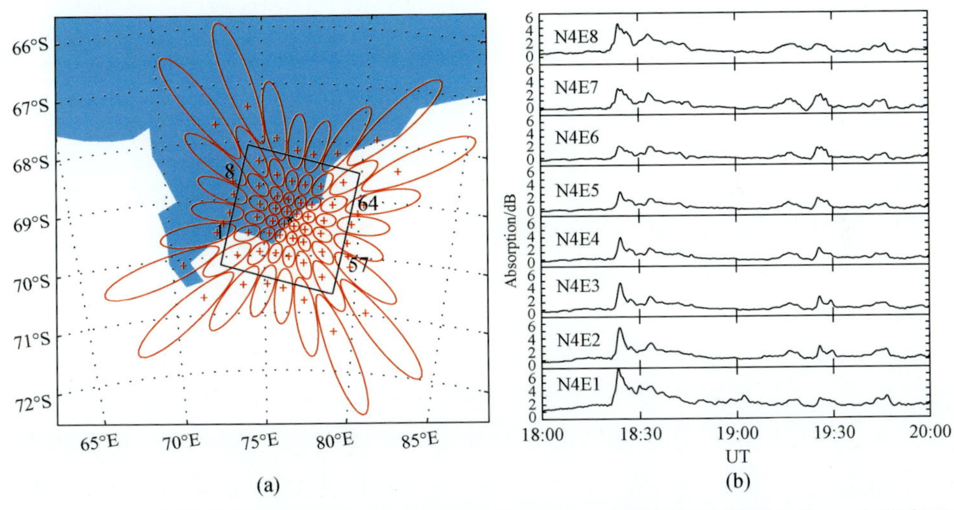

图 7. 4　（a）中山站宇宙噪声接收机天线阵投影到 90km 电离层吸收高度上的 64 个波束图；（b）2012 年 7 月 14 日 18 : 00 ~ 20 : 00 UT 中山站宇宙噪声接收机南北中心方向的东西各通道强度吸收数据

2000 年 7 月 14 日（Bastille Day）太阳活动事件期间，南极中山站观测到由 X5/3B 耀斑引起的太阳质子事件在南极上空触发的极盖吸收，自 7 月 14 日 10 : 40 UT 开始至 7 月 17 日 19 : 40 UT 结束。期间出现过一次高达 26dB 的吸收事件，这是自中山站成像式宇宙噪声接收机安装以来观测到的最强吸收（Liu et al.，2001；胡红桥等，2002b）。电离层吸收和 X 射线耀斑强度之间存在着定量的对应关系，这种对应关系在北极宇宙噪声接收机的观测数据中也得到了验证（贺龙松等，2001）。

4. GPS 电离层 TEC/闪烁仪监测网

中山站 GPS 电离层 TEC/闪烁仪监测网由三台同型号的监测仪组成，形成一个边长约 100m 的三角形布局，用于电离层闪烁的观测分析和电离层不规则体运动性质的研究。中山站 GPS 电离层 TEC/闪烁仪兼具电离层闪烁和电离层 TEC 的测量功能，每台闪烁仪由 GPS 信号接收单元和工控机组成，接收信号频率为 1575. 42MHz，动态范围为 30dB，采样率为 20Hz，分辨率高于 1dB，可以输出幅度闪烁指数、相位闪烁指数。

南极中山站 GPS 观测数据的研究表明，中山站电离层 TEC 随太阳活动呈线性变化特征，单日、年和季节性 TEC 变化表现出电离层气候学特征的同时，也出现了磁中午异常的极区特性（孟泱等，2010）。极光区外的 TEC 峰值大于极光区内，极光区内的 TEC 峰值又大于极盖区，而每日 TEC 谷值则相差不大，这种特征与不同位置的太阳入射角以及地磁场在高纬地区的特殊地形有关（孟泱等，2011）。

7. 2. 3 地磁观测

1. 磁通门磁力计

中山站原磁通门磁力计于 1997 年开始运行，2006 年因记录系统故障停止观测。新磁通门磁力计在 2012 年开始观测，其总磁场强度测量范围为±65000nT，磁场相对变化测量范围为±1600nT，测量精度为 0. 01nT，温度漂移率<0. 2nT/℃，采样频率为 1/60Hz、0. 1Hz、1Hz、5Hz、25Hz 可调。

与地面极光成像观测不同，地磁观测不受光照和气象条件影响，全天候连续观测。在南北两极不同时具备极光地面光学观测条件时，地磁观测数据可作为首选用来研究高纬地区极光亚暴的地磁共轭性。黄德宏等（2004）在对南极中山站、挪威 Tromsø–斯瓦尔巴特台链和东格陵兰岛地区共 15 个地磁台站在 7 个典型极光亚暴事件中的地磁数据进行对比分析后发现：中山站的地磁共轭点位置存在明显的漂移特征，漂移的纬度值与 CGM 模型值相近似。胡红桥等（2006）对南北极地磁活动相关的发生率进行了统计研究，结果表明地磁活动相关的发生率与台站位置、季节、地方时和地磁活动性有着密切的关系。

2. 感应式磁力计

感应式磁力计用于地磁南北（H）和东西（D）分量时间变化率的测量，中山站感应式磁力计于 1996 年建成，其观测频率通常取 2Hz，振幅分辨率为 0. 1nT。图 7. 5 给出了处理后的 2004 年 3 月 9 日 10：45 ~ 14：45 UT 中山站观测到的 Pc1-2 波的动态谱，波的频率范围为 0. 1 ~ 0. 35Hz，持续了近 4h。

利用多个台站的磁力计数据，采用互谱和相干分析的方法，可以获得高纬

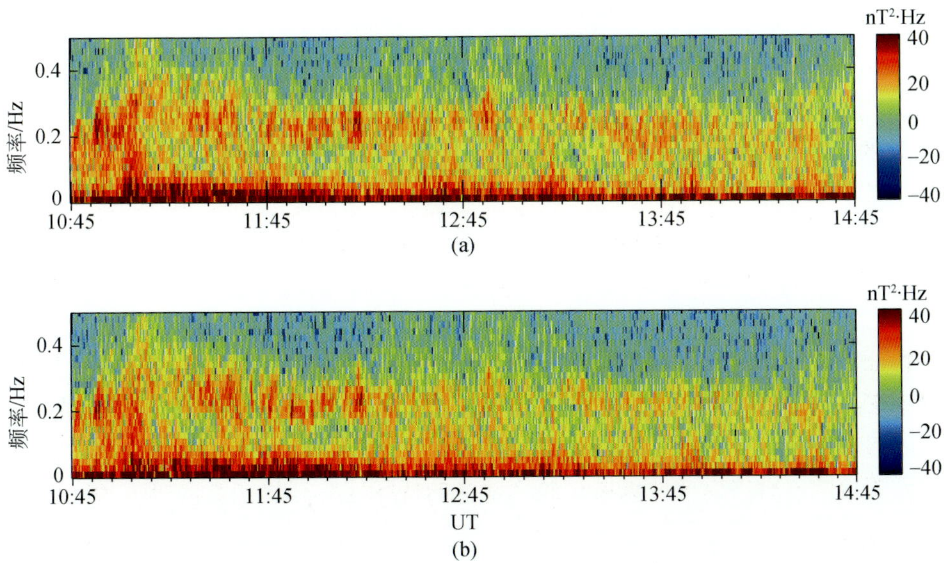

图 7.5　中山站 2004 年 3 月 9 日 10：45 ~ 14：45 UT 的 Pc1-2 波动态谱

(a) H 分量；(b) D 分量

Pc5 脉动共轭振幅、相位和发生率特征，并以共轭相位特征为基础，计算得到观测台站的共轭点位置（Liu et al.，2003）。中山站与邻近的戴维斯站都安装了同型号的磁力计，两站的协同观测，可以开展极隙区纬度丰富的等离子体波的研究工作。两站观测资料 Pc1-2 波的统计分析表明，极隙区纬度的 Pc1-2 波在很大程度上受电离层电导率的影响（邱奕婷等，2014）。

3. 中山站—昆仑站（Dome-A）低功耗磁力计链

中山站—昆仑站低功耗磁力计链由 5 台设备组成，于 2009 年建成。低功耗磁力计由英国南极局研制，设备功耗为 0.5W。在南极夏天由太阳能板进行供电并蓄电，冬季则由蓄电池维持设备所需电力。设计最长无人观测时间长达 405 天，最低耐受温度−78℃。

表 7.3 给出了中山站—昆仑站低功耗磁力计链相应站点距离中山站的距离、海拔、地理坐标及地磁坐标。图 7.6 中的黑实方框给出了 5 台低功耗磁力计在南极洲的地理坐标系（短虚线）和地磁坐标系（长虚线）所对应的位置。

表 7.3　南极中山站—昆仑站地磁链位置

站名	距离中山站/km	海拔/m	地理坐标		地磁坐标	
			纬度	经度	纬度	经度
中山站	0	20	−76. 38°	69. 37°	−74. 63°	96. 59°
Z1	300	2392	−71. 93°	77. 98°	−76. 23°	89. 60°
Z2	600	2714	−74. 58°	77. 02°	−76. 98°	79. 22°
Z3	900	2983	−77. 26°	76. 96°	−77. 54°	69. 12°
昆仑站	1228	4093	−80. 37°	77. 54°	−77. 81°	54. 47°

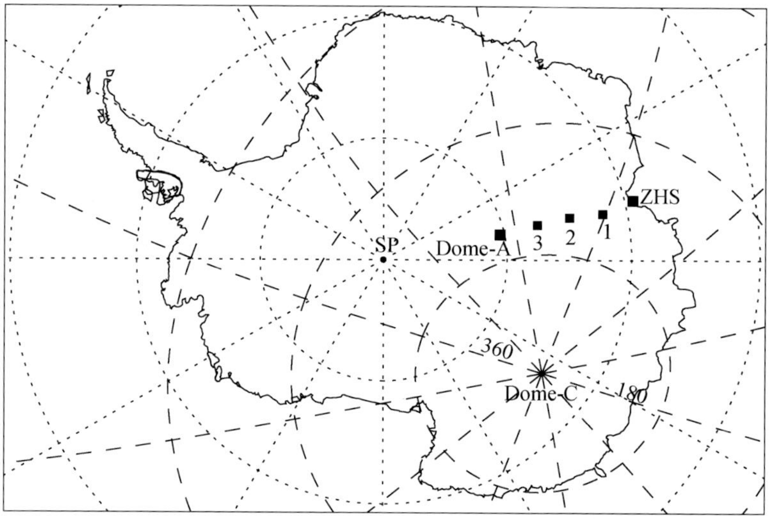

图 7.6　由中山站、Dome-A 及沿线的 3 个站点（Z1、Z2 和 Z3）组成的南极中山站—Dome-A 地磁链

7.3　北极黄河站空间环境观测

黄河站所在的斯瓦尔巴特群岛新奥尔松地区，常年无线电静默，加上漫长的极夜条件，使得黄河站成为观测极光等日地物理现象的理想场所。黄河站极区空间环境观测设备及对应的观测参数、观测模式和起止时间见表 7.4。

表 7.4　黄河站极区空间环境观测系统

观测设备	观测参数	观测模式	起止时间
成像式宇宙噪声接收机	电离层吸收强度二维分布	常年观测，采样频率 4s	1991 ~ 2007 年
		常年观测，采样频率 1s	2008 年

续表

观测设备	观测参数	观测模式	起止时间
三波段极光 CCD 成像系统	427.8nm、557.7nm、630nm 极光强度二维分布	黑天观测，采样频率小于 10s	2003 年
GSV4004 电离层 TEC 与闪烁监测仪	电离层 TEC、电离层闪烁	全天候连续记录	2007 年
CJW-1C 型 GPS 卫星信号监测网	电离层闪烁、不均匀体漂移测量	全天候连续记录	2008 年
法布里-帕罗干涉成像仪	大气风速和温度分布	黑天观测	2010 年
COSMIC 卫星三频信标	电离层闪烁与总电子含量	全天候连续记录	2011 年
磁通门磁力计	地磁三分量的相对变化	常年观测，采样频率最高达 25Hz	2013 年
极光光谱仪	磁子午线方向极光光谱线强度分布	黑天观测，采样频率 15s	2013 年
PolaRx5s GNSS 闪烁接收机	电离层闪烁	全天候连续记录	2014 年
感应式磁力计	地磁 *H*（南北）、*D*（东西）分量时间变化率	常年观测，采样频率 0.5 ~ 2s	2016 年

黄河站空间环境观测系统中磁通门磁力计、感应式磁力计、GPS 电离层 TEC/闪烁仪、极光光谱仪采用的型号与中山站基本相同，本章将选取具有特色的三波段极光全天空成像仪和成像式宇宙噪声接收机加以介绍。

7.3.1　三波段极光全天空成像系统

黄河站三波段极光全天空成像系统由 3 台近乎相同配置的全天空 CCD 成像仪组成，每台成像仪主要由 Nikon 光学镜头组、Hamamatsu CCD 相机（2010 年更新为 Andor 相机）和采样计算机组成，系统时间由 GPS 时间服务器提供网络授时，极光全天空 CCD 成像仪的主要技术指标见表 7.5。极光全天空图像经鱼眼镜头（物镜）、中继镜头初步成像后，由插入滤光槽中的滤光片进行中心波长的选择。由调焦镜会聚在 CCD 相机上进行成像，计算机定时从 CCD 相机上获取数字化图像并进行保存。3 台 CCD 成像仪采用的滤光片的中心波长分别为 427.8nm、557.7nm 和 630.0nm，可以对这 3 个典型极光谱线进行同步观测。相对通过转盘切换滤光片的方式来实现对多个极光谱线观测设备来说，三波段极光全天空成像系统可以实现更高时间分辨率观测，在极光沉降粒子能谱和 Pc3 脉动极光分析研究方面有着明显的优势。

表 7.5　极光全天空 CCD 成像仪的主要技术指标

光学部件	Nikon ASI-2
物镜	AiAF 鱼眼镜头 Nikkor 16 mm F2. 8S
有效光圈数	4. 4
聚焦透镜	Ai Nikkor 50 mm F1. 2S
视场	180°
光通量	0. 653 cm^2 str
成像直径	11. 8 mm
光学部件总长度	457 mm
相机支架	C 卡口
滤光片直径	55 mm
滤光片透光孔径	50 mm
最大入射角	6. 75°
调焦方式	手动
CCD 照相机	AndoriKon-M 912-BV
像素尺寸	24×24$micron^2$
分辨率	512×512
全频视场	12. 3×12. 3mm^2
满阱容量	300000 e^-
模/数转换	16 bits @ all speeds
动态范围	100000：1@ 50kHz；25000：1@1MHz；18750：1@2. 5MHz
致冷温度	<-80℃风冷（20℃环境温度）；≤-100℃水冷
暗电流	0. 0017 e^-/pixel/s @ -80℃；0. 0004 e^-/pixel/s @ -100℃
感光度	0. 078 counts/s/pixel/R

三波段极光全天空成像系统采用美国 Hi-Technology Trading 公司的滤光片，型号分别为 ANDV8968（中心波长为 433. 00 ~ 424. 00nm）、ANDV8683（中心波长为563. 00 ~ 554. 00nm）和 ANDV8924（中心波长为635. 00 ~ 625. 00nm）。2003 年设备集成时，对这 3 个滤光片在 350 ~ 900nm 波长范围内的透射性能进行了测试，结果显示滤光片受中心波长以外光源的影响很小，其中 ANDV8968 的透射率最大值为 0. 45，ANDV8683 的透射率最大值为 0. 42，ANDV8924 的透射率最大值则达到了 0. 74。

利用星空图定位计算得到北极黄河站 3 台 CCD 极光成像仪观测图像中央垂直线与地理真北的夹角分别为 24. 1°（对应 427. 8nm 观测）、22. 8°（对应 557. 7nm 观测）和 24. 5°（对应 630nm 观测），图 7. 7 给出了利用 2004 年 11 月 9

日 16：59 UT 取得的全视野星空图与星体理论对应位置的叠加图，绿色线条表示地理经纬度在该成像仪的理论投影。去掉图像受地面遮挡区域外，从中心位置计算，该成像仪纬度观测范围约为 14°，经度范围约为 95°。

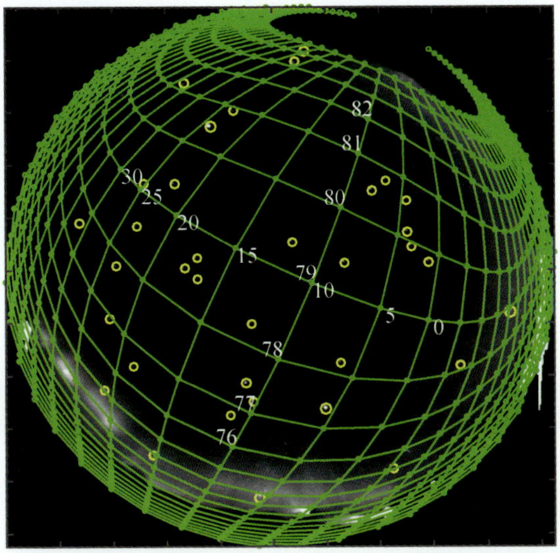

图 7.7　黄河站极光成像仪星空定位图

Hu 等（2009）利用北极黄河站的极光多波段观测得到了日侧极光强度的综观分布，证实了卫星观测到的日侧极光卵上存在两个极光活动峰值区域，即午前 09：00 MLT 的"极光暖点"和午后 14：00 ~ 15：00 MLT 的"极光热点"；光谱分析发现，午后"热点"是 427.8nm、557.7nm 和 630.0nm 极光激发峰值的重叠区域，午前"暖点"是午前 557.7nm 极光激发峰值区域。

Shi 等（2012）分析黄河站观测到的日侧弥散极光增强事件，结果表明日侧合声散射对日侧弥散极光的形成有重要的影响。邢赞扬等（2013）利用黄河站 2003 ~ 2009 年极光观测数据并结合 DMSP 卫星粒子沉降探测，对磁正午附近的极光强度与沉降粒子沉降能量之间的关系进行了定量研究。统计结果表明，在 10：00 ~ 13：00 MLT，630.0nm 的极光发光占主导，以低能粒子沉降为主；而在 13：00 ~ 14：00 MLT，630.0/427.8nm 极光强度比值降低，沉降粒子能量较高。利用黄河站极光观测对日侧极向运动的极光形态（PMAFs）进行了统计研究，发现超过 50% 的 PMAFs 出现在行星际磁场三分量分别为 $B_x<0$、$B_y>0$ 和 $B_z<0$ 的条件下，午前和午后扇区的 PMAFs 随 B_y 方向的变化而呈现发生率的不对称性（Xing et al.，2012，2013）。

基于图像处理的技术，在黄河站全天空极光成像数据处理方面也得到了广泛应用。Wang 等（2010）提出了基于局部二元模式（LBP）纹理特征描述的极光图像表征方法，并利用有监督的图像自动识别方法，统计了4类典型日侧极光形态的发生率分布；Yang等（2012a，2012b）提出了基于隐Markov模型对极光序列进行自动识别的方法，进一步证实了4类典型日侧极光形态发生率的分布，并利用该方法对日侧PMAFs的发生率分布进行了统计；Qiu等（2013）提出了一种从全天空图像中获取极光弧宽度的方法，统计大量黄河站日侧极光弧后发现日侧极光弧的平均宽度在18.5km左右；一种基于上下文预测的极光图像无损编码方法（Wu et al.，2012）在黄河站三波段极光成像观测中得到应用，原始图像文件可压缩至1/5，在现有的网络带宽环境下能够满足三个波段极光数据的实时无损压缩传输。

7.3.2 成像式宇宙噪声接收机

新奥尔松地区原有的成像式宇宙噪声接收机由日本名古屋大学于1991年建成，2004年无偿将设备及历史观测数据移交给中国极地研究中心。由于原系统设备老化严重，2008年在原有场地建成新一代成像式宇宙噪声接收机，其电子系统及控制采集软件由英国兰卡斯特大学研制，室外8×8天线阵及馈线由中国电波传播研究所设计生产。新型成像式宇宙噪声接收机的接收频率与中山站成像式宇宙噪声接收机相同，接收机可以直接实现宇宙噪声信号的数字化并通过FPGA技术实现数字移相形成波束，同时采样频率提高到1s/帧，成像式宇宙噪声接收机的主要技术指标见表7.6。

表7.6 成像式宇宙噪声接收机的主要技术指标

名称	指标
天线阵列	8×8（共64副）
天线类型	交叉偶极子
天线间距	0.5λ
天线阵列合成波束	49
工作频率	38.2MHz
波束宽度	13°~16°（半高全宽）
空间分辨率	20km（正天顶）
90km高度视场	200km×200km
移相系统	数字式二维Butler矩阵
时间采样率	1s
采样授时精度	GPS授时

成像式宇宙噪声接收机天线阵示意图如图7.8所示，每副天线为相互独立馈电的交叉偶极子天线，架高1.96m，阵中天线振子通过尾线相互连接，阵周边天

线振子尾线连接在木桩上，通过花篮螺丝调整天线成形。每个天线有一根电缆连接至机房。

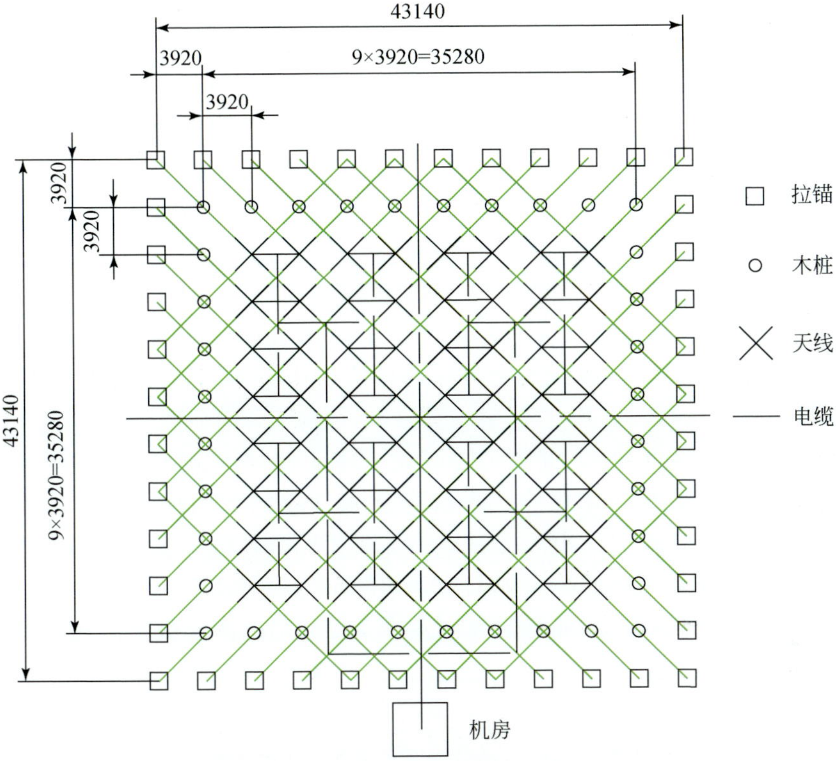

图 7.8　成像式宇宙噪声接收机天线阵示意图

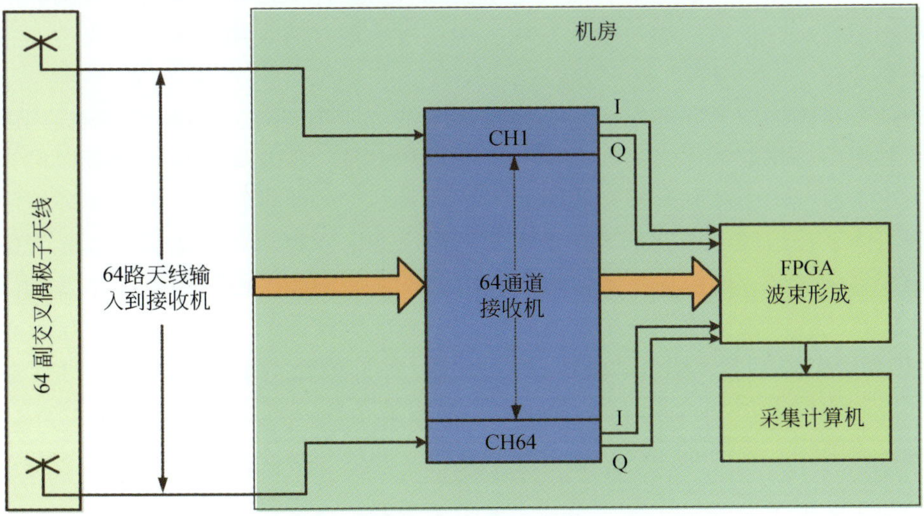

图 7.9　成像式宇宙噪声接收机系统框图

图 7.9 给出了黄河站成像式宇宙噪声接收机系统框图，天线阵列中的每个单元都通过低损耗、相位匹配的同轴电缆连接到单独的接收器，64 个接收机通道由 14 位模数转换器同时采样。64 个接收机通道中的每一路复合数字信号（同相 I 和正交 Q）输出到 FPGA，由 FPGA 完成数字波束的形成。FPGA 的输出信号加上 GPS 时间信息形成最终的观测数据由计算机记录。

该系统的一个主要优点是其在 FPGA 中实现备选波束形成算法的能力，在不需要改变电子硬件或天线阵列的情况下可以实现备选的波束方向，用于控制天线旁瓣的放大衰减以及其他先进的波束形成技术。

模块化的电子硬件设计方便了现场维修，两个接收器通道共同使用一块标准的 Eurocard 电路板，整个系统共有 32 块接收机板卡，接收机板卡与振荡器、校准噪声源、接收机电源以及其他外围电子器件一起安装机架中。

7.4 结　　语

我国极地考察站中，南极中山站和北极黄河站的空间环境观测系统相对完善，已经建成了涵盖极光、电离层和地磁等要素的世界先进水平的高空大气物理自主观测系统，积累了超过一个太阳活动周的系统观测资料。中山站和黄河站地磁共轭，为开展高纬共轭观测与研究创造了条件。目前南北极空间观测数据都建有相应的数据分析平台，并建立了极光、地磁和数字式测高仪数据库系统提供网络数据服务。在此基础上，在极区电离层、极光和粒子沉降、极区等离子体对流、空间等离子体波和极区电离层-磁层耦合等方面开展了系统的研究，在太阳风-磁层相互作用的极区电离层踪迹研究方面取得了重要进展，为开展极区空间天气及其对全球气候影响的研究奠定了基础。为发挥中山站和黄河站空间环境观测数据的作用，扩大应用及服务领域，本章挑选现有的观测系统中的典型设备作了重点介绍。

随着我国极地考察的发展，在南极长城站将加强电离层观测，在南极内陆昆仑站和泰山站将部署无人值守的空间环境观测设备，在北极冰岛正建设以极光亚暴为主要目标的中冰联合极光观测台，这些新站点将使得我国极区空间环境的地基观测体系在地域上得到了进一步完善，由原来主要集中在极隙区和极光带的观测拓展到极盖区、亚极光带等区域。同时，正在研制的中山站钠荧光多普勒激光雷达，将使我国极区空间环境观测拓展到中高层大气，形成太阳风—磁层—电离层/热层—中高层大气耦合的观测链。另外，各种极轨卫星计划也为发展星载空间环境监测技术（如远紫外极光成像）创造了条件。可以预见不久的将来，我国将建成国际一流的多手段、多要素的极区空间环境立体监测网。

致谢

这项工作得到了南北极环境综合考察与评估专项（CHINARE2017-02-04）和国家自然科学基金重点项目（41431072）的资助，中山站高频雷达、电离层测高仪和极光光谱仪得到了子午工程的资助，在此表示感谢。

参 考 文 献

贺龙松，刘瑞源，刘顺林，等 . 2000. 太阳活动低年南极中山站电离层 F 层的平均特性 . 地球物理学报，43（3）：289-295.

贺龙松，Nishino M，张北辰，等 . 2001. 太阳耀斑和相关电离层吸收事件 . 科学通报，45（17）：1822-1828.

胡红桥，刘瑞源，王敬芳，等 . 1999. 南极中山站极光形态的统计特征 . 极地研究，11（1）：8-18.

胡红桥，刘瑞源，杨惠根，等 . 2002a. 午后极光强度与行星际磁场的相关 . 地球物理学报，45（4）：445-452.

胡红桥，刘瑞源，刘勇华，等 . 2002b. 太阳活动区 R9077 引起的强烈吸收事件 . 空间科学学报，22（1）：13-20.

胡红桥，刘瑞源，杨惠根，等 . 2006. 午后极光强度与太阳风—磁层耦合函数的相关 . 空间科学学报，26（4）：241-249.

黄德宏，Moen J，Brekke A，等 . 2004. 极光亚暴期间的南极中山站地磁共轭点位置研究 . 地球物理学报，47（1）：54-60.

刘二小，胡红桥，刘瑞源，等 . 2012. 中山站高频雷达观测结果初步分析 . 极地研究，24（4）：397-407.

刘瑞源，钱嵩林，贺龙松 . 1997. 南极中山站数字式电离层测高仪的初步观测结果 . 地球物理学进展，12（4）：109-118.

刘顺林，贺龙松，刘瑞源 . 1997. 南极中山站冬季电离层的平均特性 . 极地研究，9（3）：192-197.

孟泱，安家春，王泽民，等 . 2010. 基于 GPS 的南极中山站电离层 TEC 特征研究 . 大地测量与地球动力学，30（1）：43-47.

孟泱，安家春，王泽民，等 . 2011. 基于 GPS 的南极电离层电子总含量空间分布特征研究 . 测绘学报，40（1）：37-40.

邱奕婷，刘勇华，赵浩峰 . 2014. 极隙区纬度 Pc1-2 波的统计分布特征 . 极地研究，26（3）：324-330.

沈长寿，资民筠 . 1998. 极光区高空物理过程与磁层 – 电离层耦合 . 极地研究，10（4）：294-304.

邢赞扬，杨惠根，吴振森，等 . 2013. 磁正午附近极光强度与沉降粒子能量关系的参数模型研究 . 地球物理学报，56（7）：2163-2167.

徐中华，刘瑞源，刘顺林，等 . 2006. 南极中山站电离层 F2 层临界频率变化特征 . 地球物理学报，49（1）：1-8.

Hu Z J，Yang H G，Huang D H，et al. 2009. Synoptic distribution of dayside aurora：Multiple-wavelength all-sky observation at Yellow River Station in Ny-Ålesund，Svalbard. Journal of Atmospheric and Solar-Terrestrial Physics，71（8）：794-804.

Hu Z J，Yang H G，Hu H Q，et al. 2013. The hemispheric conjugate observation of postnoon "bright spots" /auroral spirals. Journal of Geophysical Research：Space Physics，118（4）：1428-1434.

Liu R Y，Hu H Q，Liu Y H，et al. 2001. Responses of the polar ionosphere to the Bastille Day solar event. Solar Physics，204（1-2）：305-313.

Liu Y H，Fraser B J，Liu R Y，et al. 2003. Conjugate phase studies of the ULF waves in the Pc5 band near the cusp. Journal of Geophysical Research：Space Physics，108（A7）：1274.

Qiu Q，Yang H G，Lu Q M，et al. 2013. Widths of dayside auroral arcs observed at the Chinese Yellow River Station. Journal of Atmospheric and Solar-Terrestrial Physics，102（9）：222-227.

Shi R，Han D，Ni B，et al. 2012. Intensification of dayside diffuse auroral precipitation：contribution of dayside Whistler-mode chorus waves in realistic magnetic fields. Annales Geophysicae，30（9）：1297-1307.

Wang Q，Liang J M，Hu Z J，et al. 2010. Spatial texture based automatic classification of dayside aurora in all-sky images. Journal of Atmospheric and Solar-Terrestrial Physics，72（5-6）：498-508.

Wu J J，Liang C，Han J X，et al. 2012. A two-stage lossless compression algorithm for aurora image using weighted motion compensation and context-based model. Optics Communications，290（1）：19-27.

Xing Z Y，Yang H G，Han D S，et al. 2012. Simultaneous optical and radar observations of poleward moving auroral forms under different IMF conditions. Advances in Polar Science，23（4），204-210.

Xing Z Y，Yang H G，Han D S，et al. 2013. Dayside poleward moving auroral forms and ionospheric-convec-tion under stable interplanetary magnetic field（IMF）conditions. Science China Technological Sciences，（4）：910-916.

Xu S，Zhang B C，Liu R Y，et al. 2014. Comparative studies on ionospheric climatological features of NmF2 among the Arctic and Antarctic stations. Journal of Atmospheric and Solar-Terrestrial Physics，119（4）：63-70.

Yang H G，Sato N，Makita K，et al. 2000. Synoptic observations of auroras along the postnoon oval：A survey with all-sky TV observations at Zhongshan，Antarctica. Journal of Atmospheric and Solar-Terrestrial Physics，62（9）：787-797.

Yang Q J，Liang J M，Hu Z J，et al. 2012b. Automatic recognition of poleward moving auroras from all-sky image sequences based on HMM and SVM. Planeta and Space Science，69（1）：40-48.

第 8 章　低纬度地区电离层等离子体块及其与闪烁的相关性研究

史建魁[1,2]，王　铮[1]

[1]中国科学院国家空间科学中心空间天气学国家重点实验室

[2]中国科学院大学

低纬度地区电离层闪烁通常被认为是由赤道地区上空的电离层等离子体泡（bubble）所引起。有研究者通过信号分析和模拟研究认为低纬度电离层闪烁也可能由等离子体块（blob）引起，但没有实地探测的证据来支持这种观点。本章对 ROCSAT-1 卫星在低纬度电离层中实地观测到的离子密度和 Vanimo 台站观测到的 GPS 电离层幅度闪烁的相关事件进行了分析。结果表明观测到等离子体块事件与电离层闪烁具有密切的相关性。观测到的等离子体块主要由电离层 O^+ 上升所引起，而引起 O^+ 上升的主要原因是电场。$E \times B$ 使得 O^+ 向上漂移，在一定高度范围形成了等离子体块。由于在本次观测期间，未见电离层等离子体泡出现，这提供了一个电离层闪烁与实地探测的等离子体块密切相关的观测实例，表明低纬度地区的电离层闪烁也可能由电离层等离子体块引起。本章还结合低纬度地区海南站子午工程的探测数据，分析了 ROCSAT-1 卫星在海南上空观测到的等离子体块及其地基设备观测到的电离层闪烁现象，进一步说明低纬度地区的电离层闪烁可能有着不同的物理机制。

8.1　引　　言

以往的模拟和卫星观测数据分析研究结果都表明，低纬度地区的电离层闪烁是由电离层等离子体不规则体引起的。已有许多研究者研究了低纬度地区电离层闪烁与赤道等离子体泡（bubble）的相关关系和特性（Wild and Roberts，1956；Wernik et al.，1980；Shi et al.，2011；Alfonsi et al.，2013；Wang et al.，2015a，2015b）。根据 1977 年的 Atmospheric Explorer E（AE-E）卫星的实地探测数据和 Jicamarca 台站（12.0°S，76.8°W；地磁纬度 0.6°S）甚高频（VHF）雷达的探测数据分析，Basu 等（1980）发现在赤道地区的电离层 F 层，夜间的赤道等离子体泡和闪烁活动的爆发有密切的相关性。通过使用 1999 年 9 月和 10 月的 ROCSAT-1 卫星的实地探测数据和甚高频/超高频（VHF/UHF）的闪烁探测，Basu 等（2001）还研究了磁暴期间南美地区探测的赤道等离子体泡和闪烁有密切的相关性。采用光学探测的方法也可研究赤道等离子体泡。Weber 等（1980）发现 Ascension Island 台站（7.9°S，14.4°W；地磁纬度 1.5°S）6300Å 气辉成像探测到的赤道等离子体泡与 250MHz 的卫星信号的幅度闪烁的发生率密切相关。DasGupta 等（1982，1983）报道了 1979 年 5 月至 1980 年 5 月在 Arequipa 台站（16.4°S，71.5°W；地磁纬度 5°S）的偏振仪探测到的赤道等离子体泡与附近的 Huancayo 台站（12°S，75°W；地磁纬度 1°S）探测到的电离层闪烁相关。因而，低纬度地区的电离层闪烁通常被认为是赤道电离层等离子体泡所产生的，是赤道区电离层等离子体泡的标志（Whalen，1996，1997；Lee et al.，2009）。

多年来的探测和研究认为，低纬度地区的电离层闪烁主要分布在赤道区域。图 8.1 给出了 Basu 等（1988）根据卫星 VHF/UHF 信号的闪烁数据研究的电离层闪烁分布示意图，（a）和（b）分别为太阳高年和太阳低年的 L 波段闪烁强度的全球分布，两边为正午和午夜，中心为地方时 18：00 也即日落线。研究表明，引起低纬度电离层闪烁的赤道电离层等离子体泡起因于夜间磁赤道上空的瑞利-泰勒不稳定性（Basu et al.，1999）。

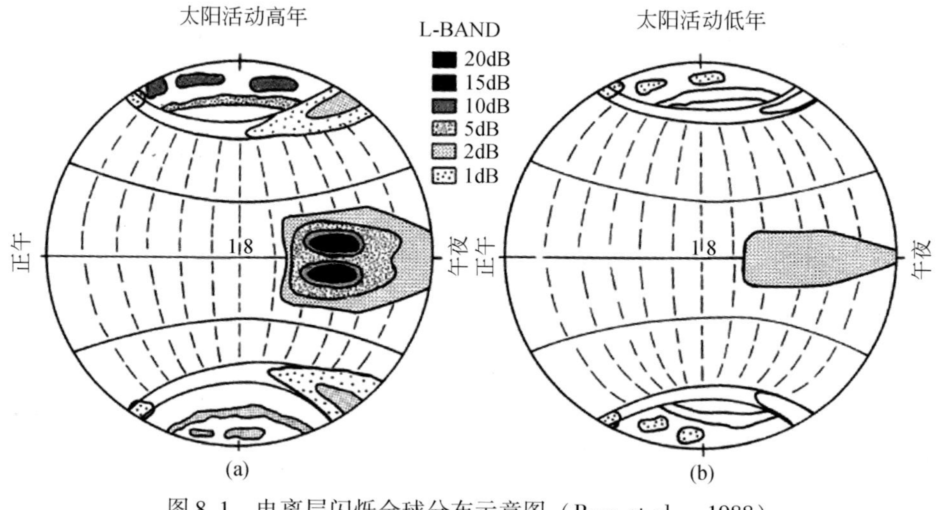

图 8.1　电离层闪烁全球分布示意图（Basu et al.，1988）

也有研究认为，电离层等离子体块（blob）与电离层闪烁也具有相关性，即电离层闪烁可能由电离层等离子体块所产生。Maruyama（1991）曾使用地球同步轨道卫星的 136MHz 信号数据研究了中纬度地区 Wakkanai 台站（45°N，141°E）上空的电离层闪烁，Paul 等（2001）也曾使用 244MHz 卫星信号数据研究了 Haringhata 台站（22.97°N，88.5°E）上空的电离层闪烁。两个研究都得到闪烁由偶发 E 层（sporadic E-layer）内的小尺度的等离子体块所引起的结论，其理由是探测到偶发 E 层的临界频率上升。Hajkowicz 和 Minakoshi（2003）研究了中纬度地区 Brisbane 台站（27.5°S，152.9°E）附近 3 个探测点同时探测 150MHz 信号中的电离层闪烁，发现 3 个探测点的闪烁由电离层 F 层 212km 高度处的等离子体块所引起。然而他们判定的等离子体块仅从 3 个探测点的闪烁的模式所确定，没有直接观测的证据。Patel 等（2009，2010）利用低纬度地区 Varanasi 台站（24°N，80°E）接收的 FLEETSAT 卫星的 250MHz 信号对电离层闪烁进行了探测和模型研究，得到的电离层闪烁可以由 E 层和 F 层的等离子体泡或等离子体块引起，不过研究没有区分等离子体泡或等离子体块，只是提出了概念。这需要进一步观测来证实。从以上分析来看，在低纬度地区的电离层闪烁研究中，没有关于实地观测到的等离子体块和电离层闪烁相关联的报道。因而，电离层闪烁由电离层等离子体块所引起的观点，需要进一步通过实地探测数据来证认。

本章使用可 ROCSAT-1 卫星实地探测的电离层离子密度数据，以及 Vanimo 台站（2.7°S，141.3°E；地磁纬度 11°S）地面的 GPS 闪烁探测数据，研究了电离层闪烁和等离子体块同时出现的事件，给出了实地探测的电离层等离子体块与闪烁相关的直接观测证据。

8.2　有关数据

本章实地观测到的电离层离子密度数据来自 ROCSAT-1 卫星（也就是 formosa satellite-1）搭载的电动力学仪（ionospheric plasma and electrodynamics instrument，IPEI）。卫星实地观测的电离层离子密度和相应的卫星轨道信息都来自台湾太空科学资料库网站。ROCSAT-1 卫星沿着约 600km 高度的圆轨道飞行，其轨道倾角为 35°。卫星搭载的电离层等离子体和电动力学仪对飞行路径上的电离层离子数密度进行了测量，输出的粒子密度数据的时间分辨率是 1s。与之相应的电离层幅度闪烁数据（S_4指数）来自 Vanimo 台站（2.7°S，141.3°E；地磁纬度 11°S）的 L 波段的 GPS 信号接收机。本章所用的闪烁观测数据来自 IPS 网站，时间分辨率为 1min。

本章中 GPS 信号的电离层穿刺点（IPPs）高度取为 600km（约为 ROCSAT-1 卫星轨道高度）。通过对大量探测数据进行分析，本研究中找到了电离层闪烁与卫星实地探测的等离子体块（blob）在 Vanimo 台站上空同时发生的事件，对此进行了分析（Wang et al.，2015）。

8.3 结果分析

8.3.1 电离层等离子体块与闪烁的同时观测事件

在2003年6月1日夜间，ROCSAT-1卫星在12：50～13：00 UT时经过Vanimo台站上空并实地探测到等离子体块。在事件出现期间，太阳活动为中等（太阳活动 $F10.7$ 指数为112；X射线辐射通量为 B 6.8），地磁活动平静（K_p 指数约为3，D_{st} 指数约为-20）。

图8.2给出了ROCSAT-1卫星在2003年6月1日夜间12：47～13：12 UT（该地区的地方时与世界时之差约为9小时25分钟）实地探测的离子密度（对数值，即 $\log N$），横坐标为地磁纬度。从图中观测到的离子密度的变化可以看出，在此期间ROCSAT-1卫星穿过了磁赤道两侧的电离层异常区域。从12：52～12：56 UT，ROCSAT-1卫星经过磁赤道南异常区的南侧边缘时观测到了一个离子密度强烈扰动的等离子体块区域，其高度位于600km处的F2层，如图中两个垂直的虚线之间的位置所示，正好在Vanimo台站上空。

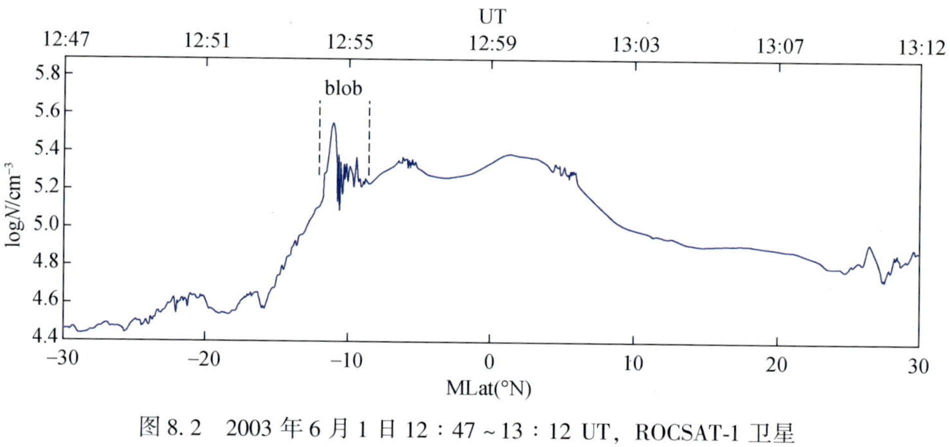

图8.2　2003年6月1日12：47～13：12 UT，ROCSAT-1卫星探测的离子密度随地磁纬度的变化

从图8.2可以看出，观测到的电离层等离子体块中的离子密度比局地的背景密度要高得多。在ROCSAT-1卫星进入电离层磁赤道南异常区观测到这个等离子体块区域之前，观测的电离层离子的密度约在 $4\times10^4\mathrm{cm}^{-3}$ 上下扰动变化；当卫星进入等离子体块区以后，观测到的离子密度上升，并伴随着强烈的扰动，扰动的密度峰值达到了 $3.6\times10^5\mathrm{cm}^{-3}$；当ROCSAT-1卫星刚刚离开扰动的等离子体块区时，观测到的离子密度下降到约为 $1.7\times10^5\mathrm{cm}^{-3}$。可明显看出，等离子体块中的

离子密度最大值约为区域边缘外的背景值的 2 倍，约为两个磁赤道异常区离子密度的 1.5 倍。

在 Vanimo 台站上空 ROCSAT-1 卫星观测到电离层等离子体块的同时，Vanimo 台站的 GPS L 波段接收机观测到了电离层闪烁现象。图 8.3 给出了事件发生时，Vanimo 台站根据其 GPS 信号接收机接受到的 GPS PRN 6、GPS PRN 18、GPS PRN 30 信号所计算得到的电离层幅度闪烁 S_4指数。这 3 个 GPS 信号中探测到的电离层幅度闪烁时间范围分别位于时段 11：55～14：45 UT、12：30 ～ 14：20 UT 和 11：15～13：05UT。可以看出，ROCSAT-1 卫星观测到等离子体块的时段在这 3 个 GPS 信号观测到的电离层幅度闪烁的时间段内。从这 3 个 GPS 信号中都计算得到了指数 $S_4 \geqslant 0.3$ 的电离层幅度闪烁。这一水平的电离层闪烁被认为是中等或者是强电离层闪烁（Alfonsi et al.，2013）。GPS PRN 6 信号在电离层的穿刺点距离 ROCSAT-1 卫星观测到等离子体块的位置最近，而这一信号的幅度闪烁也最强，S_4指数也最大，可达约 0.9。

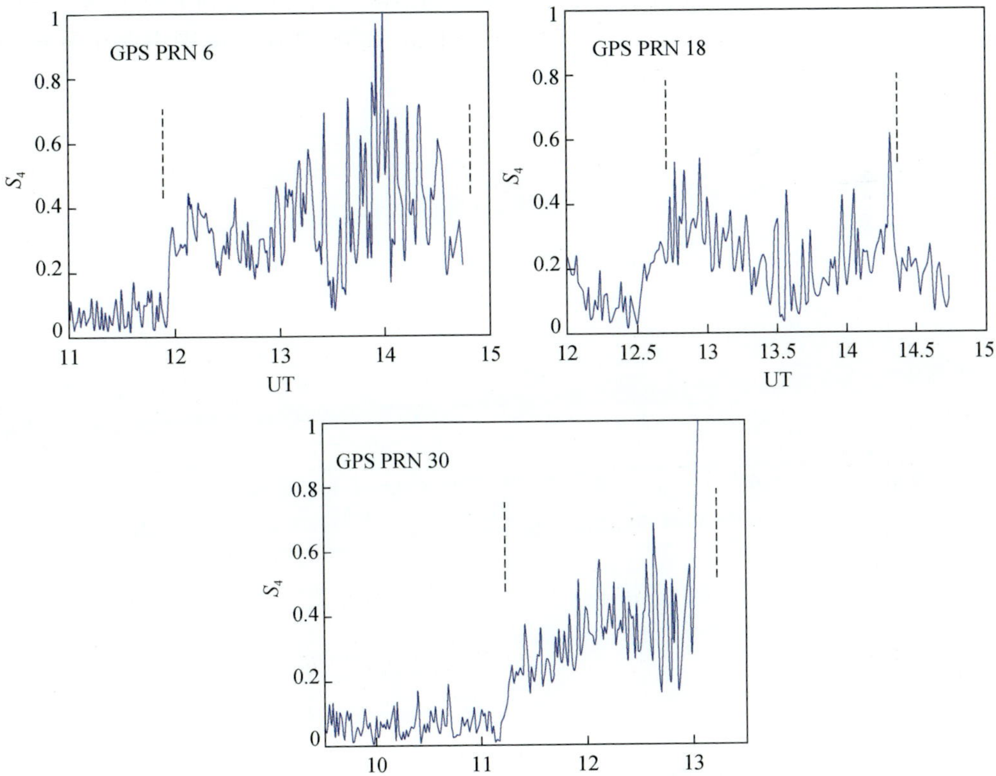

图 8.3　2003 年 6 月 1 日 ROCSAT-1 卫星飞过 Vanimo 台站上空时，Vanimo 站观测到的 GPS PRN 6、GPS PRN 18、GPS PRN 30 信号的幅度闪烁 S_4 指数

图 8.4 给出了本章研究的这次事件发生时，Vanimo 台站的位置、ROCSAT-1 卫星的轨道和观测到电离层闪烁的 GPS 信号的电离层穿刺点。图中的绿色三角形标识了 Vanimo 台站的位置，蓝色虚线标识了 ROCSAT-1 卫星的轨道。卫星在 12 : 54 ~ 12 : 56 UT 观测到了电离层等离子体块，对应的经度范围为 142° ~ 146° E，用加粗的蓝色虚线标识。图中的红色实线标识了 GPS PRN 6、GPS PRN 18、GPS PRN 30 信号的电离层穿刺点，观测到电离层幅度闪烁（$S_4 \geqslant 0.3$）的部分用加粗的红色实线来标识。对应于 GPS PRN 6、GPS PRN 18、GPS PRN 30 信号观测到的电离层闪烁的经度范围分别为 144° ~ 147° E、140° ~ 143° E 和 142° ~ 143° E。从图 8.3 可以看出，在 ROCSAT-1 卫星观测到电离层等离子体块的经度范围中，3 个 GPS 信号中都反映出电离层幅度闪烁现象。换句话说，就是在观测到电离层等离子体块的同时，观测到了电离层幅度闪烁。

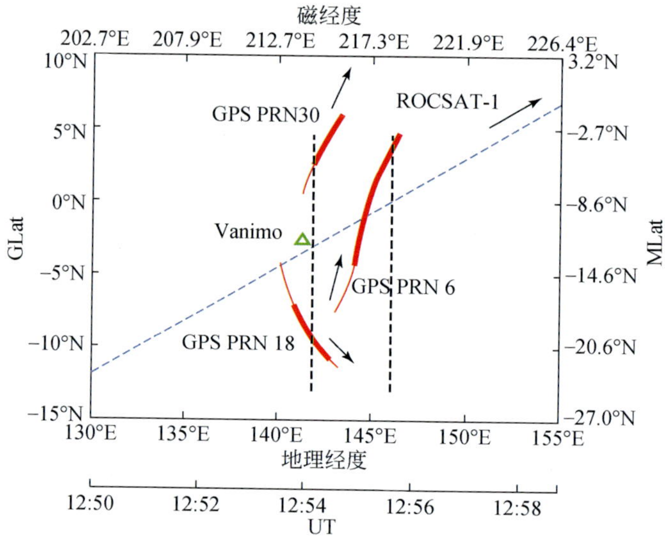

图 8.4 2003 年 6 月 1 日 12 : 50 ~ 12 : 59 UT，ROCSAT-1 卫星轨迹和 GPS PRN 6、GPS PRN 18、GPS PRN 30 信号的电离层闪烁穿刺点以及 Vanimo 台站的位置

综上所述，ROCSAT-1 卫星在 12 : 54 ~ 12 : 56 UT 飞过 Vanimo 台站上空并观测到了电离层等离子体块。等离子体块被观测到的时间段在 GPS PRN 6、GPS PRN 18、GPS PRN 30 这 3 个信号观测到电离层幅度闪烁的时间段内，并且等离子体块被观测到的经度范围也与这 3 个信号发生闪烁时穿刺点的经度范围相同。这提供了一个关于低纬度地区电离层 GPS 幅度闪烁和实地观测的电离层等离子体块被同时观测到的证据。

图 8.4 中的这些位置关系以及上述描述暗示着一个结论，即 Vanimo 台站观测到的电离层闪烁现象与 ROCSAT-1 卫星在其上空观测到电离层等离子体块现象

密切相关。由于这次 ROCSAT-1 卫星在观测到等离子体块的同时，没有观测到电离层等离子体泡，所以我们可以认为，这次观测到的电离层闪烁是由电离层等离子体密度块所引起的。

8.3.2　等离子体块的形成

图 8.5 给出了本章事件的同时，ROCSAT-1 卫星观测到的电离层总离子密度、不同成分的离子密度和离子漂移速度的三分量：V_x、V_y和 V_z。在图 8.5 中，离子漂移速度 V_x分量沿着卫星的轨道方向，V_y分量垂直于轨道平面向右，而速度分量 V_z是根据 V_x分量和 V_y分量按照坐标系的右手法则来确定的。图 8.5 中的两个垂直虚线标识了观测到的等离子体块的经度范围。从图 8.5 可以看出，在卫星观测到的电离层等离子体块中，离子密度明显上升并伴随着强烈的扰动。等离子体块中的 O^+密度所占的比例明显上升，最大可达到 90%。与此同时，等离子体块中的 H^+密度所占比例下降，而 He^+密度所占比例上升但仅上升到约 10%。这就意味着这次观测到的低纬度电离层等离子体密度块主要 O^+密度的变化所引起的。

从图 8.5 还可以看出，在观测到的等离子体块中，离子的漂移速度三分量也具有强烈的扰动。在等离子体块之外，离子漂移速度分量 V_x和 V_y都约为 300m/s，而速度分量 V_z约为 50m/s。而在等离子体块中，离子的漂移速度分量 V_x减小，V_y增大，说明离子向远离赤道方向运动；速度分量 V_z出现负值，对应了离子向上的运动。Yokoyama 等（2007）曾研究了低纬度地区的等离子体块，认为等离子体块向上的运动，其中同样存在着 O^+密度增大和 H^+密度减小的现象。这与本章研究事件中的情形相同。由此说明，在低纬度地区观测到的电离层等离子体块主要是 O^+的上行所引起的。

根据电漂移理论，离子的向上运动对应着一个东向的极化电场（Le et al.，2003）。因此，可以推论观测到的等离子体块与东向的极化电场有关。离子漂移速度中出现的扰动应该由扰动的极化电场引起，同样电场的扰动也引起等离子体块中的密度扰动，同时引起了无线电波中幅度的不稳定，形成了观测到的电离层的闪现象。

在本章观测到的电离层等离子体块中，离子的密度扰动很强，密度的相对变化可达 100%。Sarkar 和 Gwal（2014）曾利用 DEMETER 卫星的实地观测和 Bhopal 台站（23.2°N，77.6°E）地面 GPS 接收机的闪烁数据分析，研究了认为引起电离层闪烁的等离子体不规则体，结果认为观测到的电离层等离子体不规则体应该是由密度连续起伏的一系列小尺度扰动区所构成（不是等离子体块），区域里的电子和氧离子的相对变化都超过 5%。与之相比，本章观测到的等离子体块中的粒子密度起伏要大得多。

另外，有研究者认为，在低纬度地区电离层带电粒子的上行运动可以到达磁

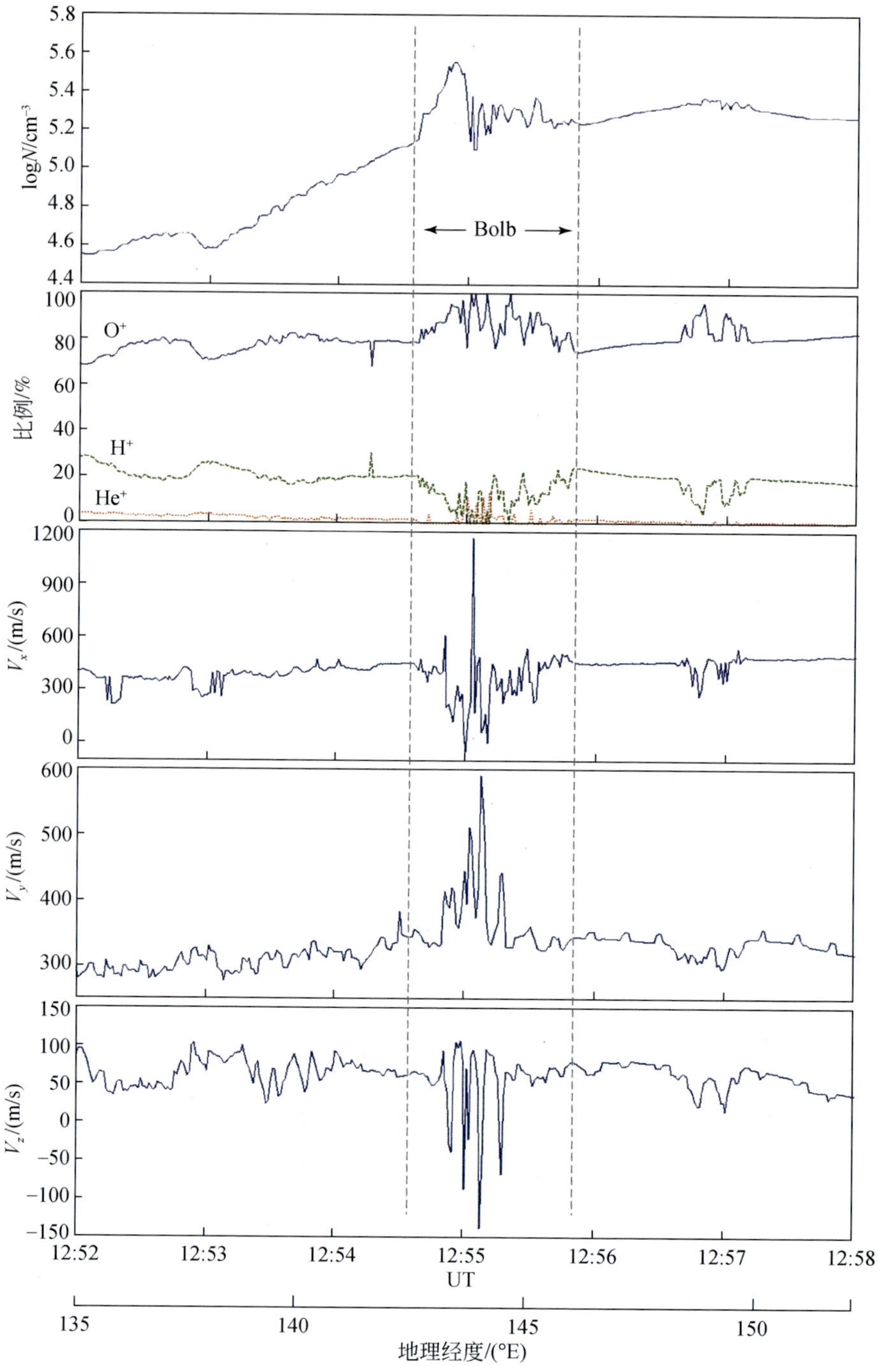

图 8.5　2003 年 6 月 1 日 12：52～12：58 UT，ROCSAT-1 卫星观测到的总离子密度、不同成分的离子密度和离子漂移速度三分量（Wang et al.，2015a，2015b）

层区域（Sharp et al.，1982；Lennartsson，1987）。而在本章的研究中，由于卫星轨道高度的限制，无法对等离子体块中的离子能否上行到磁层区域进行分析判断。这也需要更多的研究。

8.4　讨　　论

值得注意的是，在低纬度地区，电离层中伴随着 ROCSAT-1 卫星观测到的等离子体块，在地面台站观测到的是 GPS 信号中明显的幅度闪烁（$S_4 \geqslant 0.3$）现象，而不是信号的相位闪烁现象。在北极区电离层中，Jin 等（2014）利用 630.0nm 光学成像数据中的电离层等离子体块出现的位置，结合 GPS 信号得到的相位闪烁数据，分析认为地球电离层中的相位闪烁与等离子体块密切相关，但其研究中等离子体块出现的同时没有观测到幅度闪烁出现（GPS 信号得到的 S_4 指数低于 0.05）。因此，仅就与闪烁相关的等离子体块而言，极区的等离子体块与低纬度地区的等离子体块引起电离层闪烁的物理机制可能是不同的。这需要进一步开展观测和研究。

已有研究者对低纬度地区的电离层等离子体块进行了研究。根据 ROCSAT 和 DMSP 的观测数据分析，Le 等（2003）发现电离层等离子体块中的离子向上漂移是垂直于磁场的。他们认为，离子的漂移是由从赤道等离子体泡区传递过来的极化电场所引起的。结合模拟和 ROCSAT-1 卫星的数据分析，Krall 等（2010）认为等离子体块的向上漂移可发生在等离子体泡中。然而，更有研究者发现，低纬度地区的电离层等离子体块独立于等离子体泡的现象。根据 C/NOFS 卫星观测到的粒子漂移数据，Kil 等（2011）报道了在观测到的等离子体块的经度范围内没有观测到等离子体泡事件。他们认为等离子体块区观测到的极化电场是由中性风建立的，即中性风使得离子产生向上的漂移从而形成了等离子体块。由此看来，低纬度地区电离层中观测到等离子体块的同时所观测到的电离层闪烁现象，可能是赤道地区电离层等离子体泡所引起的，也可能是电离层中独立于等离子体泡的等离子体块所引起。换句话说，在低纬度地区，不仅电离层中的等离子体泡可以引起电离层闪烁现象，而且电离层中独立存在的等离子体块也可以引起电离层闪烁现象。

低纬度地区电离层等离子体泡是一种我们所熟知的现象，而等离子体块却不是常见的现象。根据 ROCSAT-1 卫星的观测数据，低纬度地区电离层等离子体块出现的机会很少。然而，2004 年 3 月 8 日，在低纬度子午工程海南站（19.5°N，109.1°E）上空，ROCSAT-1 卫星于 15：00～15：10 UT 经过其上空附近时，也观测到了一个电离层离子密度上升的等离子体块。图 8.6 给出了 ROCSAT-1 卫星这次观测到的离子密度。

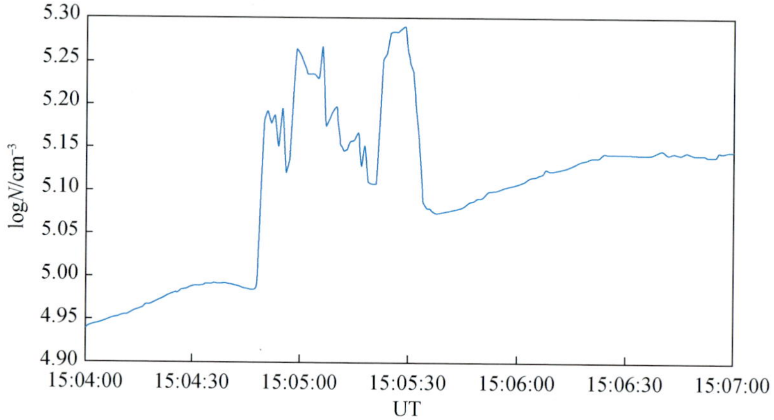

图 8.6　2004 年 3 月 8 日，ROCSAT-1 卫星在海南台站附近上空 15：00～15：10 UT 观测到的电离层离子密度

从图 8.6 可以看出，观测到的等离子体块在 15：05～15：06 UT。在 ROCSAT-1 卫星进入等离子体块前，离子密度约为 $8.9\times10^4\,cm^{-3}$；当卫星进入等离子体块时，离子密度急速上升，在等离子体块内，密度强烈扰动，最大值约为 $2.0\times10^5\,cm^{-3}$；当卫星走出等离子体块后，离子密度下降到 $1.1\times10^5\,cm^{-3}$。在这次观测到电离层等离子体块的同时，在附近没有观测到相关的等离子体泡现象。可以说，这次在低纬度地区海南站上空观测到的电离层等离子体块是独立于等离子体泡的。

当 ROCSAT-1 卫星实地观测到电离层等离子体块的同时，海南台站地面的电离层 GPS 闪烁监测仪观测到了幅度闪烁现象。图 8.7 给出了观测到的电离层幅度闪烁指数的时间变化。可以看出，在 ROCSAT-1 卫星观测到等离子体块期间和前

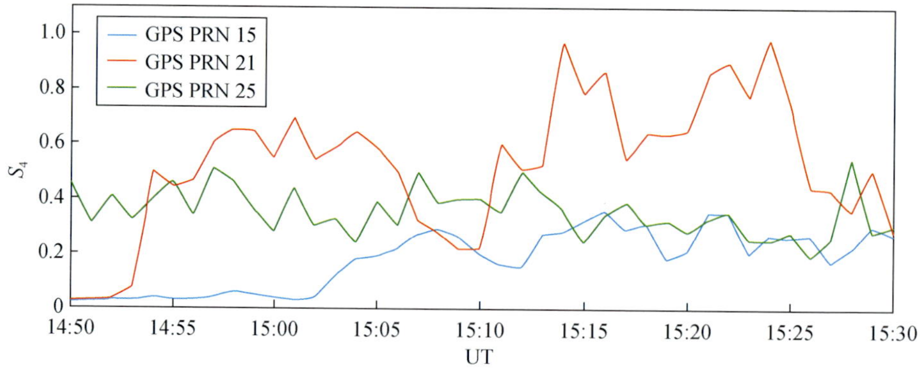

图 8.7　2004 年 3 月 8 日海南站 GPS 闪烁监测仪于 14：50～15：30 UT 观测到的电离层幅度闪烁指数

后，海南站的 GPS 电离层闪烁监测仪接收到的 GPS PRN 15、GPS PRN 21 和 GPS PRN 25 信号都具有幅度闪烁现象。由于这次观测到电离层等离子体块的同时，在附近没有观测到相关的等离子体泡现象，所以可以说，本次在海南站上空观测到的电离层幅度闪烁与 ROCSAT-1 卫星观测到等离子体块密切相关。

所以，图 8.5、图 8.6 显示的观测数据再次证实了低纬度地区的电离层幅度闪烁可由电离层等离子体块所引起。

8.5　总　　结

本章根据 2003 年 6 月 1 日 ROCSAT-1 卫星在南半球低纬度地区 Vanimo 台站上空实地观测到的电离层等离子体密度数据以及 Vanimo 台站的 GPS 接收机观测到的电离层幅度闪烁指数数据分析，发现了一个电离层等离子体块与电离层幅度闪烁被同时观测到的事件。主要分析结果如下所述。

（1）在卫星经过 Vanimo 台站上空时，观测到的电离层等离子体块出现在 600km 高的 F_2 层高度，在卫星轨道方向上的尺度约为 800km。等离子体块中的离子密度最大值约为背景值的 2 倍，O^+ 密度可达 90%。进一步分析结果认为观测到等离子体块主要是由电离层向上运动的 O^+ 所形成，与东向的极化电场有关。

（2）卫星观测到的等离子体块对应于经度范围为 142°～146°E，在 Vanimo 台站附近。在同一时间范围内，地面观测到的 GPS 信号的幅度闪烁指数 $S_4 \geqslant 0.3$。由于卫星仅观测到了等离子体块，而没有观测到等离子体泡。这说明观测到的电离层等离子体块与幅度闪烁有密切的相关性，首次为低纬度地区电离层闪烁可由等离子体块引起的观点提供了观测证据。

（3）有研究者认为等离子体块与等离子体泡相关，还有研究者认为等离子体块的发生独立于等离子体泡。在本章研究中，当电离层闪烁出现时，卫星仅观测到了等离子体块现象。这说明在低纬度地区，不仅电离层中的等离子体泡可以引起电离层闪烁现象，而且独立存在的等离子体块也可以引起闪烁现象。

本章还分析了 2004 年 3 月 8 日，在低纬度子午工程海南站观测到的电离层幅度闪烁数据以及海南站上空附近 ROCSAT-1 卫星观测到的等离子体块数据。分析结果显示，当卫星观测到等离子体块时，没有在附近观测到等离子体泡。这进一步为低纬度地区电离层等离子体块也可引起电离层幅度闪烁的观点提供了观测支持。说明低纬度电离层闪烁可能有着不同的物理机制。

致谢

本章的研究工作得到了国家自然科学基金项目（41474137、41674145 和 41604137）的支持，得到了国家重点实验室专项基金资助项目的支持；所用数据来自子午工程数据中心、ROCSAT-1 卫星数据网站和 Vanimo 电离层闪烁数据网站。在此表示衷心的感谢。

参考文献

Alfonsi L, Spogli L, Pezzopane M, et al. 2013. Comparative analysis of spread-F signature and GPS scintillation occurrences at Tucumán, Argentina. Journal of Geophysical Research: Space Physics, 118 (7): 4483-4502.

Basu S, Basu S, Valladares C E, et al. 2001. Ionospheric effects of major magnetic storms during the International Space Weather Period of September and October 1999: GPS observations, VHF/UHF scintillations, and in situ density structures at middle and equatorial latitudes. Journal of Geophysical Research: Space Physics, 106 (A12): 30389-30413.

Basu S, McClure J P, Basu S, et al. 1980. Coordinated study of equatorial scintillation and in situ and radar observations of nighttime F-region irregularities. Journal of Geophysical Research: Space Physics, 85 (A10): 5119-5130.

Basu S, MacKenzie E, Basu S. 1988. Ionospheric constraints on VHF/UHF communications links during solar maximum and minimum periods. Radio Science, 23 (3): 363-378.

Basu S K, M Groves, J M Quinn, et al. 1999. A comparison of TEC fluctuations and scintillations at Ascension Island. Journal of Atmosphere and Solar Terrestrial Physics, 61 (11): 1219-1226.

DasGupta A, Aarons J, Klobuchar J A, et al. 1982. Ionospheric electron content depletions associated with amplitude scintillations in the equatorial region. Geophysical Research Letters, 9 (2): 147-150.

DasGupta A, Basu S, Aarons J, et al. 1983. VHF amplitude scintillations and associated electron content depletions as observed at Arequippa, Peru. Journal of Atmospheric and Terrestrial Physics, 45 (1): 15-26.

Hajkowicz L A, Minakoshi H. 2003. Simultaneous observations of ionospheric quasiperiodic scintillations from short and longmeridional baselines using VHF transmissions from Transit satellites. Journal of Atmospheric and Solar-Terrestrial Physics, 65 (3): 277-283.

Jin Y, Moen J I, Miloch W J. 2014. GPS scintillation effects associated with polar cap patches and substorm auroral activity: Directcomparison. Journal of Space Weather and Space Climate, 4 (A23).

Kelley M C. 1989. The Earth's Ionosphere. San Diego: Academic Press: 121-143.

Kil H, Choi H S, Heelis R A, et al. 2011. Onset conditions of bubbles and blobs: A case study on 2 March 2009. Geophysical Research Letters, 38 (6): 122-133.

Kil H, Kintner P M, Paula E R D, et al. 2002. Latitudinal variation of scintillation activity and zonal plasma drifts in South America. Radio Science, 37 (1): 61-67.

Klenzing J H, Rowland D E, Pfaff R F, et al. 2011. Observations of low-latitude plasma density enhancements and their associated plasma drifts. Journal of Geophysical Research: Space Physics, 116 (A9): A09324.

Krall J, Huba J D, Joyce G, et al. 2010. Density enhancements associated with equatorial spread

F. Annales Geophysicae, 28 (2): 327-337.

Le G, Huang C S, Pfaff R F, et al. 2003. Plasma density enhancements associated with equatorial spread F: ROCSAT-1 and DMSP observations. Journal of Geophysical Research: Space Physics, 108 (A8): A009592.

Lee C C, Chu F D, Chen W S, et al. 2009. Spread F, GPS phase fluctuations, and plasma bubbles near the crest of equatorial ionization anomaly during solar maximum. Journal of Geophysical Research: Space Physics, 114 (A8): A08302.

Lennartsson W. 1987. Dynamical features of the plasma sheet ion composition, density, and energy. In: Magnetotail Physics. Johns Hopkins University Press, Baltimore, MD, 35 - 55.

Maruyama T. 1991. Observations of quasi-periodic scintillations and their possible relation to the dynamics of Es plasma blobs. Radio Science, 26 (3): 691-700.

Oya H, Takahashi T, Watanabe S. 1986. Observation of low latitude ionosphere by the impedance probe on board the Hinotori satellite. Journal of Geomagnetism and Geoelectricity, 38 (2): 111-123.

Patel K, Singh A K, Singh A K, et al. 2009. Characteristics of quasi-periodic scintillations observed at low latitude. Radio Science, 44 (6): RS6007.

Patel K, Singh A K, Singh R P. 2010. Observation and modeling of quasi-periodic scintillations observed at low latitude, 23rd National Symposium on Plasma Science and Technology (Plasma-2008. Journal of Physics: Conference Series, 208 (1), doi: 10.1088/1742-6596/2081/1012064.

Paul A, Ray S, DasGupta A, et al. 2001. Radio signatures of November 1998 Leonid meteor on transionospheric VHF satellite signal. Planetary and Space Science, 49 (7): 755-759.

Sarkar S, Gwal A K. 2014. Coordinated in situ measurements of plasma irregularities and ground based scintillation observations at the crest of equatorial anomaly. Advances in Space Research, 54 (3): 425-434.

Sharp R D, W Lennartsson, W K Peterson, et al. 1982. The origin of the plasma in the distant plasma sheet. Journal of Geophysical Research, 87 (A12): 10420-10424.

Shi J K, Wang G J, Reinisch B W, et al. 2011. Relationship between strong range spread F and ionospheric scintillations observed in Hainan from 2003 to 2007. Journal of Geophysical Research: Space Physics, 116 (A8): A08306.

Wang G J, Shi J K, Reinisch B W, et al. 2015. Ionospheric plasma bubbles observed concurrently by multi-instruments over low-latitude station Hainan. Journal of Geophysical Research: Space Physics, 120 (3): 2288-2298.

Wang Z, Shi J K, Torkar K, et al. 2014. Correlation between ionospheric strong range spread F and scintillations observed in Vanimo station. Journal of Geophysical Research: Space Physics, 119 (10): 8578-8585.

Wang Z, Shi J K, Torkar K, et al. 2015. A case study on ionospheric scintillations at low latitude associated with a plasma blob observed in situ. Geophysical Research Letters, 42 (7): 2109-2114.

Watanabe S, Oya H. 1986. Occurrence characteristics of low latitude ionosphere irregularities observed by impedance probe on board the Hinotori satellite. Journal of Geomagnetism and Geoelectricity, 38: 125-149.

Weber E J, Buchau J, Moore J G. 1980. Airborne studies of equatorial F-layer ionospheric irregularities. Journal of Geophysical Research: Space Physics, 85 (A9): 4631-4641.

Wernik A W, Liu C H, Yeh K C. 1980. Model computations of radio wave scintillation caused by equatorial ionospheric bubbles. Radio Science, 15 (3): 559-572.

Whalen J A. 1996. Mapping a bubble at dip equator and anomaly with oblique ionospheric soundings of range spread F. Journal of Geophysical Research: Space Physics, 101 (A3): 5185-5193.

Whalen J A. 1997. Equatorial bubbles observed at the north and south anomaly crests: Dependence on season, local time, and dip latitude. Radio Science, 32 (4): 1559-1566.

Wild J P, Roberts J A. 1956. The spectrum of radio-star scintillations and the nature of irregularities in the ionosphere. Journal of Atmospheric and Terrestrial Physics, 8 (1-2): 55-75.

Woodman R F, La Hoz C. 1976. Radar observations of F region equatorial irregularities. Journal of Geophysical Research: Space Physics, 81 (31): 5447-5466.

Yokoyama T, Su S Y, Fukao S. 2007. Plasma blobs and irregularities concurrently observed by ROCSAT-1 and equatorial atmosphereradar. Journal of Geophysical Research: Space Physics, 112 (A5): 515-526.